生 态 文 明 建 设 思 想 文 库 （ 第 二 辑 ）

主编 杨茂林

环境危机下的
社会心理

李娟 张玥 / 著

HUANJING WEIJI XIA DE
SHEHUI XINLI

山西出版传媒集团　山西经济出版社

编委会

总序

　　生态文明建设既是我国当前和未来的重大战略性任务,也是实现联合国《21 世纪议程》提出的可持续发展的重要前提,同时,它还是我国发展理念的一次深刻变革。正因为如此,党的十九大将生态文明建设放在了我国发展战略的最重要的位置。习近平同志在党的十九大报告中把生态文明建设提到了前所未有的高度,他指出:"生态文明建设功在当代、利在千秋","是中华民族永续发展的千年大计"。很清楚,这就为促进我国生态文明建设指出了明确的方向。

　　为了推动生态文明建设,使学术研究能对我国生态文明建设做出理论上的贡献,我们组织不同专业领域的大学教师,及社科研究人员撰写了与生态文明建设直接相关的著作系列,亦即《生态文明建设思想文库》(以下简称《文库》)。该《文库》第一辑 2017 年已经正式付梓。业已出版的《文库》第一辑,具体由《自然的伦理——马克思的生态学思想与当代价值》《新自由主义经济学思想批判——基于生态正义和社会正义的理论剖析》《自然资本与自然价值——从霍肯和罗尔斯顿的学说说起》《新自由主义的风行与国际贸易失衡——经济全球化导致发展中国家的灾变》《区域经济的生态化定向——突破粗放型区域经济发展观》《城乡生态化建设——当代社会发展的必然趋势》《环境法的建立与健全——我国环境法的现状与不足》七本书构成,它是我们对生态文明建设研究的阶段性成果。

　　在业已出版的上述文库基础上,结合十九大与生态文明建设直接相关的顶层设计方案,文库编委会进一步拓展了生态文明建设方面的学科研究范围,并在此基础上组织撰写了《文库》第二辑。第二辑的内容,是在第一辑基础上,对与"生态文明建设"直接相关的、诸多学科领域的系统化探讨,其内容具体包括:《国家治理体系下的生态文明建设》《生态环境保护的公益诉讼制度研究》《经济协同论》《能源变革论》《资源效率论》《大数据与生态文明》《人工智能的冲击与社会生态共生》《"资本有机构成学说"视域中的社会就业失衡》《环境危机下的社会心理》《生态女性主义与中国妇女问题研究》共十本学术专著。这十本书,围绕生态文明建设的基本思路,规定了我们所要研究大体学科范围。《文库》作者,也大都把与生态文明建设相关的、最为紧迫的学术问题作为自己研究的方向,各自从不同角度做出了专题性的理论探讨,同时奉献出他们在这些不同领域中对生态文明建设的较新认知和具有创造性的理论观点。

下面我们对《文库》第二辑的内容进行简要介绍和分析,以使读者从中了解到我们组织撰写这套《文库》的初衷及《文库》中各专业著述的大体内容。

其中,《国家治理体系下的生态文明建设》一书,由多年从事大学思政课教学工作的年轻学者、四川外国语大学重庆南方翻译学院徐筝女士撰写。多年来,她非常关心我国生态环境保护问题。由于在大学从事思政课教学工作,所以对我国生态环境保护的顶层设计意图,及国家的相关政策和决策方针方面非常关注。同时,她也十分关心国家治理体系对我国生态文明建设的重要性。正因为此,在本书中,她对顶层设计下的生态文明之治,抑或国家治理体系下的生态文明建设问题做了系统化阐述与分析,以便更有利于对我国生态文明建设的实践做出科学性地说明。她认为,生态文明建设,当然首先涉及生态环境的治理问题。而具体到后者,又将蕴涵三个基本要素,亦即治理主体、治理机制和治理效果三个方面。为了厘清生态环境治理在各主体间的权责关系及特点,她详细讨论了它们之间的权力规定,并认为,虽然生态环境保护既属于政府治理范畴,也属于公共群体实践运作的目标;既是国家层面的战略规定,也是社会范畴的治理内容,但在不同的权力主体中,国家无疑是压倒一切的最重要的权力主体。因为,国家是整个社会前进的"火车头"和导向者,与社会范畴的其他主体相比,国家有着重要的统摄性力量,而其他主体均在国家主体的统摄范畴之中。生态文明建设,一旦成为国家的政治决策和战略目标,将会产生巨大的力量。在此前提下,国家主体将同其他主体,包括地方企业,连同群众性的社会团体等,形成上下互动、纵横协调的治理运行系统,从而确保生态环境保护和治理的高效协调性,确保人与自然之间关系的和谐共生,同时也确保"生态文明建设公共利益最大化的治理目标"的得以完成。

该书由3篇12章构成全书的整体结构和框架。其中,第一篇主要阐述"问题分析——生态文明建设与国家治理的关系",它揭示了生态文明建设概念的基本内涵、主旨及当今生态文明建设的最新情况,连同历史演化等问题;第二篇是对"实践方面的相关探索,亦即国家治理方向与生态文明建设必由之路"的相关论述,主要阐述国家治理体系下生态文明建设的运营情况、监管体系、市场机制和创新模式等;第三篇则是对生态文明建设中国模式在全国范围运行情况的大体介绍。通过对东北、华北、华南、西南、西北这些区域建设成果及案例的对比性分析,实证性地说明了在国家主体的理论和政策的引导下,我国在生态文明建设实践中所取得的重大成就。

《生态环境保护的公益诉讼制度研究》一书,由有环境执法工作经历,及从事高校教学工作多年的四川外国语大学外重庆南方翻译学院副教授蔡静女士撰写。她在教学和从事环境执法工作的实践中,对引起社会广泛关注的司法热点——"环境公益诉讼"问题十分关注,并对之进行了法学理论上的相关探讨。她认为,"环境公益诉讼"在我国生态文明建设中是需要着重加以强调的方面,因为我国资源环境承载力已达到或接近上限。故此,基于"目的是全部法律的创制者"和"制度之技术构造总是以制度预设功能为前提、基础和目标"两方面的原因,在书中她建设性地强调:"环境公益诉讼",旨在最大限度地维护生态环境所承载的社会公共利益,以及它所具有的生态环境保护的功能。针对2012年以来我国"环境民事公益诉讼"和"环境行政公益诉讼"制度的运行情况,作者进一步分析指出:"环境公益诉讼",目前正在成为国家环境治理的有效方式,但同时还存在着司法保护环境公共利益功能不充分的问题。因而,作者又以实现环境公益诉讼及其预设功能等法学内容为逻辑主线,结合司法实践中存在的一些突出问题,重点对"环境民事公益诉讼"和"环境行政公益诉讼"之受案范围与管辖、适格主体、审理程序中的特别规则,连同社会组织提起环境公益诉讼的激励机制等问题进行了详细分析,并有针对性地提出相应的、具有创新性特点的法学建议。很清楚,其研究对"环境公益诉讼制度"的不断完善,对我国《环境保护法》范畴法学理论条款的增设或创新来说有着重要的参考价值。

除前述与"国家治理体系"及"国家法律制度建构"层面紧密相关的两本学术著作之外，本《文库》还增设了《经济协同论》《能源变革论》《资源效率论》三本专业性的论著。这三本著作，也是《文库》第二辑的一个突出亮点，它既是与我国生态文明建设相关联的理论创新，又各自从不同角度，对以往新自由主义片面的经济增长观，抑或定势化的"GDP主义"发展方式进行了实质性的理论证伪。

其中，《经济协同论》由多年来一直从事经济学和生态学理论研究的太原师范学院教授李繁荣博士所撰写。该书依据马克思主义生态学理论，依据党的十九大关于生态文明建设的重要指示精神，依据可持续发展的战略原则及哈肯《协同学》的方法论，全面论证了经济发展与生态文明建设之间的关系。基于这一前提，作者对传统的经济发展方式，尤其是由新自由主义经济学主导的发展方式进行了系统化的剖析与批评。事实上，此项工作在其之前的相关著述《经济思想批评史——从生态学角度的审视》（与《经济问题》杂志主编韩克勇先生合著）及《新自由主义经济学思想批判——基于生态正义和社会正义的理论剖析》中，已经得到全面展开。在本书中，这一思想同样贯穿其中。作者认为，新自由主义经济学思想及传统的经济发展方式，严重忽略了经济发展与自然生态系统平衡之间的协调关系，同时割裂了经济进步与社会公平之间的内在联系，割裂了"代内发展"与"代际发展"之间的关系。除此，新自由主义经济学思想，还忽略了发展过程对其他众多"序参数"的协同关注，其主要特征就是片面地追求经济增长这一"单一目标"。从历史的和逻辑的结果看，新自由主义经济学思想，已经导致福利经济学派庇古理论意义上的巨大的"外部不经济"（加勒特·哈丁称之为"公地悲剧"）和社会范畴的严重两极分化。而《经济协同论》的理论观点则与之不同。如果说，《经济思想批评史——从生态学角度的审视》《新自由主义经济学思想批判——基于生态正义和社会正义的理论剖析》两书，是对传统经济发展方式，抑或新自由主义经济学思想"破"字在先的系统梳理，那么，《经济协同论》则更注重可持续发展经济学新范式的"立"的内容的理论建构。它是以经济、社会、生态多元目标的协同演化及其动态平衡关系为核心研究目标的，目的在于使之能够更有效地服务于可持续发展战略及我国生态文明建设工作。另外,该书还以习近平同志2016年提出的"创新、协调、绿色、开放、共享"概念作为全书的理论架构,并借此对经济、社会、生态多元目标的有机整合过程进行了全方位分析。这种经济协同的运作方式,是在整体的有机机理中进行全面审视的。理论上,它不仅能纠正新自由主义经济学思想的片面性质,而且有助于对我国生态文明建设工作的系统解读。

《能源变革论》是由山西省社会科学院能源研究所两位副研究员,即姚婷女士和吴朝阳先生共同撰写。多年来,在他们从事能源理论的研究过程中,目睹了我国经济发展过度依赖不可再生性化石燃料,即煤炭资源的不合理情况。这种传统的能源经济发展方式,引发了对自然生态系统的严重破坏,使得山西有害气体过度排放,环境污染日益严重,地下水资源大量流失,等等,因而造成了山西自然生态系统的严重灾变。山西曾引以为荣的"能源重化工基地建设",在所谓"有水快流"发展思路指导下,煤炭超强度挖掘和开采,似乎给当时经济发展带来一时"繁荣",但生态环境失衡或破坏性的灾变也迅速凸显。据《中国环境报》2006年7月11日报道:"山西挖一吨煤损失2.48吨地下水资源"。尤其在新自由主义风行的年代,片面的经济增长观曾经渗透到煤炭开采领域的各个角落,造成全社会对不可再生能源依赖程度的越来越大。这种建立在过度消耗不可再生性化石燃料——煤炭资源基础上的经济发展方式,显然是不可持续的。在实践中,它不仅违背了联合国《21世纪议程》,及《中国21世纪议程白皮书》规定的可持续发展方向,而且也与习近平同志提出的"必须坚持节约优先,保护优先,自然恢复为主的方针"相去甚远。故此,更谈不上与十九大突出强调的生态文明建设发展战略要求相一致。为了从根本上扭转以往过度耗竭不可再生性自然资源的粗放型经济发展方式,为了实现约翰·罗尔斯《正义论》理论意义上的"代际公平"和能源可持续利用,为了推进十九大突出强调的生态文明建设发展战略,我们需要进行一场能源变革。所谓能源变革,是指在当今时代条件下,利用数字化方式和技术创新的力量,改变传统粗放型能源发展思路,促进具有环保特征的化石燃料无害化处理,推广多元新能源技术利用,优化能源结构,运用德国伍珀塔尔气候能源环境发展研究院之"因子X"(Factor X)理论提高能源利用效率,减少对不可再生性化石燃料的依赖,突破性地改变能源现状的变革,即称之为能源变革。而《能源变革论》则是对能源利用革命性转变的系统论述。

前面有关能源变革之界说的基本内涵,也正是本书进行深入探索的理论重点。在此基础上,本书将对能源变革的理论内涵、能源变革的历史沿革、能源变革的具体形态和范畴、国际能源变革的最新状况、新技术手段的利用和普及、清洁生产及废弃物的资源化处理与利用、技术创新对新能源利用的推广、管理层对能源变革的认知高度、管理体制对能源变革的机理性促进、不可再生化石燃料的减少程度,以及工业生态园区建设对废弃物资源处理和能源节约的最新进展等方面进行了全方位讨论。

《资源效率论》由四川外国语大学重庆南方翻译学院陈玲副教授撰写。陈玲女士,在多年教学过程中,对资源利用效率问题非常关注,因而也将之作为自己的主要选题。所谓"资源效率论"与"看不见的手"的学说思想的资源配置方式所不同,它旨在研究资源生态合理性优化配置的相关理论,同时主张摈弃并限制传统工业化发展中许多粗放型的资源利用方式。

我们知道,传统的工业化发展方式,已经对自然生态系统造成了十分巨大破坏。这种耗竭式的资源利用方式,同时造成了全球自然资源的濒临枯竭,以致使我们今天面临着十分严峻的资源稀缺性挑战。为了做到资源生态合理性优化配置,减少传统工业化发展方式对自然资源的耗竭式采掘与消费,提高资源利用效率、开发资源新途径、以技术进步的力量提高资源效能,并在实践中促进资源生态合理性利用率的提高,确保资源利用的高效、节约和可持续性,就成了本书所要探讨的理论重点。围绕这些关键性的理论问题,本书对"资源利用与环境变迁""生态效率与生态设计""创新式节流与开源""循环经济与资源效率""生态效率评价体系",连同对未来的"思考与展望"六个方面的内容进行了讨论,并做了系统化的理论探讨。

书中还谈到:"资源效率"问题,也是国际性的大问题,因而早就引起国际上许多知名学者和著名研究机构的超前性探讨与研究。作者有幸有赴英国和加拿大访学的两次机会,这为之完成本书,提供了在国际视野范围进行研究的便利。访学过程,既便于在更广阔范围搜集与"资源效率"相关的学术资料,又便于提升自身认知水平。正是在此前提下,在书中,作者不仅大量阐述了国际上广为流行的"因子X"测定标准及与《工业生态学》的经典著述紧密相关的案例,而且还引入了与"资源效率"课题紧密联系的其他诸多信息。所有这些,不仅对完成本书,而且对促进我国生态文明建设将起到参考性作用。

除了已经介绍的前述著作,《文库》还增设了《大数据与生态文明》一书。本书由太原师范学院经济系讲师延鑫撰写。延鑫现正在韩国全州大学攻读博士学位。他对大数据与生态文明建设二者间的关系非常关心,因而在其读博期间,也将之作为自己的专题性研究项目,并使之成书。作者认为,当今时代,大数据与生态文明建的有机整合,将会更有效地促进我国生态文明建设。因为大数据是信息化时代的重要科技,其作用不仅存在于数字与数字间的统计学分析,同时也体现在对人的决策行为的直接影响方面。大数据是多元、复杂的数字化管理系统,借助数据挖掘、信息筛选、云计算等操作方式,可将国家生态文明建设的决策,准确、科学地贯穿于实践过程。譬如,IBM推行的"绿色地平线计划",既是运用大数据、物联网、云计算、GIS等对大气污染防治、资源可持续性回收利用、节能减排等生态文明建设范畴的内容,智能化、数字化的系统管理过程,也是与大数据紧密关联的生态文明建设具体目标的实施或运作。故此,在木书中,作者将体系化地探讨大数据与生态文明建设二者间的关系,以使之更有效地服务于我国生态文明建设的实践过程。

除此,《文库》关注的另外理论重点还有时下国际上热议的"人工智能"和"机器人"这些当代科技。关于"人工智能对社会就业的影响",以及"大学生就业难"等问题,我们特意安排了两本专著,即《人工智能的冲击与社会生态共生》和《"资本有机构成学说"视域中的社会就业失衡》。这两本书,从不同角度对当今时代的社会就业问题进行了理论探讨。其中,《人工智能的冲击与社会生态共生》一书,由山西省社会科学院思维科学研究所副研究员李国祥撰写;而《"资本有机构成学说"视域中的社会就业失衡》一书,则由四川外国语大学重庆南方翻译学院讲师谢露和何林二位女士承担。他们都根据自己的专业特点,从不同角度瞄准并关心着同一个问题——社会就业。其中,《人工智能的冲击与社会生态共生》作者李国祥所在的山西省社科院思维科学研究所,其创始人张光鉴先生在建所之初,就将"相似论"和"人工智能"等问题作为全所研究重点。而作者作为该所的后继研究者,"人工智能问题"同样是其关注的重要范围。加之,马克思主义哲学乃其读大学和研究生期间的主修课程,这对其从事本书的理论研究大有裨益。也正是在此条件下,作者投入并完成了本书的撰写工作。作者认为,当今时代,人工智能越来越多地渗透到我们生活的各个方面,它对人类社会发展产生了深刻的影响。随着人工智能的深入研发和机器人的普及,也相应引发了诸如就业等十分严峻的社会性问题的出现。这种情况,是当今时代任何国家和政府都不能回避的重要事实。人工智能对社会就业的冲击,也要求我们在推动科技进步、重视人工智能促进生产力发展的同时,还必须考虑它与人类社会协调发展的重要性。换言之,必须重视在共生理念前提下的社会进步与和谐,因为这是我国构建和谐社会之国策不可或缺的重要环节。

而《"资本有机构成学说"视域中的社会就业失衡》一书的研究重点同样是社会就业问题。作者谢露、何林二位女士,均为四川外国语大学外重庆南方翻译学院讲师,也都面对着大学生就业难的现实问题。在学院,谢露主要从事"马克思主义基本原理"课的教学工作。而何林除了承担一定的教学任务外,其所在职能部门还与校方招生及学生毕业安排有关。二人常常对社会就业方面的突出问题进行讨论。相应地,她们所从事的教学专业课——马克思主义的许多经典论述,也为其指引着探讨问题的基本方向。在书中,二人依据马克思主义基本原理,结合当今时代的现实,详细阐述了社会就业中存在的许多问题。作者不仅批评了作为资本主义国家意识形态的新自由主义及其风行所导致的灾难性后果——它使得马克思在19世纪早就预言过的"相对人口过剩"问题于21世纪的今天又重新上演,而且更加显著地促成了资本主体财富积累的激增。在资本增值过程中,同时也异化性地利用技术进步优势,使之成为服务于"资本主体自身利润最大化"的强有力手段。换言之,马克思在19世纪早就科学论证过的"资本有机构成"中的"技术构成",依然是当代资本主体扩大资本积累的最有效方式。这种情况,今天不是有所缓解,相反地,而是更加重了无视社会就业的趋势。因为,人工智能的广泛推行,是以机器人代替社会劳动力为目的的,客观上,就势必造成马克思早就预言过的"相对人口过剩",亦即失业者的大量增加成为事实,因而必将促使当今时代"失业大军"的不断出现。正因如此,作者在其著作的命题之初,便直接嵌入马克思经典著述中的"资本有机构成"概念,以向社会提出忠告:马克思"资本有机构成学说",即使是在 21 世纪的今天,依然有着强大的生命力和理论指导价值。

不难看出,《人工智能的冲击与社会生态共生》和《"资本有机构成学说"视域中的社会就业失衡》两本书,各自都有着自己的显著特点,也都围绕时下全社会都关心的就业问题系统性地进行理论分析与研究。二者的共同点则在于:在书中,均详细阐述了马克思主义经典理论,及习近平同志在十九大报告中强调的"人与自然和谐共生"的指导思想,对构建和谐社会乃至整个的生态文明建设的理论重要性。

在生态文明建设中,人的心理与环境的关系问题也颇受关注,故此,环境危机问题,同样是心理学理论所讨论的重要问题。本《文库》与心理学相关的著述是《环境危机下的社会心理》。本书由重庆工商大学融智学院副教授李娟女士和四川外国语大学重庆南方翻译学院心理学讲师、国家二级心理咨询师张玥女士共同撰写。在书中,她们系统梳理了心理学发展史上不同的流派对环境与人的心理之间关系的相关研究,并将之陈述其中。作者指出:机能主义学派认为,人之心理对环境是有适应功能的;行为主义则是在对机能主义的批评中,通过个体外在的行为考察其内在的心理机制,从而揭示个体心理与环境间的关系;格式塔学派认为,人们对环境的认知,是以整体的方式,而非被割裂的片段展开的;精神分析学派弗洛伊德更注重心理过程的"无意识"特征,旨在考察变态的环境氛围"无意识"地对个体梦境心理形成的影响,进而对个体"无意识"梦境心理状态进行解析,亦即弗氏的《梦的解析》。继之,荣格则将"无意识"概念上升到了社会心理学范畴,强调"集体无意识"对环境认知的重要;而人本主义心理学更注重"需要层次说"和"自我价值实现"对个体生理心理过程的理论意义,并从中展示出处于环境中的人的心理动力学原因,等等。

在系统梳理了心理学发展史上各流派的主要观点后,作者全面、深入地论述了本课题——"环境危机下的社会心理"。她们认为,当前环境危机日益严重,已经成为亟待解决的全球性突出问题。在紧迫的环境危机情况下,无疑会造成人的压力的激增,从而影响到社会成员的心理或行为的各种反应。书中进一步指出:环境危机对社会心理的影响是多方面的,具体呈现出个体、群体乃至整个人类社会的不同层次。其内容的纷繁复杂,也涵盖了人的认知、行为或情绪的各个方面。故此,本书主要是从社会心理学角度出发,多学科探讨了引发环境危机的社会根源,也着重分析了环境危机对各个层面之主体心理所形成的诸如焦虑、恐慌、怨恨、冷漠乃至应激性的群体反应等影响。在此基础上,作者从社会心理学角度切入,多维度给出了促进人与自然关系良性循环及互动的方法与路径。

《生态女性主义与中国妇女问题研究》是《文库》第二辑的最后一本著作,它由四川外国语大学重庆南方翻译学院讲师毕扬、张静和乐志红三位女士共同撰写。三人均从事思政课教学工作,教书之余,均对"中国妇女问题"十分关注,同时做了一些针对中国妇女问题的相关研究。其中,毕杨女士还多次参加全国性妇女研讨大会并宣读了与会论文。本书的撰写,一方面是依据她们的前期研究成果,另一方面则立足于生态文明建设实践中妇女工作的现实需要。在撰写过程中,她们不仅严格遵循了十九大报告中有关生态文明建设的指示精神,而且还参考了国外生态女性主义思潮的许多内容,并对比性地探讨我国妇女问题。所谓生态女性主义,是指当今世界较为流行的国际妇女运动团体,是一种将女性主义和生态学思想相结合认识问题的国际妇女运动思潮。生态女性主义的最大特点是反男权(尤其是反资本为主体的男权),强调妇女解放和男女平等,强调生态环境保护的重要性。生态女性主义,是20世纪70年代中期,法国妇女运动领袖弗朗西斯娃·德·奥波妮在其《女性主义·毁灭》一书中最早提出的。之后,在此基础上又逐渐发展了许多分支。它不仅在西方,而且在第三世界国家也产生了不小的影响。本书能够结合生态女性主义探讨处于生态文明建设实践之中的中国妇女问题,确实不失之为一个全新的视角。

以上是对《文库》第二辑全部著作的简单介绍,大体反映了《文库》第二辑的整体内容和理论架构,同时也概括性地指出了其中每一本书的基本内涵及其与生态文明建设之间的内在联系。10本书,有对顶层设计下的生态文明之治的系统论述,有环境保护法范畴的理论创新,有对基于生态正义前提的"经济协同论"、"资源效率论"与"能源变革论"的全面思考和论证,有对信息化时代大数据与生态文明建设之间关系的创新性认知,有对生态共生原则下的就业问题的关注,有对马克思"资本有机构成学说"进入人工智能时代的全新阐释与解读,有对环境危机下社会心理的实证性分析,还有对具有强烈环保意识的国外"生态女性主义"与正处于生态文明建设实践之中的我国妇女二者关系的对比性探索。总之,其中每一本书的作者,都为本《文库》完成付出了应有的努力,也都对其从事的专业领域做了与生态文明建设直接相关的创新性思考。但是,由于时间仓促,加之作者知识底蕴的局限,难免存在一些不足之处,故此,还望学界方家大雅指正。

2020 年 1 月

序言

　　2019 年 8 月亚马孙热带雨林持续燃烧了三周的大火引起了全世界的广泛关注,亚马孙热带雨林被称为"地球之肺",地球 20% 的氧气来源于这里,20% 的物种生活在这里,这里蕴藏着世界最丰富最多样的生物资源,昆虫、植物、鸟类及其他生物种类多达数百万种,物种数量占全世界总数的 1/5,植物种类和鸟类各占世界的一半。当"地球之肺"的生命受到威胁时,也让我们更加意识到了摆在当今人类面前最大的难题——环境危机。据资料显示,人类在 20 世纪80 年代以后,每年平均发生严重环境危机事件超过 20 起,环境危机已经成为世界性的难题。当前全球面临的环境形势极端严峻,具体表现在三个高峰叠加同时到来:第一,被破坏的生态环境已经进入最为严重的时期,并将在未来一段时期持续存在;第二,频繁发生的自然灾害事件愈演愈烈,全球整体环境呈现加速恶化的态势;第三,科学技术引发的环境灾难事件不断增多,成为影响社会安定的一颗重磅炸弹。

　　美国环境伦理学家霍尔姆斯·罗尔斯顿(Holmes Rolston)在其著作《环境伦理学》的第一页中这样写道:"人们的生活必然要受到大自然的影响,必然要与自然环境发生冲突;自从哲学诞生之日起,这一事实就引起人们无尽的思考。"霍尔姆斯的这句话让我们看到了人与环境发生冲突的必然性,同时也让我们看到了哲学社会学科对这一事实的关注程度。在极端严峻的生态环境面前,整个人类社会都比以往更为焦虑与恐慌,人类尝试了很多种方法来解决这些问题,从 1972 年斯德哥尔摩人类环境会议的召开,到 1992 年 6 月联合国在巴西里约热内卢召开的环境与发展大会,再到 2002 年 8 月在南非约翰内斯堡举行的可持续发展世界首脑会议,这三场重要的关于环境保护的会议被称为"人类环境保护史上的三个路标"。尤其是最后一场约翰内斯堡世界可持续发展首脑会议,可以说关注了当代社会生态环境方面最为重大的若干问题,在这场有190多个政府,5000多个非政府组织,2000多个媒体组织参会的现场,最终产生了两项重要成果即《执行计划》和《政治宣言》。然而从宣言到行动的路途却非常遥远,尽管很多国家为此作了很多努力,生态问题依旧不断恶化。

生态学马克思主义理论所指出的,现代社会生态危机的根源在于资本主义制度,资本主义制度最突出的特点即不计社会成本或环境成本去追逐利润,正如生态马克思主义理论家约翰·贝拉米·福斯特认为的那样,"生态危机就是快速全球化的资本主义经济的不可控制的破坏性的结果,资本永远都在无限地扩大,生态危机的根本原因是资本的积累。"资本主义制度更是推动了"化石经济"的发展,在新自由主义经济的范式下,经济世界是一个以"经济人"为行为主体的"理性的""纯粹的""美好的"世界,这样的一种假设很显然是欺骗性的、幻想式的。事实上新自由主义宣扬的自由化、私有化、市场化、政府放松管制,以及极力推动新殖民主义和跨国企业等,严重忽视了经济系统与生态系统的关联性及生态系统的内在价值,并进一步推动了"经济人自身利润最大化"的物欲追求,造成了严重的"公地悲剧"和严重的"外部不经济"。

在紧迫的环境危机之下,会造成人们压力激增,从而影响社会成员的心理和行为。比如噪音会使人产生焦虑、厌烦、易怒等不愉快的情绪,还会降低儿童的学习能力和阅读能力;严重的拥挤会导致人际冲突增多,助人行为减少,城市暴力犯罪现象比例上升;高楼大厦导致城市气候的"热岛效应",在这种高温的情形下,人们的暴力攻击行为也明显增多;自然灾难和科技灾难使人感到恐惧、紧张、不安和无助,甚至造成严重的应激反应等。这些都是环境危机引发的个体心理和行为的表现,但环境危机不仅会影响个体,也会给群体心理和群体行为带来很多负面的影响,比如造成群体更多的焦虑、恐慌等,也促使群体的认知、情绪、行为方式产生很多负向的改变。

人与环境的关系一直是心理学的基本理论问题,不同的心理学流派对环境与人类行为之间的关系作出了深入的研究,随着环境问题的不断突出,人与环境的相互影响越发受到关注。机能主义学派认为心理对环境是有适应功能的;格式塔学派认为人们对环境的知觉是以整体的方式进行的,而不是去认识分裂的片段;认知行为学派多数从客体外在的行为去考察其内在心理机制,去研究环境态度与环境行为、环境心理之间的关系；精神分析学派从潜意识的角度分析环境破坏的心理原因；人本主义学派所倡导的价值与意义等心理学研究主题也影响了生态心理学。不难看出，心理学家们对人与环境关系的探讨经历了从二元论到整体论、从经验论到实证论再到系统论的漫长过程。

事实上，环境危机影响的社会心理呈现在个体层面、群体层面甚至整个人类社会层面，呈现的内容也纷繁复杂，涵盖了认知层面、行为层面、情绪层面等，呈现出了不同的特点，比如主观能动性、时间变化性、主体选择性和内容复杂性等。这也导致无论是社会学家还是心理学家或者环境学家在研究这些内容时，可梳理的视角众多，可研究的维度众多。

本书的重点是为了从社会心理学研究角度，给决策机关及大学社会心理学专业教学提供实证性研究依据和教学内容。尝试去分析面对环境危机而引发的各种社会心理，比如焦虑、恐慌、怨恨、冷漠甚至应激反应；尝试去将环境危机引发的群体行为作归类研究，并搜寻实际的案例；尝试从心理学角度去分析引发环境危机的原因，并最终在心理学大框架的指导下，从多个维度给出促进人与自然关系良性循环的方法和路径。

第一章梳理了当前影响全球生态环境的各种环境危机，包括各种自然灾害、科技灾害等。分析了引发环境危机的原因是多系统的，但不容否认的根源性因素是资本主义制度，正是资本主义制度本身导致了人类对"经济人"的完美幻想；新自由主义的经济范式更加剧了环境危机；而人类思想意识的局限性以及人与人、人与社会互动的不良行为更是导致环境危机的导火索；同时也指出日新月异的科学技术促进人类社会进步的同时，也不可避免地破坏了生态环境。

第二章分析了社会心理的发展脉络。从中国的儒墨道法到西方的思想家孟德斯鸠、爱尔维修、黑格尔，再到马克思主义的经典作家，都对社会心理做过重要的论述；心理学领域中对社会心理最核心的研究则体现在社会心理学领域；社会学家们也从文化、社会化、社会角色、社会控制等方面对社会心理作了细致的分析。

第三章分析了环境危机对个体心理和行为的影响。空气污染引发了更多的负面情绪；高温在无形中强化了人们的攻击行为；自然灾害的突发性会引发个体的应激反应,甚至产生创伤后应激障碍;人为导致的科技灾害对人的心理和行为产生的影响更为持久,科技灾难的受害人普遍体验着长期的精神痛苦,包括情绪障碍;城市化进程中出现的问题,比如拥挤、高犯罪率、食品安全隐患、能源短缺、噪声等,都对人们的心理状态产生了巨大的冲击。

第四章分析了环境危机对公众心理和行为的影响。环境危机是每一个社会成员及团体都不得不面对的压力,公众是环境保护和治理的重要基础,是生态文明建设的主力军。公众环境关心与环保动力则是影响公众参与环境保护的重要心理因素,公众环境关心实则属于认知层面,是人们环保心理活动产生的最初来源,而公众环保动力则是环保行动产生的根源。纵观国内外环境保护公众参与的历程,可以看到我国公众对环境权益的诉求呈增长趋势,公众参与和社会监督已在多项环境事件中体现出一定作用,环保公众参与取得积极进展。此外,企业作为社会经济发展的支柱,是公众参与的重要组成部分。企业环保的驱动力主要来自政府规制及市场压力,社会责任也是企业参与环保的有效驱动力。

第五章分析了环境危机对整个人类社会心理和行为的影响。从对社会制度的反思到对人与自然关系的思考,从人类过去的行为到当代人类社会为生态系统所做出的努力,生态环境问题已经引起了人类社会更多的关注。如果人类想要建造一个更安全的未来,就必须停止并逆转数百年来的环境破坏。在全球范围内,人类的环境意识越来越觉醒,全球环境目标正在逐步达成,未来的社会发展之路必定与生态环境密切关联。

第六章主要提出了一些促进公众参与环保行为的举措。首先从心理学维度入手,重构自我概念,促进生态自我的实现;提升公众环境知识水平,促进环保认知的提升;倡导绿色消费,培育民众的环境伦理观;不断促进公众的亲环境行为,并注重群体功能的发展,等等。其次可以从经济层面入手,促进循环经济的发展、大力推动环保产业及可持续贸易的发展。再次还要重视环保政策的有力保障,不断促进环保法制建设。最后其他国家环保技术的发展也带给了我们一些启示。

李娟 张玥

2020 年 1 月

目录

第一章　导论

第一节　关注生态是 21 世纪的主题

一、环境危机是全球化问题

地球环境包括人类生活和生物栖息繁衍的所有区域，它为地球上的生命提供发展所需的资源与空间，还承受着人类肆意改造而带来的冲击。随着人类社会的不断发展，人类活动对地球环境的依赖也达到了前所未有的程度。与此同时，全球性环境问题伴之出现，所谓全球环境问题也被称为地球环境问题，指的是超越主权国国界和管辖范围的全球性的环境污染和生态平衡破坏问题。比如一直以来普遍存在的全球气候变暖问题、臭氧层被破坏问题、水资源短缺问题以及生物多样性锐减，等等。

然而，全球环境问题并不局限于此。2002 年 3 月我国北方和蒙古国受西伯利亚强冷空气东移南下影响，导致了大风沙尘天气，甚至部分区域还造成了强沙尘暴天气，给交通、农业、电力等部门造成严重影响；不仅如此，沙尘暴还袭击了韩国全境，据韩国环境部统计，受扬尘天气影响，21 日当天韩国国内有 6 条航线停飞，30 多个航班取消。随后日本北九州省份都遭到了源自中国的沙尘暴影响，另据日本 NHK 报道福冈上空黄沙飞舞，能见度只有 3000 米，国内航线有 76 个航班因眼界不佳延误。这也是近年来沙尘暴爆发影响最为严重的一次，因为它不局限于一国，而成为跨区域影响的跨界环境问题。2005 年 11 月中石油吉林石化公司爆炸，导致松花江重大水质污染。它不仅给松花江流经的松原、哈尔滨等城市及地区的生活与生产用水造成严重影响，而且对涉及黑龙江水域的俄罗斯、蒙古地区的生态环境造成影响。此外，2011 年出现的日本福岛核泄漏事件，应是近年来全球最严重的核泄漏意外事故。它对于世界环境所引发的损害极为惨痛,并且影响非常深远,所产生的后果亦渐渐显现出来,并且在未来相当长的时间内仍旧在显现。它所造成的污染不仅对美国、韩国造成了严重的影响,而且对我国黄海水域以及东海水域和沿岸都造成了污染。

可以说,当今全球环境问题已经跨越国界,成为各国无法回避的共同问题。从 2019 年《世界经济论坛》的《全球风险报告》对重要领导人进行的一项调查中可以看到,环境问题连续三年均在影响最大危机名单以及可能危机名单之上,并且还居于主导地位。这些问题包含极端天气事件、减缓气候变化失败和重大自然灾害等。调查报告显示,在所有风险中,与环境有关的危机应是全球共同的噩梦。

另一方面全世界环境问题尽管应是各国各地环境问题的延续以及发展,但事实上却并不是各个国家或是区域环境问题的简单相加,故而在整体之上表现出其独有的特征。

首先是环境危机的影响呈现全球化。

自农业社会以来,环境危机一直在发生,然而展现的问题依旧属于局部性的,其影响范围、危害对象或是产生的后果主要分散在污染源周边或是特定的生态环境中。随着第二次、第三次工业革命的相继发生以及人类的经济和扩张活动的全球化,环境危机也逐渐全球化。进入 20 世纪 50—80 年代末,随着发达国家及东亚经济社会的快速增长、工业化在第三世界的持续扩大,环境危机迅速全球化。比如一些国际河流,上游国家造成的污染,可能危及下游国家;一些国家大气污染造成的酸雨,可能会降到别国等。诸如气候变暖、臭氧层空洞等,其影响范围也是全球性的,它们产生的后果也是全球性的。随着计算机技术的迅速进步,人类对高空、海洋甚至外层空间的探寻程度亦愈加深入,也不可避免地在这些区域间引发了影响,而且该类影响也是全球化的。

其次是环境危机的程度愈演愈烈。

事实上全球化的环境危机在 20 世纪 80 年代已经极其严峻,表现在资源耗竭已经超过了地球的再生能力与承载能力;持续增多的碳化排放与碳化累积产生的温室效应对气候变化形成了不小的威胁等。生态系统的关联性会导致其中一个环节出问题进而多个环节都会出问题,在物物相连的准则下,地球的环境问题已经到了十分迫切的程度。森林面积的不断锐减、草场林地的急剧退化、荒漠沙漠的不断扩大、沙尘暴的频繁发生,以及严重的大气污染、水资源危机、城市化问题等,都已深入到人类生产、生活的各个方面。因而,解决当下全球环境问题不能仅仅单纯地考虑污染区域本身,而应该将区域、河道、国家乃至全球当作一个整体,综合考虑自然发展基本规律、贫穷问题的解决与经济社会的可持续发展、教育资源的合理开发与循环利用、人类人文及生活前提的改善与社会和谐等问题,这是一个复杂的系统工程,只有综合多方面因素,才有可能解决好。

再次是导致环境危机的成因越来越复杂化。

世界性的环境危机是人为的,是人类最大限度地追赶物质财富带来的恶果。其根源在于人类对地球承载能力的高估以及盲信人类对世界的改造能力,一味地追求物质的极大丰富;同时也在于人类对自我智力和能力的高估以及对地球资源有限的认知不足。斯蒂芬·施奈德在《地球:输不起的实验室》中指出,从局部来看,可以认为贪官污吏或工业污染是当地环境问题的主要根源;从大局来看,日益增加的土地或能源利用以及人口的增长或许会成为主要因素。环境危机的全球性无疑源于科技革命、工业革命、市场革命、消费革命以来人类新的思维模式、思想观念、生产方式与生活方式。解铃还须系铃人,人为造成的环境污染需要人类充分利用自己的理性加以解决,积极地自觉地调整自己的观念与行为。在关心环境问题的人群中,传统主体主要包括科技界的学者、环境问题受害者、相关环保机构,如绿色和平组织等。在当代,人类需要跳出传统,看到环境问题对每个区域每个群体每个个体的深刻影响,促进环境问题的有效解决。

正如斯蒂芬·施奈德在《地球:输不起的实验室》中强调,我们目前所面临的环境问题很有可能是持续不断,甚至是不可逆转的。人类在地球的存在与改变也在不断影响着地球的生态环境,从农业社会到工业社会再到后工业化、信息化时代,人类历史上的环境问题一直在累积,并且很难逆转。一方面是因为环境问题的周期本就很长,另一方面是伴随着人类科技的不断发展、人口的不断增长,总会产生更多的更新的环境问题,从而导致了累积到今天这个时代的环境问题已经形成非常复杂、集中爆发的局面。

最后是环境问题的处理出现了政治化色彩。

随着环境问题的日益突出以及全社会对环境保护认识的提升，全世界各个国家都越发重视环境保护，从这个角度而言，环境问题不仅是生态技术问题，还是国内甚至是国际重要的政治问题。具体表现在：首先是在当代重要的国际合作、交流领域中，环境问题已经成为重要的甚至是核心的问题，比如以环境问题为探讨核心的斯德哥尔摩环境会议、里约热内卢环境会议、约翰内斯堡环境会议、哥本哈根气候大会等。其次是有些环境问题甚至成为政治斗争的导火索，从历史范围来看，环境问题不会是导致国家内部和国家之间重大冲突的唯一根源，但当代环境问题日趋严重，环境问题和政治、经济、社会等各种因素的交叉影响，往往会导致更大的政治冲突。比如1967年第三次的阿以战争，这场战争最核心的原因就是为了夺取水资源，即约旦河和该地区其他河流的水资源，而在今天，水资源依旧是中东问题中的核心之一。最后则是当今世界上有很多以环境保护为核心的非政府组织，即ENGO。这些非政府的环保组织涵盖了全球范围内数以千计的机构以及数亿的人群，成为一支有影响力的实践性组织，在国际政治舞台上占有重要的一席之地。

总之环境问题发展至今，已不再是单纯的一国或地区性的危害，而是超越国界、影响到了整个地球的生态系统。地球作为人类生存的统一整体，它的各个组成部分既相互影响，又相互制约。生态环境问题关系到人类社会的共同利益，因此，国际社会必须提高共识，以人类生存和发展为共同目标，在全球环境保护领域实现国际合作。必须清楚，要解决全球环境问题，仅凭一个国家或几个国家的力量是不够的，必须结合国际社会的整体力量，建立一种有效的国际环境合作机制来共同应对全球环境危机。

二、从人类命运共同体维度思考环境危机

(一)人类命运共同体的提出及意义

人类命运共同体旨在追求各国之间的协同发展，共同保护整个人类社会赖以生存的地球家园。2012年党的十八大明确提出"倡导人类命运共同体意识"，世界各国在面对资源紧缺、环境变化、疾病流行等越发严重的问题时，应当以"一个地球"的价值观面对和应对。2013年，习近平总书记在俄罗斯莫斯科国际关系学院发表名为"顺应时代前进潮流、促进世界和平发展"的演讲，向

世界呼吁"人类命运共同体"的倡议。2015 年，习近平总书记在纽约联合国总部发表重要讲话时指出："我们要继承和弘扬联合国宪章的宗旨和原则，构建以合作共赢为核心的新型国际关系，打造人类命运共同体。"①此后，这一中国理念由倡议转变为思想、由思想转变为行动，并通过"一带一路""博鳌亚洲论坛"等实践的不断打磨，成为国际层次议题。

　　人类命运共同体的提出是有理论依据的，是马克思主义世界历史论的创新产物。马克思主义世界历史理论是马克思主义的重要组成部分，而基于马克思、恩格斯的唯物史观与剩余价值理论，深刻揭示了世界历史的形成条件与机制、演进过程与规律、内在动因与最终归宿，底蕴深厚的世界历史理论也就由此诞生了。与此同时，人类命运共同体的提出也是有文化依据的，中国丰富的传统文化中积极处世与治理的理念，儒家文化中倡导"天下一家""世界大同"、主张"大道之行也，天下为公"等，这些都是构建人类命运共同体的重要文化依据。

　　进入 21 世纪以后，在经济全球化纵深发展、社会信息化不断深入的情况下，种种原因使得世界成为名副其实的地球村，人类的命运相互依存、安危与共，成为密不可分的人类命运共同体。人类命运共同体是中国对世界和平与发展的理念与实践贡献，同时促进了世界全面均衡地向可持续方向发展，有效减少了发达国家和发展中国家之间的差距，也推动着国际政治经济秩序朝着更为公正合理、平等有序的方向发展。人类命运共同体也有助于不同国家减少彼此之间的对立或矛盾，更好地促进各国理解与包容，推进人类各种文明进行交流，并且进一步地互融、互学、互鉴。对世界和中国来说，要促成"中国梦"和"世界梦"的有机统一，人类命运共同体的宗旨是为世界人民谋求幸福，目标在于提升全世界的福祉，而当今世界的主题是和平与发展，和平与发展的实现也需要依靠人类命运共同体的构建。

　　(二)人类命运共同体在生态维度的解析

　　现代文明的发展给人们带来了前所未有的繁荣和进步，但不可否认的是，

---

　　① 国家主席习近平出席第 70 届联合国大会讲话稿，人民网，http://www.people.com.cn 2015.9.29.

日渐枯竭的不可再生资源也导致了世界上许多生态环境的进一步恶化。在已经千疮百孔的现代性遗产中勾画人类命运共同体的生态思想也成为一种可能。在当前世界因资源掠夺而纷争不断的情况下,日益严峻的全球生态化挑战使得生态建设成为人类命运共同体中生态文明构建方面的重要组成部分。

生态的新发展和人类命运共同体的建立是一个交互式过程,也体现了人类在不断了解到自身所处环境和社会领域中的许多显现的生存危机后,主动谋求改变生态环境的思想观念。人类命运共同体的构建需要在人与自然和谐的基础上发展,这样才能重塑世界秩序。

2017年1月18日,习近平主席在联合国所做的演讲中,将"清洁美丽"作为构建人类命运共同体的五项核心内容之一,充分证明了生态建设是人类命运共同体建立的重要前提,将建设"美丽中国"与"美丽世界"有机结合,为"建设一个清洁美丽的世界"贡献了中国智慧。

在"人类命运共同体"的理念下治理全球生态环境,指的是世界各国在追求本国利益时兼顾他国合理需求,在谋求本国发展中促进各国共同发展。在面对共同的生态问题时,发达国家和发展中国家同样需要担起责任,携手共同应对全球生态环境的变化,共同行动起来。只有世界各国齐心协力积极变革、参与生态治理、走绿色发展道路,人类命运共同体的可持续发展才能成为可能。

在世界生态文明建设潮流的进程中,构建人类命运共同体成为建设生态文明的必然要求。而从构建人类命运共同体的全球视野中,生态文明的价值取向体现于在社会发展中追求生态安全,多元多维地治理生态环境,各国秉承务实合作的治理理念。在全球生态治理的过程中,需要始终坚持科学的生态文明价值取向,着眼于全人类可持续发展,并为此目标不断奋进。

(三)以人类命运共同体的理念构建国际环境合作的有效方法

1.构建国家主权理念

在社会主义国家,各级政府是生态建设的领头人,也是第一负责人,对生态建设负有主体责任。在西方的资本主义国家,也有政府机构组织相关环境治理的部署和安排。无论是社会主义国家还是资本主义国家,构建国家主权理念在构建环境合作方面应放在首位,国家主权观念的树立使得国家间合作更加顺利和流畅,各国之间的交流也更加密切,有利于在环境治理方面更好地进行沟通,承担国际责任、履行生态文明建设义务。良好的生态环境能够为世界人民的生产生活提供重要的生存空间,以及为提升人类的生活质量打下基础。

而主权国家只有在正确认识主权与全球生态环境的辩证关系后,并在构建国家主权观念的前提下,才能更好地采取有效的措施针对性地加强生态环境的保护。在"人类命运共同体"理念下,主权国家也应该共同努力,坚持遵循公平公正、平等互惠的原则,统一性与多样性相结合的原则,尊重生命与敬畏自然的原则的基础上,在环境治理方面加强与其他国家的协调与合作。

2. 有效发挥非政府环境组织的作用

非政府环境组织与政府不同,没有经济发展上的硬性需求,在保护环境方面可以通过各式各样的自我宣传来动员身边的人们一起对生态环境采取保护措施。有效地发挥非政府环境组织的作用,利用生动形象的方式或者网络媒介来号召群众齐心协力,从小事做起,从身边做起。非政府环境组织凭借自身约束性较低的优势,可以更加轻松方便地与当地企业、公众沟通,传递"人类命运共同体"思想下的环境保护和生态治理理念。

非政府环境组织扮演着居中的调和者这一角色,起到的主要是搭建信息沟通的桥梁,建立资源交流的纽带的作用。它们将公众对心中所希望的良好生态环境的诉求传达给政府组织,又借助各种合法手段筹集捐款所积累的社会资源,在不同领域和不同规模下进行环保工作,最终构成一个完整的环境保护闭环,实现"人人有责,人人参与"的共享生态利益。

3. 建立世界环境监管体系和制度

环境监管部门作为一个环境治理的参与者,同时也是环境监管的裁判员。在全球范围内,很多国家都已经建立起有规则的环境监管体系和比较合理的制度。但这些规则和制度主要针对的范围还是各个国家自己所属的政治管辖范围。世界环境监管体系应从更全局的范围来针对性地设置规则和制度,以解决全球化环境问题。然而世界环境监管体系和制度的建立不是一朝一夕的事情,而是需要通过各国间有效的沟通与交流,对实际的生态环境中出现的问题有针对性地进行解决,需要各国加强互通合作,了解各地出现的较为严重的生态问题,从中吸取经验与教训,以备未来为本国环境治理的问题提出更为妥当的处理方法。

4. 寻求国际上的利益让渡和互惠合作

在构建人类命运共同体的国际合作进程中，总有一些国家会因为历史原因、文化差异、思想观念以及国家体制的不同而产生分歧或是矛盾。但在环境治理的进程中，人类在同一个地球生存，在同一片天空下生存，实现生态平衡需要各国能够让渡自身利益以顺利地进行与其他国家在处理环境危机方面的合作。世界各国应积极寻求国际上的利益让渡以谋求长远的、良好的生存环境，在构建人类命运共同体的进程中，勇于与其他国家相互合作，达到互惠互利的最终效果。

第二节　日益严重的环境危机

恩格斯在《自然辩证法》中指出"我们不要过分陶醉于我们对自然界的胜利，对于每一次这样的胜利，自然界都报复了我们"。人类与自然有着千丝万缕的联系，人类的活动不断影响和改变着自然，自然也无时无刻地影响着人类。进入 21 世纪以来，人类对于自然的重视程度前所未有，众多社会学家、哲学家、环保工作者们都不断呼吁环境保护，然而在人类欲望和利益的驱使下，在世界人口迅猛增长的强大负荷下，在"人类中心主义"信仰的指引下，对于生态环境的破坏行为依旧不断显现，出现了很多的环境污染问题。环境问题是指由于人类的生产、生活活动，使自然生态系统失去平衡，反过来又直接或间接地影响人类生存和发展的一切问题。环境问题随着人类社会的发展而不断演变，工业革命之前的人类社会，总体对环境破坏的程度是有限的、局部的，但在人类生产力迅速发展之后的工业社会，环境问题变得十分严峻，环境科学家认为当前人类主要存在以下环境问题：

一、被破坏的生态环境

（一）温室效应导致全球变暖

自地球形成以来，全球气候始终处于变化之中，但是这种变化的周期非常长，短期内变化幅度也很小，然而自 19 世纪以来，全球平均气温上升了 0.3℃—0.6℃。专家分析，全球变暖主要是由于温室效应引起的，大气层和地表就好比一个巨大的"玻璃温室"，使地表和大气维持一定的温度，产生适合人类和其他生物生存的环境。在这一系统中，白天太阳辐射照射地面，其中长波使大气升温，晚上散热降低温度，长期以来，形成一种稳定的平衡。然而自工业革命以来，工业生产迅速发展，导致大气中二氧化碳浓度升高，加剧了温室效应，打破了原有的平衡，从而导致地球接收来自太阳的热量比地球散发到太空中的热量多出很多，从而导致地球变暖。

全球变暖具有很多严重的后果，比如导致北极、南极的冰雪部分融化，从而使海平面上升。有科学家指出，如果目前的二氧化碳浓度翻一番，海平面将上涨 80 厘米，将会直接影响生活在距离海岸线 60 千米以内的占世界 1/3 的人口。而对于中国来说，如果温度上升 2℃—4℃，土地蒸发将增加 20% 以上，耕地损失 20 万平方千米。

另外气候变暖还使得病原微生物活跃猖獗，很多有害动物，比如蚊子、跳蚤、老鼠等会因为气候变暖而使得繁殖期增加。昆虫体内的病原体毒力增强，从而使致病能力增强，甚至还有可能产生一些新的病原体，比如 2003 年的非典型性肺炎 SARS，就是其中的一例。SARS 是于 2002 年在中国广东顺德首发，并扩散至东南亚乃至全球，直至 2003 年中期才被逐渐消灭的一次全球性传染病疫潮。而这场疫情还引发了一系列的社会恐慌事件，造成了多名患者死亡，引发了全球媒体的关注。

同时，全球变暖还会导致一些地区出现极端气候，比如近些年厄尔尼诺和拉尼娜事件发生的频率都明显增高。

（二）臭氧层破坏

臭氧层是地球的保护伞，替地球阻挡了来自太阳 99% 的紫外线辐射，保护了地球上的各种生物。科学研究发现，臭氧层浓度每减少 1%，对应的太阳紫外线辐射就会增加 2%，过度的紫外线辐射会直接导致人类增加患上皮肤癌、白内障等各种疾病的概率；不仅如此，紫外线辐射还会严重破坏植物的光合作用能力、授粉能力等，从而降低农业的产量。可以说紫外线的增强会对地球的所有生物造成巨大破坏。

臭氧层破坏的主要因素虽然包括自然因素,但更多的还是人为因素。人类在现代生活中大量地使用冷冻剂、消毒剂、起泡剂和灭火剂等,这些化学制品会向大气中排放氯氟烃、溴等气体,而这些气体在紫外线照射下会放出氯原子,氯原子夺取臭氧中的氧原子,使得臭氧变成纯氧,从而破坏了臭氧层。

专家认为之所以会出现臭氧空洞,主要的原因在于人类大量使用氟利昂,全世界氟利昂的年产量高达200万吨。

1995年的联合国大会把每年的9月16日定为国际保护臭氧层日,要求《蒙特利尔议定书》所有缔约方采取具体行动纪念这个日子。从1995年至今,历经25年的时间,通过所有缔约方的共同努力,全世界范围内已经成功削减95%的消耗臭氧层的物质。2007年9月《议定书》第19次缔约方大会再次达成协议,约定主要消耗臭氧层物质将于2030年前在全球范围内彻底停止生产和使用,而这个目标的实现比1995年当初的时间规划提前了整整十年,这是人类在保护臭氧层方面的一大进展。

为了纪念这些年人类在保护臭氧层方面的贡献,笔者特意将从1990年起至今的关于臭氧层保护的主题列举如下,分别是"保护天空,保护臭氧层"(1990);"拯救我们的天空:保护你自己,保护臭氧层"(2000);"拯救蓝天,保护臭氧层:善待我们共同拥有的星球"(2004);"保护臭氧层,拯救地球生命"(2006);"2007,颂扬卓有成效的20年"(2007)等,这一系列的主题既是人类在环保方面的不断尝试,也是人类为地球立下的守护誓言。

(三)海洋环境的恶化

海洋是地球上所有动物包括人类最原始的故乡,为人类提供了最丰富的资源,全球约有30多亿人住在沿海地带或离海岸线约100千米的范围内。然而海洋却不断地遭受着人类的各种破坏。

海洋中的"黑色污染"主要来自石油泄漏。石油作为主要的能源之一,是现代工业的命脉,在石油开采和运输过程中,尤其是运输过程中,常常发生泄漏事故,自1970年以来,全球发生的泄漏事故高达1000多起,给海洋造成了严重的污染,石油一旦泄漏,势必会导致大量的海洋生物死亡。

除了石油泄露,进入海洋的有毒物质还包括有机农药、重金属和其他有毒物质,这些有毒物质进入海洋生物体内,造成了巨大的损害,并不断通过"生物链"在生物体内累积起来,形成连锁反应。

另外很多氮、磷、钾等肥料进入海洋,还导致了海洋中水藻的大量繁殖,产生"赤潮"现象。

(四)土地污染

土地是人类生活、万物生存的基础,然而,却在文明的侵害中不断被破坏。

首先是表土流失严重。表土是植物生长的根基,没有表土,农作物就无法生长,草也不能生存。全球的表土每年都在大量流失,据统计,在非洲、亚洲和南美洲,每年每公顷土地要流失 30—40 吨表土。有人估算,在美国,每 16.5 年就损耗 2.5 厘米厚的表土。而我国水土流失的面积达 18616 平方千米,每年流失土壤大约 50 亿吨,相当于 15 个江苏省或 4 个日本,数量惊人。

其次是白色污染严重。白色污染泛指经一次性使用后未经合理的收集和处理而造成环境污染的所有塑料废弃物,主要包括一次性餐具、塑料包装袋、农用薄膜等。白色污染对人类健康十分有害,并且会恶化土壤环境,造成大气污染和视觉污染。

最后最为突出的土地污染就是草原退化和沙漠化。气候干旱是形成荒漠化的必要因素,人类活动也加速了荒漠化的进程。草原退化和土地沙漠化使全球的粮食生产潜力大大降低。我国是草地资源大国,但是草地退化和沙化的现象十分严重,人为因素中的过度放牧、开垦等都是加剧草原退化的主要因素。

(五)大气污染

大气是人类和一切生物赖以生存的必需条件, 大气质量的优劣直接影响着人类的健康和整个生态系统。当前大气污染物的来源主要有工业污染源、生活污染源、交通运输污染源。

工业是最主要的污染源,排放量大且较为集中,排放物质也非常复杂,包括各种废物、肥料、废气等。这些废物、废料、废气,会导致大气中颗粒物增多,尤其是微小颗粒物,导致空气污染,比如雾霾。生活污染源主要来自冬季取暖设施,比如用量非常高的煤炭,由于取暖锅炉数量非常多,煤炭使用量极大,导致烟气密布,污染严重。交通污染源主要指的是汽车、火车、轮船、飞机等交通设备产生的尾气。

洁净的空气是人类生存最重要的环境因素之一, 有害气体不仅增加了空气中的颗粒物,还会产生一些有毒的化学物质,比如硫氧化物、氮氧化物、碳氧化物,等等。

污染了的空气一方面会对人类的身体造成直接的损害,比如直径小于1毫米的颗粒物会直接进入肺部,进而引起很多慢性疾病,比如呼吸道疾病、鼻炎等。另一方面也会对农业生态产生严重的危害,影响农作物的生长甚至直接导致农作物的死亡。另外严重的空气污染,比如日本川崎市发生的三次恶臭事件,一些人在深夜被熏得呕吐,严重影响了人的身心健康。

(六) 水体污染

有学者称,21世纪是水的世纪,原因在于21世纪人类将会面临越来越严重的淡水危机和水体污染。目前世界上已有28个国家处于严重缺水状态,据预测,到2050年左右,全世界严重缺水的国家将会达到50个左右。

水体污染是指当排入水体的污染物超过水体的自净能力,使得水体的物理、化学性质或生物群落组成发生了变化,从而降低和破坏了水体的使用价值,使水体丧失或者部分丧失原有功能的现象。

人类在生产和生活的活动当中,大量地排出废物和废水进入水体,使水质变坏。水源污染已经成为人类健康的大敌。据测定,全世界每分钟有85000吨废水排出。我国每年排出的废水量超过368亿吨,固体废弃物6亿吨,而且大部分都未经无害化处理。我国对532条河流的监测结果表明,有436条河流受不同程度的污染,38个主要城市饮水的总污染率达60%,严重污染率达到42%。

河流污染最大的根源就是人类无限制地排放各种有害污水及固体废弃物。农药的大量生产和广泛使用,也导致了水体的污染。另外湖泊富营养化也是非常严重的水体污染表现。湖泊之所以会富营养化主要源于天然水体中过量的营养物质,而这些营养物质来源于农田施肥、农田废弃物、生活污水以及某些工业废水。

(七)固体废弃物污染

近些年,由于城市的规模不断扩大,人口不断激增,固体废弃物污染现象也越来越突出。固体废弃物污染的主要来源包括生活垃圾、工业废弃物、建筑垃圾、农牧业及水产废弃物、商业废弃物等。也有学者直接将其称为城市垃圾。

一般来说,城市垃圾的产生量与城市规模、人口数量成正比。比如美国每年产生城市垃圾高达近两亿吨、废弃旧汽车900多万辆等。

由于人们要保持自己居所环境的舒适感,就必须清除这些固体废弃物,而这些固体废弃物多数都集中在城市,想要清除就会有很多步骤和困难。有些国家、有些城市因为不能及时处理这些城市垃圾,导致爆发"垃圾战争",产生了巨大的危害。比如印度的孟买,由于居民将垃圾随便丢弃在房屋过道等狭窄的地方,日积月累,这些垃圾堆积如山,根本无法清理,再加上当地炎热的气候,导致这些地方蚊虫滋生、老鼠横行,严重危害了人们的身体健康。还有埃及的开罗,曾多次因为城市垃圾处理不善而发生垃圾自燃现象,导致城市空气污染。

固体废弃物污染对人类产生的巨大危害,首先是固体废弃物的堆放需要占用大量的土地,严重浪费了土地资源;其次是大量固体废弃物的残留破坏了水质,污染了耕地,同时也污染了大气。

二、频繁发生的自然灾害

自然灾害是引起环境问题的重要因素,这些自然灾害的每一次发生都会给人类造成巨大的灾难,不仅包括严重的经济损失,更令人惋惜的是伴随着每一次自然灾害的数目惊人的死亡人口。据统计,20世纪以来,全世界每年仅较为严重的自然灾害就高达450起以上,直接死亡人数超过20万,5000多万灾民因此丧失家园,直接经济损失不低于200亿美元。无论是严重的地质灾害,比如地震、泥石流、山体滑坡等,还是频繁发生的旱灾和水灾,人类都为此付出了惨痛的代价。在以往对自然灾害的研究中,研究者往往是孤立地看待自然灾害,认为自然灾害是天体运动或地球自身运动引起的地球气圈、水圈、岩石圈等各种变异引起的突发性事件。随着环境科学的不断发展与进步,研究者逐渐将自然灾害放在系统化的人类大环境中去看待。此处所指的自然灾害是指地震、火山爆发、山体滑坡、泥石流、地裂缝、地面沉降,等等。

（一）地震

地震是地壳岩层能量突然释放导致周围岩体运动的一种表现形式。地震对人类危害极大,可以说是瞬间破坏力最强的地质灾害。据统计,全世界每年要爆发几百万次地震灾害,但是由于强度不同,大约只有百分之一是人们身体感受到的,一般来说,震级在里氏七级以上,就会导致严重的灾害,而每年里氏七级以上的地震大约会爆发 20 次左右。

全球著名的地震带主要有两条。一条是环太平洋地震带,该地震带绕太平洋一圈,释放了地球 80% 的能量,包括从美洲西岸北上再到阿留申群岛、千岛群岛南下,经日本、中国到南太平洋诸岛。另外一条是地中海—亚洲地震带,该地震带西起地中海,经西亚、喜马拉雅山到中国,所释放的能量占 17%。两条地震带上的北纬 40 度号称“地震恐怖线”。据统计,历史上死亡人数达 1 万人以上的大地震多发生在这一带。从全世界范围来看,日本、中国、美国、俄罗斯都是地震多发的国家,经历了多次的严重地震危害,比如中国 1976 年的唐山地震、2008 年的汶川地震;日本 1920 年的海原地震、1923 年的关东地震;美国 1906 年的旧金山地震,等等。

(二)火山爆发

据统计,目前地球上共有陆地火山 700 多座,海底火山 100 多座,在 20 世纪已有 10 多万人死于火山爆发,同时造成了高达 200 多亿美元的财产损失。

历史上伤亡人数最多、损失最惨重的火山爆发是公元前 1470 年的希腊桑托林岛火山喷发,这次的火山喷发 50 米高的巨浪直接席卷了东地中海的岛屿和海岸,一举毁灭了米诺斯文明中心和 130 千米外的克里特岛。公元 79 年维苏威火山爆发使美丽的庞贝城变成了废墟。

火山爆发给人类社会造成了重大的财产损失,对人类的生命安全造成极大的威胁,并对当地的气候造成重大影响。比如 1783 年日本的浅间山火山大爆发使得当地出现了“冷夏”,甚至还造成了“冻害”。2011 年 1 月日本的雾岛山新燃岳火山爆发,喷烟高达 2000 米,使得周围的城市都蒙上了一层厚厚的火山灰。

(三)泥石流

泥石流是山区最严重的地质灾害之一,常发生于峡谷地区和地震火山多发地区,全世界共有 50 多个国家存在着泥石流的潜在危险,其中中国、日本、瑞士、秘鲁、哥伦比亚等地尤其严重。泥石流爆发的频率和生态环境有着密切的联系,20 世纪爆发的泥石流高达上百次,其中最严重的有两次,一次是 1970

年的瓦斯卡兰山泥石流,500多万立方米的雪水裹着泥石,以每小时100千米的速度咆哮而下,直接毁灭了秘鲁的容加依城,造成2.3万人死亡;另一次是1985年鲁伊斯火山泥石流,直接毁掉了哥伦比亚的阿美罗城。

爆发于中国的2010年舟曲县泥石流,至今令人感叹。2010年8月7日深夜至8日凌晨,甘肃省甘南藏族自治州舟曲县城东北部山区突降特大暴雨,共造成1501人遇难,264人失踪。

泥石流的危害不仅限于对居民点居民财产生命安全的威胁,还有可能直接淹没公路、铁路,导致交通中断;冲毁水电站、引水渠道等,破坏水电工程;冲埋矿山坑道、报废矿山等。

(四)山体滑坡

山体滑坡是自然界中最常见的地质灾害之一,滑坡灾害在世界各国均有发生,而近些年中国的滑坡活动更为频繁,尤其是在西南、西北地区,几乎每年都有规模不等的滑坡出现。

以下为近三年中国境内发生的几次重大滑坡事件:2014年7月17日4时,受连续强降雨影响,贵州省织金县黑土乡打括村打括组突发山体滑坡,滑坡量约1.4万立方米,造成8人被埋。2014年7月17日14时45分左右,国道213线K774+600米处(石大关乡超限站附近)发生山体塌方,塌方量达3000余立方米,造成9辆车被砸,19人受伤。2014年7月17日18时40分,四川茂县境内发生山体塌方,造成10人死亡,19人受伤。2016年4月21日中午11时30分,广西壮族自治区融安县浮石镇六寮村小学校旁边发生了山体滑坡灾害,当时巨石冲入教室里,导致该学校的一年级和二年级的教室墙体倒塌。在此次灾难中,有21名小学生不同程度的受伤。2016年5月8日凌晨5时许,福建三明市泰宁县开善乡发生山体滑坡,造成池潭水电厂1座办公楼被冲垮,1座项目工地住宿工棚被埋压,同时造成多人失联和受伤。2017年6月24日早上5时45分,四川茂县叠溪镇新磨村突发山体滑坡,体积达1800万立方米,山体高位垮塌,造成河道堵塞2000米,100余人被掩埋。2018年10月11日江达县波罗乡白格村发生山体滑坡,并于11月3日17时发生二次滑坡。从以上记录中不难看出,滑坡造成了重大的财产损失和生命威胁。

(五)地面沉降

地面沉降是指在一定区域内所发生的地表水平面下降现象。地面沉降的发生和地质原因有关系,但近些年的研究发现,地面沉降的人为因素越来越多,比如过度开采石油、天然气、煤炭以及其他金属等固体矿产、地下水等,导致地下空洞越来越大,从而使得地面无法承受重力引发地面沉降。

中国科学院院士薛禹群曾在《2004 科学发展报告》中指出,地面沉降正在不断"发育",目前已经由沿海地区向大陆面积扩展。据国土资源部地质环境司副司长陶庆法介绍,我国有超过 50 个城市的地面在沉降,沉降量超过200 毫米的地面有 7.9 万平方千米。沉降最严重的是长江三角洲、华北平原和汾渭平原。

地面沉降是一种隐形的危险,因为人们并不能直接感觉到地面沉降,其数值的比较非常微小,常常以几毫米或者几十毫米来计量。但是地面沉降的危害却非常大,会直接导致建筑物的安全稳定性下降,影响城市下方的地下水道等。

(六)洪涝灾害

洪涝灾害是一个成因十分复杂的灾害系统,而且也与人为因素紧密相连,一般说来,高发区集中于人口稠密、农业垦殖度高、江河湖泊众多、降雨充沛的北半球暖湿带和亚热带,比如中国、孟加拉国。洪涝灾害一旦发生,会直接导致江河水位暴涨,甚至冲出河道、冲垮河堤、冲毁村庄等。洪涝灾害在各种自然灾害的破坏程度上占据首位,据统计,目前全球各类自然灾害中,洪涝灾害占40%。

洪涝灾害不仅仅会造成巨大的经济损失,而且还会造成环境恶化、人员伤亡、生态系统被破坏、甚至引发社会不稳定等。比如中国在 1998 年发生的特大洪水,直接毁灭了两亿人的家园,并且有 3000 多人因此丧命。另外洪涝灾害还常常和饮水污染一起发生,从而导致瘟疫蔓延,造成对人类生命的巨大威胁。

中国境内最需要防范的主要是长江洪水和黄河洪水。长江洪水自古以来都有记载,而其频繁爆发的原因则主要和人为因素有关,包括大面积森林的锐减,导致严重的水土流失,而泥沙量的大量淤积又会导致河床抬高,滚滚长江水全靠河堤拦截,非常危险。另外湖群的消失,比如洞庭湖、鄱阳湖等湖泊面积的缩小,也大大降低了湖群调节洪水的功能。黄河洪水的频繁爆发也是人为因素居多,核心的原因在于上游泥沙的源源不断向下,导致河道不断升高,为了预防洪水,黄河堤岸又不断加高,导致了"水涨船高"的恶性循环。

(七)旱灾和水灾

旱灾指因气候严酷或不正常的干旱而形成的气象灾害。旱灾和水灾一般都是交替发生的,长时间的干旱会造成很多危害,比如土壤因水分不足导致农作物水分平衡遭到破坏而减产或歉收甚至绝收从而带来粮食问题,严重时甚至引发饥荒。旱灾还会导致水源断绝,从而威胁人畜生命,甚至瘟疫盛行,等等。全世界21世纪内发生的"十大灾害"中,洪灾榜上无名,地震有3次,台风和风暴潮各一次,而旱灾却高居首位,有5次,它们是:

1920年,中国北方大旱。山东、河南、山西、陕西、河北等省遭受了40多年未遇的大旱灾,灾民2000万人,死亡50万人。

1928—1929年,中国陕西大旱。陕西全境共940万人受灾,死者达250万人,逃难者40余万人,被卖妇女竟达30多万人。

1943年,中国广东大旱。许多地方年初至谷雨一直没有下雨,造成严重粮荒,仅台山县饥民就死亡15万人。有些灾情严重的村子,人口损失过半。

1943年,印度、孟加拉国等地大旱。无水浇灌庄稼,粮食歉收,造成严重饥荒,死亡350万人。

1968—1973年,非洲大旱。涉及36个国家,受灾人口2500万人,逃荒者逾1000万人,累计死亡人数达200万以上。仅撒哈拉地区死亡人数就超过150万。

(八)雪灾

雪灾是指由于长时间大量积雪而导致积雪过厚、雪层维持时间过长的一种现象。雪灾对于城市的危害,主要在于破坏交通、通信、输电设施等。对于畜牧地区会有更大的危害,主要表现在严重影响畜牧业、导致动物死亡、甚至威胁到牧民的生命安全等。根据雪灾的形成、分布以及表现形式,主要可以分为雪崩、风雪流、牧区雪灾等。2008年1月中国境内爆发了一场重大的雪灾,严重受灾的地区包括湖南、贵州、湖北、江西、广西北部、浙江西部、安徽南部、河南南部等。直接导致死亡人数107人,失踪人数8人,紧急转移安置人口高达

151.2 万人；农作物受灾面积高达约 0.12 亿公顷，森林受损面积约 0.17 亿公顷，房屋倒塌 35.4 万间，造成直接经济损失高达 1111 亿元人民币。造成雪灾最核心的因素是大气环流的异常，大气环流有着自己的运行规律，但是由于人类对自然生态的破坏，导致大气环流出现异常，进而导致气候出现异常，发生雪灾等自然灾害。

三、科学技术引发的环境灾难

科技灾难是指直接或间接由科学技术引发的对自然或人类社会带来负面影响的灾害性事故。科学技术何以引发灾害，这源于科技的风险，科技风险是由科学技术发展所带来的某些不利因素而导致的风险。现代科技的高难度和复杂化使得科技风险越来越多，从而不可避免地造成了一些科技灾难。根据造成科技灾难的来源分类，可以将科技灾难分为化学技术引发、物理技术引发、生物技术引发三种类型。

（一）化学技术引发的科技灾难

所谓化学技术引发的灾难（以下简称化学灾难）是指，由现代化学产生的有毒元素、有毒化合物、化学衍生物、化工产品等所造成的重大人员伤亡、经济损失或生态环境严重破坏的灾难性事件。具体的灾难形式包括水污染、大气污染及酸雨、海洋石油污染、化学武器、由化学品爆炸和化学品泄漏导致的工程事故、化学物质导致的食物中毒、药物中毒和农药中毒等。

历史上比较著名的化学灾难当属"伦敦雾"事件。1952 年 12 月 4 日，英国伦敦弥漫的浓雾将近一周不散，浓雾成了可怕的杀手，短短一周伦敦有 5000 多人因呼吸道疾病而死亡，而浓雾散去之后，又有 8000 多人死于非命。灾难之初，没有人相信这竟然是一场史无前例的空气污染灾难，直到出现纷至沓来的各种呼吸系统疾病以及越来越多的死亡人数才让人们意识到这是一场灾难，这场"雾都劫难"震惊全球。"伦敦雾"事件过后，英国政府成立了专门的委员会来调查"伦敦雾"的事故原因，却始终没有得出结论，直到十年后科学家们才弄清楚：原来是煤炭燃烧释放出来的烟尘中有一种叫做三氧化三铁的成分，这种化学物质能促进空气中的二氧化硫氧化成硫酸液附着在烟尘中或者凝聚在雾滴中，一旦被人们吸入，就会导致胸口窒闷、咳嗽、咽痛等症状，从而诱发各种呼吸系统疾病。

当前比较突出的化学因素引发的环境污染是水体污染，包括工业废水、生活污水和农业废水三大污染。由于水体污染具有流动性，即工业废水会污染江河湖海的水生物和土壤里种植的农作物，人吃了受污染的水产品和农作物，家禽家畜吃了受污染的饲料，有害物质就会在水生或陆生食物链中传递并蓄积，从天上地下到水中，所有的污染样式，最终都可能通过食物链反馈到人类自身，进而影响人类，因此水体污染已经极大地损害并持续损害着人类健康。

研究表明化学灾难有明显的滞后性，主要原因在于化学技术的使用推广本身有一个过程，同时化学灾难的爆发是一个风险累积的过程。统计表明，现在化学灾难的累积时间大约需要 150 年，因此在化学技术没有广泛使用之前，人类更需要对其做更多的研究和风险评估。

(二)物理技术引发的科技灾难

物理技术引发的科技灾难主要包括核灾难、电子信息技术造成的污染等。

核物理技术引发的灾难(以下简称核灾难)是指与核技术相关，造成众多人员伤亡、巨大经济损失或生态环境严重污染破坏的灾难性事件。这类事件的后果或潜在后果不容忽视。根据灾难发生特性，可以将核灾难大致分为以下几类：核试验污染、核武器战争、反应堆核电站事故、核废料污染和军事核事故如核潜艇沉没、核运输事故等。核灾难是当代最让民众惊恐的灾难之一，究其原因是因为核灾难具有极大的危害性，人体受到辐射、自然生物受到辐射之后都会是毁灭性的结果。人类历史上最为严重的三次核灾难分别是 1986 年 4 月发生的切尔诺贝利核电站泄漏、1945 年 8 月广岛长崎的核武器爆炸、2011 年 3 月的福岛核泄漏事件。这三起事件都给人类造成了不可磨灭的影响。在处理核灾难事件中，最为核心的就是堵住污染源头和清除核辐射。切尔诺贝利核电站发生核泄漏之后，最先遇难的核电站工作人员和消防员被放在特制的铅棺材之中，因为他们的遗体都成了放射源；乌克兰有 250 万人因这场事故而罹患疾病，其中包括 47.3 万名儿童；在这片自然区域，树木、鱼类等各种生物都因为辐射而发生各种变异；据专家推算，要完全消除这场灾难对自然环境的影响至少需要 800 年，而这里持续的核辐射将会延伸 10 万年以上。这些可怕的数字，足以让人类面对核灾难不寒而栗。

20世纪中叶,以电子信息和计算机技术为代表的第三次技术革命给人类社会的信息处理方式带来了翻天覆地的变化,同时也造成了不可避免的科技灾难,包括电子废弃物的污染、信息技术的安全性等问题。

电子废弃物污染,主要指高科技电子产品在使用后或被淘汰后所产生的污染,也包括回收再生产电子产品的过程中所产生的污染,污染的形式多种多样。电子产品更新速度快、淘汰率高,直接导致电子废弃物污染的迅速性、隐藏性、危害性都远远高于其他废弃物污染。

以手机为例,据国家信息产业部资料显示,我国已成为全球手机用户最多的国家。以平均每部手机使用3年计算,我国每年将报废的手机就有7000万部之多,加上手机附件和电池,产生的电子垃圾在万吨左右。当然,电子废弃物并不局限于手机,包括电脑在内的各种电子产品的数量是极其庞大的,在这些电子废弃物中存在着大量的贵金属,可回收价值也非常高,然而我国目前的回收技术十分有限,回收模式也非常落后,这些都导致了严重的污染。

电子信息技术的安全性问题也常常给人类带来重大灾难,比如计算机病毒,它被称为"21世纪最大的隐患""不流血的致命武器"。因为计算机病毒的产生以及迅速蔓延会给全球的电子计算机系统造成直接危害,这些危害涵盖的范围非常广泛,有可能是资源的浪费或者经济财富的损失,也极有可能会导致系统化、连锁性的社会灾难。

(三)生物技术引发的科技灾难

美国学者杰里米·里夫金说"我们正处在世界历史的一场伟大变革中,一场从物理学和化学时代转变到生物学时代,从工业革命转变到生物技术世纪的伟大变革。化石、燃料、金属和矿藏这些工业时代的原始资源正在被基因取代。对一个沉浸于遗传商业和遗传贸易的新时代而言,基因就是它的原始资源"。从现代社会的科学发展史来看,生物技术的发展要远远慢于化学技术、物理技术的发展,然而,随着科技的不断进步,人们对生物技术的研究越来越深入,21世纪也被预言为"生命科学的时代"。

到目前为止,生物技术引发的灾难表现尚不明显,但随着技术的不断演化与进步,生物技术的风险将会慢慢累积并呈现。当今很多学者认为,生物技术有可能带来的风险将会主要集中于生物个体的健康性、社会伦理、人类种群生存等。也有一些科幻电影对此做了预测性描述,比如电影《克隆人》,电影中的主人翁福斯特作为一名神经学科学家因为车祸失去了家人,为了能够"恢复"家庭,他利用克隆技术及传输意识复活了家人,但却引起了始料未及的诸多麻烦。

现代农业领域因为生物技术讨论最多的是转基因农作物。当前转基因生物的研发、环境释放和越境转移主要呈现以下态势:转基因生物种类快速增加;转基因生物环境释放呈逐年大幅度上升趋势;转基因生物及其产品的跨国研发日趋活跃;转基因生物及其产品大量向发展中国家输入。[1]国际社会十分关注转基因生物对生物多样性、人体健康、生态环境等的影响,事实上,目前已经出现了一些问题,比如转基因生物会影响到其他物种;转基因生物会导致人体过敏性提升,使人和动物产生更多抗药性和过敏反应,等等。

现代医学领域讨论的最多的则是基因治疗的问题。基因治疗是指用正常基因替代缺陷基因的治疗方法, 其基本方法是利用某些病毒把具有治疗潜力的基因运送到患者的体内,先将病毒内部致病的遗传物质切除,然后接上正常基因,再将改造过的病毒与细胞融合,直接注射到实验动物或病人体内。如果进展顺利,无害病毒会进入受损细胞,并将正常基因送到细胞核内使正常基因被吸纳、复制并发挥其生理作用。[2]理论上看起来完美的基因治疗,在近些年的研究中成果并不理想,并带来很多具体风险,包括技术缺乏安全性以及产生了一系列的包括基因歧视在内的伦理问题,而这些风险一旦累积发生,极有可能到达无法控制的地步。

---

① 韩孝成:《现代科技的人文反思:科学面临危机》,中国社会出版社,2005,第59页。

② 詹颂生:《科技时代的反思:现代科学技术的负面作用及其对策研究》,中山大学出版社,2002,第29页。

第三节 环境危机的原因分析

1962 年蕾切尔·卡逊的著作《寂静的春天》出版,掀起了如火如荼的环境保护运动,因此这本书也被誉为"世界环境保护运动的里程碑"。在这本书中,蕾切尔·卡逊以生动而严肃的笔触,描写因过度使用化学药品和肥料而导致的环境污染及生态破坏,最终给人类带来不堪重负的灾难。从 1962 年到今天,人类从没有一个时代如此关注生态问题,因为也从没有哪个时代的人们要面临今天这个时代面临的如此严峻的环境问题, 是什么导致了如此严峻的环境危机? 是否如蕾切尔·卡逊在书中所描述的那样,对这个问题的回答,不同学科的研究者们从不同角度给出了深刻的描述。笔者更倾向于认为人类并不是以个体形式面对自然,而是以社会系统为中介与自然发生关系,而社会系统的复杂性和多面性也决定了环境危机成因的复杂性。

一、资本主义制度是导致环境危机的根源

在资本主义制度下科技进步的目的是通过剥削人类和自然而获取利润,资产阶级相信市场能够不断增加物质财富和利润, 因此他们认为现在通过掠夺地球来获益是合法的,而不去考虑这将给后代造成的伤害。因此从本质上来说,环境危机也正是资本主义制度所造成的。

(一)资本的逐利性

资本主义制度最突出的特点即不计社会成本或环境成本去追逐利润,正如生态马克思主义理论家约翰·贝拉米·福斯特指出"资本主义的历史就是生态破坏的历史""生态危机就是快速全球化的资本主义经济的不可控制的破坏性的结果, 资本永远都在无限地扩大, 生态危机的根本原因是资本的积累。"[1]加拿大生态社会主义学者伊恩·安格斯直接分析了资本主义制度的野

---

① 陈学明:《不触动资本主义制度能摆脱生态危机吗——评福斯特对马克思生态世界观当代意义的揭示》,《国外社会科学》2010 年第 10 期。

蛮特性,认为资本主义制度中资本对剩余价值的追求是导致环境危机的根源。安格斯以鱼与水来比喻资本主义与增长的关系，他认为资本主义离不开利润的增长就像鱼离不开水一样，资本主义的存在所需要的氧气就是剩余价值的掠夺。从这一点上,他批判了当前关于资本主义争论的错误性,该争论指出:如果政府可以想办法用更合理的测量系统取代国民生产总值,包括计算环境损失和资源枯竭的成本,那么不可持续的增长将会停止。对此,安格斯指出,国民生产总值完全是资本主义视角,只要资本主义制度存在,国民生产总值就会存在,它是衡量经济活动的标准,而可持续增长是资本主义系统内的工作方式,也就是说资本主义制度的内在逻辑规定了其制度的"野蛮性"。"资本主义社会问题的根源在于其制度本身,资本主义没有社会利益,只有成千上万的独立的利益和互相竞争。资本的逻辑就是增长,一方面是财富的增长,另一方面是市场的增长,其最终目的就是为了追求更多的剩余价值。资本主义的自身膨胀是没有极限的……要实现资本主义经济的零增长仅仅在理论上可以站住脚。"[①]对金融危机进行详细探究的马克思主义著作《僵尸资本主义》一书中,克里斯·哈曼将资本主义比作僵尸，他指出,"资本主义就像僵尸一样吞噬着整个生态系统,只要资本主义制度存在,必然导致生态系统的崩溃"。由此我们可以看出,资本主义制度是环境危机的根源是历史也是现实。

(二)新殖民主义和跨国企业加剧了对发展中国家资源环境的剥削

马克思、恩格斯早在《共产党宣言》中便提醒人们,世界市场的出现会导致产品生产的全球化并扫除既存的工作关系。全球化是一种必然的趋势,指的是通过贸易和观念的交流,达到全球政策、文化、社会运动及金融市场整合的过程。在全球化的同时,全球也面临着分化,在几个世纪之前,全球的财富分化还不明显,欧洲的大部分地区也和亚洲、南美洲一样贫困,一直到工业革命带来的爆炸性经济大增长,才直接改变了这种贫困现象。在今天,发达国家和发展中国家的差距是非常大的,同时富人和穷人之间的差距也是非常大的。卢森堡是世界上最安全和生活水平最高的城市之一,也是世界上人均 GDP 最高的国

---

① 国外理论动态编辑部:《当代资本主义生态理论与绿色发展战略》,中央编译出版社,2015,第 83 页。

家,其人均 GDP 为 110424 美元,是公认的世界上最有钱的国家。而世界上最穷的国家刚果民主共和国,其人均 GDP 仅为 300 美元。

是什么导致并加重了全球分化,社会学家指出了两个重要的原因。

首先是新殖民主义,虽然殖民主义在 20 世纪 80 年代以前已经消失殆尽,但是曾经被殖民的国家或者区域并没有办法摆脱对工业化国家的依赖,尤其是在管理和技术方向以及资金和物资上,因此也使得这些国家或者区域始终处于次级或者从属地位,这样持续的对外依赖导致了新殖民主义的产生。社会学家伊曼纽·沃勒斯坦指出全球化使得全球经济体系被分为控制财富的国家和资源被取用的国家,同时也让这些工业国家(美国、日本、德国)和隶属于它们的跨国公司控制了世界经济系统的核心;另外边缘区域还包括半边缘部分和边缘部分,半边缘部分包括韩国、爱尔兰、以色列等国家,边缘部分则指的是亚非拉的贫困国家。发展中国家始终多数作为核心国家及其企业的附属品。同时,也正因为如此,发展中国家的核心资源也不可避免地被核心工业国家瓜分。

其次是跨国企业的发展,跨国公司指的是总部设在一国而生意遍布全世界的商业组织。功能论者认为跨国公司也可以帮助发展中国家促进当地经济和工业的发展。冲突论者则认为跨国公司剥削当地劳动者以实现利润最大化。跨国公司如何加剧了全球的分化呢? 一方面是因为跨国公司更加剧了发展中国家对工业化国家的依赖,包括资金、技术等多个层面;另一方面是跨国公司进入某个地区发展,必然会排挤当地的企业或者公司,进而阻碍了发展中国家自主产业的发展,并加大了发展中国家对工业化国家的依赖。

是谁最该对环境恶化承担责任? 是世界上饱受贫困困扰且遭遇饥荒的人们,还是不断索取能源的工业化国家? 北美和欧洲等工业化国家的人口仅占世界人口的 12%,却消耗着世界 60% 的能源。这些居民每年花费在海洋巡航线上的钱可以为地球上的每一个人提供干净的饮用水,而在欧洲,仅仅是购买冰激凌的开销,就足以为世界上每一个孩子接种疫苗。不富裕的国家被迫发掘他们的矿产、森林和渔产,用来支付他们的债务,贫穷让他们转向唯一的求生方法:挖掘山坡地、在热带森林里烧地并且过度放牧。根据资本家的逻辑,把环境变化的成本转嫁到穷人身上,把工业废物倾倒在欠发达国家在经济上是很合理的,因为从资本角度来看,那里的劳工和人类生活几乎是一文不值的"过剩"。对于资本家来说,只要富人能够承受环境危机的影响或能从中获利,就不存在环境危机。

(三)资本主义推动"化石经济"发展

19世纪上半叶,英国纺织制造商开始采用燃煤蒸汽机。这是化石资本经济发展中的一个转折点,化石燃料开始被应用于商品生产领域。19世纪工业革命奠定了化石经济发展的基础,在所有重要的制造和交通领域都采用了煤炭蒸汽机。在化石经济中,自我持续的增长模式主要是基于对化石燃料日益增多的消耗。只有一种经济体系曾经产生过自我持续的经济增长以及足以引发气候变化的化石燃烧,那就是资本主义制度。受自由竞争的驱动,资本主义不择手段地追逐剩余价值,包括过度使用化石燃料。化石燃料是资本主义生产的基础,资本主义制度下对化石燃料的使用将会导致一个不同寻常的经济破坏,整个行业将不得不停止运作而进行重组,而其他行业也终将会消失。福斯特曾指出,首要任务就是停止化石燃料的燃烧,除了对碳排放踩刹车别无他法。人类已经深刻地意识到化石燃料对气候及环境的系统性破坏,并且尝试研发出各种新能源,然而新能源的推行使用却步履维艰。主要是因为快速的能源转换需要政府大规模的投资以及对地方、国家以及全球资源配置进行规划。然而,这样大规模的公共投资以及规划对资本主义来说就是一个魔咒。当然,这与新自由主义是直接冲突的,这还意味着全球化石燃料类股票的大幅度贬值,进而影响到全球范围内很多正在进行或计划进行的新的化石燃料项目。因此,资本家对发展新能源以取代化石燃料都缺乏兴趣,这也进一步加剧了环境危机。

(四)资本主义制度加剧了消费的异化

马克思指出资本主义生产方式的背后是社会普遍存在的异化劳动,人类生产存在合作、存在竞争,人与人之间的紧密联系是经济关系的纽带,是生产发展的动力,但人与人之间的关系却因私有制和分工变得紧张。在阶级社会里,人与人之间的关系主要体现为劳动者和资本家之间的关系。按照人类的社会属性来说,劳动产品以满足人类需要为根本,但实际并未满足大多数人的需要,甚至劳动产品越多,大多数人的生活就越贫瘠。例如:劳动产品由工人创造,但并不属于工人,属于的是除了劳动工人以外的资本家。劳动产品成了一种异己的力量,它拥有"把观念变成现实而把现实变成纯观念的普遍手段和能力,它把人的和自然界的现实的本质力量变成纯抽象的观念"①。这就是马克思的劳动异化理论。

在今天,生态学马克思主义理论家基本都认为,当代资本主义社会的异化已深入骨髓,而且已然由原来的劳动领域扩展到消费领域即产生了消费的异化。加拿大学者本·阿格尔指出,异化消费是人们为补偿自己那种单调乏味的、非创造性的常常是报酬不足的劳动而致力于获得商品的一种现象。这种获得商品的过程并不是直接使需求和商品的外观相称,它是需求适应于某种商标名称的产品,而不是适应于纯产品本身。也就是说,当代资本主义通过提供各种消费品的方式,补偿人们在现实的异化劳动中必然承受的不幸、不自在,削弱人们的阶级意识、批判意识与革命意识,从而通过消费有效地操纵和控制全社会。阿格尔对刺激宣传、异化消费、环境危机以及异化劳动等要素进行了深入分析,指出资本主义工业生产过程与生态体系之间的内部矛盾,就是生态系统难以支持资本主义社会工业领域的不断发展。如果想要使资本主义社会的生产与消费维持平衡,就必须刺激人们的消费来配合无限膨胀的生产,异化劳动就是达成这一平衡的主要手段。由于工人从事的劳动是异化劳动,就需要通过疯狂的消费来满足自身的需要。然而,越来越多的消费又会刺激生产的壮大,生态系统最终难以承受,导致生态危机。阿格尔认为,无止境的消费正威胁着全球的生态系统。至于为什么需要刺激消费来匹配生产,道理是很浅显的:没有商品的消费,资本家就不可能从生产的商品中获取剩余价值。而且,一旦消费减少,经济就会衰退,企业将失去资源或停产,最终又会产生失业。因此,消费对于资产阶级乃至整个资本主义社会都是至关重要的。工人无法从异化劳动中获得满足,便将劳动之外的消费作为满足自身的唯一途径。

---

①《马克思恩格斯全集》(第1卷),人民出版社,1972,第246页。

二、新自由主义经济范式加剧了环境危机

新自由主义是 20 世纪 70 年代西方资本主义国家在面临经济滞胀背景下自由主义的一次非常重大的变革。新自由主义反对国家干预经济,强调自由市场的重要性。新自由主义极力主张经济全球化,特别强调推行由美国为主导的全球化,其本质是主张全球资本主义化。新自由主义经济范式忽视了经济系统与生态系统的关联性及生态系统的内在价值。新自由主义所描述的经济世界是一个"经济人"为行为主体的"理性的""纯粹的""美好的"世界。"经济人"的行为决策为微观经济思想所左右,建立在极其抽象和虚构的数学分析模型基础之上,与现实世界脱离。"经济人"以利己为动机,将一切阻碍其利润最大化的行为——人为或外部自然生态系统本身的局限均看作暂时的障碍予以毫不留情地克服或消除。自我调节的市场机制将一切生产要素,即劳动力(人)、土地(外部生态系统)和金钱(资本)归结为商品形式,不接受任何力量对其的限制与调节,包括政府对公共物品的提供、生态资源的维护。新自由主义对市场机制虔诚的膜拜和笃信,对任何经济活动不加干涉和控制,会破坏生产本身的条件——自然界的可持续性,必将使自然生态陷入困境。卡尔·波拉尼在《人转变》中对新自由主义进行了抨击,"允许市场机制作为人类命运和自然环境的唯一主宰,将导致社会的毁灭"。

社会经济的发展与自然资源、环境、人口等社会诸要素之间存在着普遍的共生关系,形成一个社会、经济、生态相互依存的共生的复合大系统。生态系统是基础支撑,经济系统是动力机制,经济系统的可持续发展依赖于生态系统的协调与支持。新自由主义秉承古典自由主义的"经济人"和"市场经济"的思想,将"无形的手"奉若神明,否认"市场失灵",相信"经济人"的完全理性行为与大众公共利益的一致性,忽略了经济活动的负外部性——经济活动对社会利益和生态系统的危害。新自由主义完全忽视了自然生态系统与经济系统的内在联系及生态系统对经济系统的基础性决定作用。古典自由主义时期,经济活动还未达到地球的生态承载能力,对生态系统的稳定性、持续性还未造成威胁,经济系统和生态系统的矛盾还不是十分突出。新自由主义时期,经济系统的规模庞大,经济活动能力已接近或达到地球的承载能力,其经济范式的致命缺陷

导致了全球的生态危机。

三、人类思想意识的局限性影响了生态的平衡

（一）人类中心主义的认知破坏了生态的平衡

苏格拉底在《泰阿泰德篇》记载了普罗泰科拉（Protagoras）的一句话："人是万物的尺度：是存在物存在的尺度，也是不存在物不存在的尺度。"①正如这句话所展示的那样，人类中心主义的观点由来已久，以二元论为基础的人类中心主义导致了人与自然的分离，为征服自然的人类欲望提供了合理性。工业革命以来，科学技术发展迅速，人类对自然的认识与了解越来越多，人类改造自然的能力越来越强，与之同时崛起的二元论思想，正如成中英所说，西方思想的起点是"主体自我与客观世界的分离"②，也使得人与自然的关系由原来的人敬畏自然、被迫屈从于自然转为人对自然的全面控制和利用。由此，人类中心主义价值观占据了绝对的话语权。

人类中心主义是一种人基于人的认识而产生的与自然之间的道德关系。即人从自身的需要认识自然和改造自然，在人和自然的关系之中，一切以人为尺度，一切从人的利益出发的一种观点。这样的观点导致人类在和自然的相处之中，随意地征服自然、改造自然，以致极大地破坏了人与自然的平衡。人类中心主义的观点极大地激发了人类对自然的改造、控制的欲望。培根说"知识就是力量"，认为人类需要认识自然、征服自然，"使自然服务于人类的事业和便利"③。20世纪中期以来，现代生活高生产高消费的方式不断发展，工业化进程进一步加快，伴随着人类文明进一步的发展，人类利用科学技术的力量来控制自然的程度也持续深入，人类中心主义的观点愈演愈烈，逐渐成为其对待自然的主流态度，在人类才是世界上所有价值源泉的观点下，在人类的需要被极致满足的前提下，人与自然的关系逐渐陷入绝地，最终造成了不可逆转的环境危机。

---

① 大卫·戈伊科奇：《人道主义问题》，杜丽艳译，东方出版社，1997，第17—18页。
② 成中英：《论中西哲学精神》，东方出版中心，1991，第11页。
③ 培根：《新工具》，许宝骙译，商务印书馆，1984，第215页。

（二）忽略环境资源的成本估算影响了环境资源的良性互动

资本主义市场经济下配置资源的方式，是以价格机制为市场机制的核心，市场通过价格的波动来引导资源配置，环境资源也不例外。然而环境资源的价格是非常低甚至是没有价格的，比如空气资源、水资源等；比如在计算木材成本的时候，木材的实际定价主要以劳动成本和使用价值为主，基本不会考虑树木森林在整个生态系统中的成本以及树木森林的生长成本等，因此极容易导致为了追逐利润而引起的森林破坏。正如著名环境伦理学家罗尔斯顿所言："某些价值是客观地存在于自然界中的，它们是被评价者发现的，而不是被评价者创造的……某些价值是已然存在于大自然中的，评价者只是发现它们，而不是创造它们，因为大自然首先创造的是实实在在的自然客体，这是大自然的计划；它的主要目标是要使其创造物形成一个整体。与此相比，人对价值的显现只是一个副现象。"① 从这个角度来说，社会的经济生活必须考虑自然环境的价值，阳光、空气、资源等这些无形资产如果不能被计算在市场之内，就会造成过度使用和过度消费。森林的砍伐加剧了全球变暖，进而加剧了温室气体排放等问题；肥料流失以及海洋酸化所导致的水污染则破坏了海洋系统的完整性；空气污染使得季风活动减少，从而进一步改变了气候……如此的连锁反应，使得环境系统出现突发性、难以预测的、不可逆的恶劣变化。

另外，环境资源的产权也存在不确定或者不明确的问题。在我国，环境资源属于公共产品，产权主体是国家，但由于目前相关的责任落实制度还不够完善，导致了类似于"公地悲剧"般的生态资源被破坏。2017 年 7 月底，中央环保督察发现洞庭湖区种植造纸经济林欧美黑杨面积达 39.01 万亩（1 亩≈0.067公顷），其中核心区 9.05 万亩、缓冲区 20.6 万亩，严重威胁洞庭湖的生态安全。洞庭湖欧美黑杨自 20 世纪末开始在洞庭湖被广泛种植，主要源于当时为了促进 GDP 所做的"林纸一体化"模式，在经济利益的驱动下，企业、种植户联动作用，最终导致洞庭湖生态遭到严重破坏。洞庭湖的资源产权主体是国家，管理权限在当地政府，产权归属非常清晰，管理职能也非常明确，但是在实际的责

---

① 霍尔姆斯·罗尔斯顿：《环境伦理学：大自然的价值以及人对大自然的义务》，杨通进译，中国社会科学出版社，2000，第 158—159 页。

任落实制度层面却不够完善，从而导致了洞庭湖的悲剧。2014年4月，《洞庭湖生态经济区规划》获得国务院批复，加上长江经济带建设正式上升为国家战略，相信洞庭湖地区将会迎来新的历史机遇。

(三)环境污染是一种典型的"外部不经济"

晔枫、谷亚光(2009)曾指出马克思对资本主义生产的"外部不经济"问题的批判，并明确说到"马克思对资本主义制度下异化自然问题的深刻认识，使马克思在160多年前早就预见到了人类活动会必然地对自然生态系统造成极大的灾难性结果"①，说明资本主义生产方式以及市场经济奉行的赚钱唯一化和利润最大化的铁律是导致资本主义生产"外部不经济"问题的真正原因。

1910年，经济学家马歇尔提出了经济的外部性理论，外部性指的是一个经济主体的行为对另一个经济主体的福利所产生的影响没有通过市场价格来体现出来，包括外部不经济和外部经济。外部不经济(External diseconomy)是指某些企业或个人因其他企业和个人的经济活动而受到不利影响，又不能从造成这些影响的企业和个人那里得到补偿的经济现象，如江河上游造纸厂排放污水，造成下游农作物歉收、农业减产的情况；山林的建设者为了获取更多利润而肆意砍伐等，这些行为都会严重导致环境污染。造成这种现象的根源在于环境资源的不可分割性，使其产权界定成本非常高或根本就难以界定，环境资源因此具有全部或部分公共性。这又使得人们可以互不排斥地共同使用自然生态环境资源，而不考虑其公正性和整个社会的意愿。

四、社会互动层面的不良从众行为是导致环境危机的直接导火索

从众心理是一种典型的群体心理现象。群体心理是指群体成员在群体活动中共有的、有别于其他群体的价值、态度和行为方式的总和。而从众心理是指个体在群体的影响或压力下，放弃自己的意见或违背自己的观点使自己的言论、行为保持与群体一致的现象，即通常所说的"随大流"。从众心理受群体因素、情境因素及个体因素的影响。受群体因素中少数服从多数的思想意识影

---

① 晔枫、谷亚光：《马克思的生态学思想及当代价值》，《马克思主义研究》2009年第8期。

响,从众行为是对多数人行为的一种信任与肯定;情境因素中,个体对社会实践的了解程度会影响其是否从众。在问题比较复杂或是非不清楚的情况下,个体心理产生不确定性,从众心理就容易发生;个体因素中,个体对社会评价、社会舆论的态度,个体对自己关于事件的判断的自信程度、对自己成败的估计和确信程度,个体的社会经历以及个体在群体中的地位,都会影响个体的从众行为。在群体中,由于受群体压力的影响,加之个体不愿标新立异而感到孤独,因此当自己的行为、态度与意见和别人一致时会产生心理安全感。

从众心理具有两面性。积极因素:从个体成长方面看,对于个体适应社会是有益的,个体在成长过程中需要与群体已经形成的社会规范与行为保持一致。因此,个人需要有从众的方式,在最大可靠程度上使自己迅速适应未知的世界,这样,从众就是一个人适应生存的必要方式。从整个群体方面看,从众有利于形成一种社会舆论,维护社会秩序,建立良好的社会氛围,并使个体达到心理平衡。消极因素:从众作为一种群体行为,因其自身的无组织性,从众心理特别是非理性从众容易使人们失去理智,导致事件升级,对社会产生危害;从众心理容易造成人们混淆视听,导致盲目从众;同时会加剧谣言的传播,使事件真相难以展现,群体中理智的声音容易被忽略,出现与其原有初衷不相符的一致行动,增加错误的概率,因此从众心理容易被坏人利用,危害社会。

2011年3月11日13时46分,日本东部临近海域发生里氏8.9级地震,并引发10米高海啸。紧接着12日,日本东京电力公司对外宣布,由于受到地震影响,福岛县第一核电站1号机组发生氢气爆炸,并确认发生核泄漏。日本这次的核泄漏事件危害非常大,不仅严重破坏了福岛区域的生态环境,造成了巨大的经济、财产、生命等损失,还造成了与日本相邻国家、甚至是欧美国家的恐慌,其中最突出的表现就是抢盐风波。抢盐风波首先开始于欧美部分地区,紧接着我国也出现了抢盐事件,并在短短一天之内,众多超市的碘盐被抢购一空。抢盐风波是典型的从众行为,公众盲目地相信"流言",认为碘盐可以防辐射、之后生产的碘盐已经被污染,等等。后续经过政府、媒体、专家等多方辟谣,这场风波才算停下来。

五、科技的负面作用加深了人类对环境破坏的程度

所谓科学,是人类认识世界揭示事物发展规律的知识体系;而技术则是人类运用科学知识改造世界的方法、工具和手段的总和,是科学的物化。科学和技术都是人的创造物,都是人类认识自然改造世界,谋求自身生存和发展的手段和工具。但科学技术不可避免地也有负面作用。爱因斯坦说过:"科学是一种强有力的工具,怎样用它,究竟是给人类带来幸福还是带来灾难,全取决于人自己,而不取决于工具。刀子在人类生活中是有用的,但它也能用来杀人。"①发生在印度的博帕尔农药厂毒气泄漏事件就是这样的例子。1984年12月3日凌晨,印度中央邦首府博帕尔市发生了一起震惊世界的由化学物质泄漏导致的惨案。联合碳化物公司地下储气罐的45吨剧毒气体异氰酸甲酯突然泄漏扑向博帕尔市民。这起人类历史上最残酷的化学灾难造成2万人死亡、5万多人双目失明、15万人受伤害。事件还造成122例流产和死产、77名新生儿出生不久后便死去、9名婴儿畸形等。②苏联的切尔诺贝利核电站事故虽然造成的直接死亡人数并不多,但后续的灾难效应远远超出人们的想象,当时参加抢险的人员共计7.5万人,到20世纪末为止,先后已有6000余人死亡,3万余人致残。据当时国际医学专家预计,遭受核辐射的人以及其后代,可能有10万人会患癌症。切尔诺贝利核电站附近千米地区的草木和土地受到严重污染,已变成无人区。从直接经济损失来看,切尔诺贝利核事故发生至今,苏联所耗的资金已达320亿美元,直到1996年,俄罗斯还要支付2.6亿卢布用于消除其后果。

科技的负面作用往往是人类在运用科学技术改造和控制自然界而满足自身需要的过程中,所产生的对主体消极的、束缚压抑的,并威胁和否定主体生存与发展的现象。比如科技风险、科技灾难甚至其他更为广泛的影响。科学和技术都是人的创造物,都是人类认识自然改造世界,谋求自身生存和发展的手段和工具。如果以放弃科技的方法来克服负效应,只会使社会倒退,这无疑是

---

① 《爱因斯坦文集》(第3卷),商务印书馆,1979,第56页。

② 周志俊、金锡鹏:《世界重大灾害事件记事》,复旦大学出版社,2004,第221页。

不可取的。因此在发展和利用科技的同时,坚持理性批判的精神,尊重自然规律,用长远眼光来看待科技的发展和进步才是正确的。

第四节　心理学视域下对环境与人类行为的相关研究

人与环境的关系一直是心理学的基本理论问题,随着环境问题的不断突出,人与环境的相互影响越发受到关注。在心理学历史上,多个心理学流派都曾关注环境与人的关系问题,并都从各自流派的视角做出了相关的研究并给出了不同视角的人与环境关系的诠释。

一、机能主义视角下的人与环境

机能主义心理学对生态环境思想的影响着重体现在两方面:一是把人与环境联系起来,而并非只单独研究人的心理结构,具有现实意义;二是提供了考察人与环境的独特视角,从功能分析的角度理解人的心理活动,为现代环境与生态心理学提供了重要的研究取向。[①] 心理学家詹姆斯(W.James)提出了心理对环境的适应功能,他在著作《心理学原理》中把心理功能与其环境联系起来,力破笛卡尔(Descartes)将环境与有机体、身体与心灵分割的二元论思想;另外一位当代环境与生态心理学的代表人物吉布森(J.J.Gibson)也从詹姆斯的理论中得到启发,提出给养理论,并创造出 affordance(给养)这个词语,用它来描述一个行为者(一个人或者动物)和外界相互作用时的行为属性,更强调环境对行为的影响。在吉布森看来,给养就是一种关系。它是自然的一部分,它不一定非得是可见的、可知的或者合意的。环境所提供的给养有好有坏。例如,有些食物为人们提供营养,有些食物则带有毒性,还有一些是中立的。再比如悬崖的边缘,一边提供了行走的可能,另一边则提供了失足跌落万丈深渊的可能。

---

① 朱建军、吴建平:《生态环境心理研究》,中央编译出版社,2009,第40—41页。

二、格式塔视角下的人与环境

格式塔理论的核心即整体大于部分,强调刺激或环境的整体性,认为人们对环境的知觉是以整体的方式进行的,而不是去认识分裂的片段。强调环境的现象学特征,即环境的影响取决于人们如何去认识它和评价它,环境并不是脱离人的客观存在,人们对环境的主观理解才是决定行为及行为结果的主要因素。考夫卡提出了行为环境的概念,就是人们理解之中的主观环境。环境的作用不在于实际的环境如何而在于人们所理解的环境是怎样的。

代表人物库尔特·勒温(Kurt Lewin)提出了一个非常重要的公式 $B=f(P, E)$,即行为是人和环境的函数。这里的环境不是指客观环境或物理环境,而是指心理环境。勒温所说的心理环境与考夫卡所说的行为环境有所不同。行为环境单纯指人意识到的、理解到的环境。但许多环境的影响并非个体所能够意识到的,而是一种潜在的无意识影响。因此,勒温用心理环境的概念力图包含这种个体没有意识到但产生实际影响的事实,他把这些事实称为准物理事实、准社会事实与准概念事实。

总体来说,格式塔心理学对环境与生态心理学都产生了很大的影响。首先,格式塔心理学提供了一个视角,即把环境当作一个整体,强调整个环境对于人的影响和人们对于整个环境的知觉,这在现代环境与生态心理学研究中,尤其在环境知觉的研究中是非常重要的观点。现代环境心理学中关于环境知觉的研究很多源于格式塔心理学。另外,格式塔心理学突出了人们对环境的理解,突出了环境的主观层面。人与环境的关系不是一分为二的,环境对人来说应是纯粹的客观实在,环境的作用怎样最终依赖于人们怎样认识和理解环境。格式塔心理学的研究者多与现代环境与生态心理学家具有嫡传关系,因此其思想得以在环境与生态心理学领域广泛流传。例如勒温的两位学生巴克(Barker)和怀特(H.Wright)就是现代环境与生态心理学的代表人物。他们成立了第一个专门论述人类行为怎样受现实世界之环境影响的专门研究机构,即1947年创办于堪萨斯州奥斯卡路萨镇的中西社会学田野研究站。在后续的研究中巴克和怀特将其逐渐发展成为一个新领域,强调自然背景中自然发生的行为,此即一般意义上的生态心理学。

三、认知行为视角下的人与环境

行为主义作为心理学的三大主要流派之一,对心理学的整体发展产生举足轻重的影响,同样也影响着环境与生态心理学。现代主流心理学的研究多是从外在的行为表现和特征去考察,推测其内在的心理机制,如环境心理学中研究环境态度或称环境关心与环境行为之间的关系, 正是运用了行为主义的方法论。

后期行为主义关于行为的认识和理解也为环境与生态心理学奠定了基础。在主体的行为之中,包含有一定的认知和目的成分,主体与环境不是二分独立的关系。

吉布森也自称为行为主义者。斯金纳关于强化作用的研究也被应用于促进亲环境行为或消除破坏环境行为, 同时通过行为分析法进一步探讨环境态度。

认知心理学广泛吸收了其他科学如控制论、信息论、电脑科学与语言学等学科理论,这些学科知识也经由认知心理学影响了环境与生态心理学的研究。

认知心理学主要在三方面影响了环境与生态心理学:影响了环境与生态心理学的理论与术语,如关于空间认知的研究;认知心理学反对行为主义的元理论,并在心理学中形成了范围广大的综合,为环境与生态心理学的兴起创造了条件;环境与生态心理学借鉴认知心理学的关于理解人认知过程的经验与方法,揭示了造成生态危机的心理原因。事实上,生态环境危机实质是人类的心理危机;认知心理学中对于非理性信念的改变同样适用于改变人们不当的环境认知和态度。

四、精神分析视角下的人与环境

精神分析探讨了人的心理学与行为的深层动力机制, 它所揭示的潜意识决定作用与治疗程序在心理学中有很大影响。温特(Winter)的生态心理学研究中提到了精神分析在揭示环境破坏的心理原因时的作用。罗扎卡(Roszak)对环境破坏的分析则完全是精神分析式的。他首先揭示了环境破坏的原因在于潜意识中的生态潜意识(ecological unconscious)受到压抑,并进而从人的心理深层寻求对环境破坏原因的解释。他的生态潜意识类似荣格(C. G. Jun)的集体无意识(collective unconscious),他的解决方法也是精神分析式的,认为生态危机的解决途径是解除对生态潜意识的压抑,形成与自然和谐的生态自我以协调人与自然的关系。他同样也重视童年的作用,认为在儿童身上所表现出来的与自然和谐的行为与心理是人的深层动机的表现,不过受到了社会的压抑。严特(J.D.Yunt)论述了荣格对生态心理学的贡献,他分析了原型(archetype)、集体无意识、压抑(repression)、原始意识(archaic conscious)、个人与集体的阴影(personal and collective shadow)、个体化(individuation)等概念在发展生态心理学接近心灵与理解世界的方法上的作用。精神分析对人的心理深层的发掘对生态心理学的发展有重要的作用,精神分析的方法与现象学方法一样有助于在自然观察中理解观察者所得的结果。

五、人本主义视角下的人与环境

人本主义心理学受到现象学思想的影响,在心理学研究中持整体主义的观点。而人本主义心理学所倡导的价值与意义等心理学研究主题也影响了生态心理学。另外人本主义对生态危机的研究更有不可忽视的作用。从一定意义上说,环境与生态的恶化是人的过度发展导致的,人在发展自己的同时忽视了环境的承受力与生态系统的平衡,因而保护生态保护环境首先必须转变人的观念,提倡可持续发展的理念。不过人本主义还有个人本位的倾向。因此,人本主义才会向超个人心理学发展。超个人心理学研究当中,人与自然不是相分离的存在,而是处于和谐统一状态。这与中国哲学所揭示的天人合一的境界是一致的。超个人心理学的思想有助于破除西方世界观中的人类中心主义,提倡人与环境和谐统一的观念。

从前文中我们可以看出,心理学家们对人与环境关系的探讨经历了从二元论到整体论;从经验论到实证论再到系统论的漫长过程。而对生态环境的研究与思考,也从整体论发展到了细微的学科,即今天的环境心理学。环境心理学是研究环境与人的心理和行为之间关系的一个应用社会心理学领域,因为其核心的研究点就在于社会环境中个体的行为。而从系统论的观点看,自然环境和社会环境是统一的,二者都对行为发生重要影响。虽然这个学科依然是一个尚待发展的年轻学科,但从整合和系统的角度看,它为人们去看待人与环境提供了更好的视角。环境既是外在的,也是心灵的,或者从某种意义上来说它更是一种心灵的建构,环境的经验现实,只能经由特殊心灵(主体)的努力来主动建构。所以,不能够脱离主体的知觉与认知来界定现实,人作为主体成了理解环境的核心,而环境作为人类的存在、生命开展之所在更需要人类的悉心守护。

第二章 社会心理的研究脉络

什么是社会心理,要来界定这个词语是需要多方位思考的,在当今学科研究精细化的时代里,社会心理毋庸置疑地成为心理学、社会学、哲学等多个学科研究的热点,但其研究方法和研究视角却是有很大差异的。本书的维度是从环境危机的大框架下分析社会心理,但要厘清这一词语的发展脉络还需要从哲学、心理学、社会学三大学科分别论述。

第一节 哲学视域下的社会心理

纵观哲学的发展历史,我们很容易就可以找出很多哲学家关于"习惯、风俗、情绪"等社会心理的描述,从东方到西方,从古代到现代,哲学家们从未停止过关于社会心理的探究,虽然很多哲学家并没有使用"社会心理"这一明确的论述,但其所讨论的内容很多都与社会心理相关。

一、东方智慧关于社会心理的论述

(一) 儒家

儒家思想对中国的影响是至深至远的,从先秦儒家的蓬勃发展到后世历代王朝对儒家思想的推崇与促进,儒家思想逐渐成为古代中国核心的道德观念、政治理念和哲学智慧,并且作为一种价值观念、思维方式渗透到了我们的民族性格之中。儒家思想中并没有直接用"社会心理"这个词语,但儒家思想中关于社会及社会心理的论述是非常丰富的,总体来说,儒家期待能从修德修身这些方面入手塑造一个礼乐文明的社会。

1.严格的等级观念及社会伦理思想

儒家思想中具有极强的等级观念,他们将社会的关系分为五类,即君臣、父子、夫妻、兄弟与朋友，并且强调这五种关系中有三种最基本的关系，即君臣、父子与夫妻，并把这三种关系称为"三纲"；另外把在社会关系中的相处之道叫做"五常"，具体即"仁、义、礼、智、信"。颜渊问仁德，孔子说："克己复礼为仁。一日克己复礼，天下归仁焉。为仁由己，而由人乎哉？"①在儒家学说中，强调克己复礼为仁，而礼则是处世的全部规则。对于"义"，孔子说："饭疏食，饮水，曲肱而枕之，乐亦在其中矣。不义而富且贵于我如浮云"②，孔子认为一个人有仁有义就会得到他人的敬重与慈爱。

孟子继承了孔子"仁"的思想，并在此基础上强调"义"的作用。孟子既肯定"仁，人心也；义，人路也"，又强调"义"与"利"的关系，"人皆有所不忍，达之于其所忍，仁也；人皆有所不为，达之于其所为，义也"③。另外荀子也提出"身劳而心安，为之；利少而义多，为之"。在"智"方面，孔子则说"知者不惑，仁者不忧，勇者不惧"④。可见其对智的理解。对于"信"，儒家更是非常强调，子贡询问孔子如何治理国家，孔子说："足食，足兵，民信之矣。"子贡曰："必不得去也，于斯二者何先？"孔子曰："去食。自古皆有死，民无信不立。"可见，儒家学说很早就认识到了民众的力量以及信的力量。孔子也曾说："人而无信，不知其可也。"因此"信"虽排在"仁义礼智信"的最后，但儒家对其的论述其实是非常丰富的。儒家严格的等级制度和社会伦理思想为中国古代社会建立起了伦理和道德层面的社会秩序。

2. 中庸思想

朱汉民（2018）曾在其文章中指出："儒家哲学的中庸之道，其中'中'与'道'其实是可以相互诠释的，即所谓'中行犹在道'。它们体现出儒家思想核心范畴的共同特点——'中'与'道'其实均是指人的实践活动中的过程正确和目的实现"⑤，并且指出中庸的思维特征包括主客合一、知行合一、天人合一三个特征。中庸思想是儒家学说的核心，它不仅是一种伦理学说，更是一种思想方

---

①《论语》，北京燕山出版社，2009，第 58 页。

②《论语》，北京燕山出版社，2009，第 56 页。

③《论语》，北京燕山出版社，2009，第 77 页。

④《论语》，北京燕山出版社，2009，第 14 页。

⑤朱汉民：《中庸之道的思想演变与思维特征》，《求索》2018 年第 6 期。

法，是儒家看待世界万事万物以及处理问题的基本态度与基本方法。"中"与"庸"合二为一，意思是正确得当。因此，它也是一种道德标准，同时也反映了当时社会人们对道德的评判标准。从认识论的角度来说，中庸首先指的是中正，在孔子眼里，中庸是最高标准，不是一般人可以达到的道德境界；从方法论的角度来说，中庸指的是用中、时中，孔子谈到舜之所以为舜，就是"执其两端，用其中于民"，他把握事物的两个极端，避免过犹不及，以达到不偏不倚，恰到好处。

3. 朴素的自然观

先秦儒家思想认为天地与自然创造万物，人类同样也是天地所创造，因此人类要敬畏天地，敬畏自然。孔子曾说："君子有三畏：畏天命，畏大人，畏圣人之言"①，荀子说："万物各得其和以生，各得其养以成"。②从这些论述中不难看出，儒家思想在人与自然的关系中追求的是一种天人合一的状态。

4. 修身理论

儒学思想中的修身理论是由孔子提出的，并经过孟子、荀子等人的发展而系统化。孔子说："吾日三省吾身"，认为人要注重自身的反省性，只有个体注重反省才能维持社会秩序，从而保证社会的稳定。孟子提出个体要心怀天下，达到"穷则独善其身，达则兼济天下"的境界，强调的是个人要多一些社会责任感，心中要有家国意识。荀子则认为人性本恶，强调后天的教养对个人的重要性，认为要维持社会的稳定，就要更好地"修心"。

(二)道家

道家是中国思辨哲学主要的思想来源，虽然道家并未被古代中国封建王朝的统治者们所推崇，但道家哲学以"道"为最高范畴，以"自然"为理念内核，以"无为"为路径旨趣，构建起了道家特色的"清静无为、顺其自然、纯粹素朴、柔弱不争"的哲学内核，深深地影响了一代又一代的中国人。

1. "道"是世界的本源和天地变化的规律

《道德经》第五十一章言："道生之，德畜之，物形之，势成之。是以万物莫不尊道而贵德。道之尊，德之贵，夫莫之命而常自然。"在道家的学说里，"道"是世

---

①《论语》，北京燕山出版社，2009，第 144 页。

②《荀子》，人民日报出版社，1998，第 299 页。

界的本源,是决定万物生存发展的根本,人们只能去感受去认识去遵从,但是不能改造或改变。《道德经》第二十五章指出:"有物混成,先天地生。寂兮寥兮,独立不改,周行而不殆。可以为天下母。吾不知其名,字之曰道,强为之名曰大。""天下万物生于有,有生于无。"第三十二章指出:"道之在天下,犹川谷之与江海。"由此可知,在道家学说里,道还是天地万物变化的基本规律,所以人们更应遵循,否则就是"背道而驰"。从道家对道的论述中我们可以看到道家朴素的社会心理,即对自然和生命本身的敬畏。

2.自然无为的处世之道

《老子》第三十七章说:"道常无为而无不为",第四十八章说:"为学日益,为道日损,损之又损,又至于无为,无为而无不为矣"。这里的"无为"并不是消极等待、无所作为,而是要尊重自然规律,去适应自然,顺应自然和人的本性,通过"无为",最后达到"无不为"。《老子》第三章说:"为无为,则无不治","为无为"是说以"无为"的态度去"为",就没有什么事情做不成。由此可知,老子鼓励人们去"为",去努力,但是在追求的过程中不能违背自然规律。

《道德经》第三十六章言:"将欲歙之,必固张之;将欲弱之,必固强之;将欲废之,必固兴之;将欲取之,必固与之。是谓微明,柔弱胜刚强。"第四十三章言:"天下之至柔,驰骋天下之至坚。"道家学说中类似的论述是非常多的,道家强调"柔弱"才是生命力量的终极表现,以守为攻、以柔克刚是一种处世智慧。

(三)墨家

墨家思想在墨子在世时对当时的时代影响比较大,但后续的发展并不如儒道法家,墨家的思想主要围绕"兼相爱、交互利"来阐述,关于社会心理方面的论述也主要体现在这点上。

墨子生活在诸侯争霸天下动荡的战国时期,在墨子眼中,当时的社会就是一个"诸侯独知爱其国,不爱人之国;家主独知爱其家,而不爱人之家;人独知爱其身,不爱人之身"的社会,而造成这一切的起因就是"人与人不相爱"。因此墨子提出"以兼相爱之法易之",要去人之私欲,使之相爱。对此,墨子更进一步阐释道:"若使天下兼相爱,国与国不相攻,家与家不相乱,君臣父子皆能孝慈,若此,则天下治。"在墨子的兼爱思想中,不仅要求爱天下人,也要爱天下一切有生命的自然事物。就连孟子也称赞说:"墨子兼爱,摩顶放踵,利天下为之。"在《墨子·兼爱》中曾这样写道:"夫爱人者,人必从而爱之;利人者,人必从而利之;恶人者,人必从而恶之;害人者,人必从而害之。"可见,在墨家思想中,兼爱是具有丰富含义的,既是人与人相处的伦理原则,也是治国理政的重要方式。①

(四)法家

法家思想于春秋早期萌芽,形成于战国初期,以主张法治为核心,其代表人物颇多,以管仲、商鞅、韩非子最为突出。法家思想历经古代中国社会若干朝代,被很多封建王朝统治者所推崇。《商君书》划分历史为"上世""中世""下世"等。时代不同,特点亦不同。"上世亲亲而爱私,中世上贤而说仁,下世贵贵而尊官。"治术亦随时势而变,"民道弊而所重易也,世事变而行道异也。"治者因民之特点(或弱点)而治之。这也同样是法家的核心观念,即强调法治要与"今世""今之民"匹配。

法家关于社会心理最核心的论述即以"法"为先的法治思想。法家认为治理国家必须以"法"为先,比如管仲曾说:"圣君任法而不任智,任数而不任说,任公而不任私,任大道而不任小物,然后身佚而天下治。"强调法律的管理是治理国家的根本。"以规矩为方圆则成,以尺寸量长短则得,以法数治民则安。"同时强调立法的重要性。商鞅也说:"法令者民之命也,为治之本也,所以备民也。""天下之吏民无不知法。以治法者强,以治政者削。"强调要让民众知法、遵法,才能治理好国家。韩非子强调"奉法者强则国强,奉法者弱则国弱",认为制定严格的法律可以帮助君主达到社会安定、国家富强和巩固统治的目的。

二、西方思想家们关于社会心理的思考

(一)孟德斯鸠

18世纪法国伟大的启蒙思想家孟德斯鸠在其著作《论法的精神》的序言中这样写道:"我首先研究人,我确信,在无限多样的法律和风俗中,人并不仅仅顺着想象走。"②正如孟德斯鸠本人所写的那样,在《论法的精神》一书中,他

---

① 王源:《再论墨家的兼爱思想》,《职大学报》2007年第1期。
② 孟德斯鸠:《论法的精神》,中国社会科学出版社,2007,第7页。

以人的心理为基础,研究了很多社会现象,虽然他本人并没有直接使用社会心理这个词语,但可以说他是西方思想家中最早集中研究社会心理的思想家。孟德斯鸠在论述有关社会心理思想的内容,主要体现在以下几个方面:

其一,论述了人口与个体虚荣心以及奢侈的关系,在其《论法的精神》第七章中,孟德斯鸠认为"人口越密集,居民越爱好虚荣,就越想在细小的事情上显得引人注目"①。孟德斯鸠对城市的大小与人口的分布、私人财产的分配比例做了综合性的论述,认为人口的密集程度会导致虚荣,这个时候就需要"节俭法律"来约束。同时,孟德斯鸠还指出人口是影响人们是否害怕奢侈的重要因素,比如在人口增长比较快的古代中国,开国的皇帝们都会严禁奢侈之风,因为中国的人口增长一直是属于相对较快的。

其二,论述了个体、民族的性格和情感是受到气候影响的,孟德斯鸠这样写道:"生活在寒冷气候的人更有活力""对自身的优点有更多的认识,也就少了报复之心""如果一个人置身于闷热的地方,他便会感到精神萎靡不振"。②他认为大自然赋予了这些人的本性,让他们懒惰或者勤劳,在这种气候的强烈影响下,个体以及民族的性格特征大致是相似的。

其三,分析了社会法律、政治制度和气候、土壤的关系,并进一步指出地理环境决定了民族性格同时也决定了这个地区的法律、政治制度。孟德斯鸠认为"极度炎热使人的力量和勇气衰弱""寒冷地带的民族勇敢坚毅""土地贫瘠,使人勤奋、俭朴、耐劳、勇敢和适宜于战争;土地所不给予的东西,他们不得不以人力去获得,土地膏腴使人因生活宽裕而柔弱、怠惰、贪生怕死",而这些性格特质也同样影响了这一地区这一民族的法律、政治制度等。孟德斯鸠认为"土地肥沃的国家常常是'单人统治的政体',土地不太肥沃的国家常常是'数人统治的政体'的局面。"

但孟德斯鸠的社会心理思想主要建立在人是环境的产物这一基础之上,虽然看到了人与自然地理环境不可分割的联系,但同时也过分夸大了这一联系,忽略了人作为主体的经验,不可避免地陷入了唯心史观的视域之中。

---

① 孟德斯鸠:《论法的精神》,中国社会科学出版社,2007,第219页。

② 孟德斯鸠:《论法的精神》,中国社会科学出版社,2007,第511—565页。

（二）爱尔维修

爱尔维修是18世纪法国著名的哲学家,他有两部著作闻名于世,分别是《论人的理智能力和教育》和《论精神》,这两部著作的核心内容都是讨论个体、社会的生活行为,社会心理等内容。爱尔维修有关社会心理的论述主要包括以下几方面:

其一,他认为人们的肉体感受性是全部精神的活动基础,"产生我们的一切观念的,是肉体的感受性和记忆,或者说得确切一点,仅仅是感受性"。他所说的感受性,也就是人的感觉能力、感觉本身。在他所说的这个感受性中,首先是对于外部事物的感觉,在以后的有些部分,也包括人自身的快乐与痛苦的感觉。同时爱尔维修还强调"情感欲望论",认为感情的基础是利益,提升人们的快乐度才是人们看待事物的唯一标准。

其二,爱尔维修非常强调教育和社会环境对社会心理的影响,他写道:"人们在一种自由的统治下,是坦率的、忠诚的、勤奋的、人道的;在一种专制的统治之下,则是卑鄙的、欺诈的、恶劣的、没有天才也没有勇气的,他们性格上的这种区别,乃是这两种统治之下所受教育不同的结果。"爱尔维修被批判为"教育万能论"者,但他认可教育和环境对个性以及民族精神的影响这个观点是比较辩证的。

事实上,爱尔维修把趋乐避苦当成了人的唯一本性,当成了支配个体和社会唯一的动力,将人们自爱的观念看得太过单一,实质上这里的自爱已近乎自私,本质上是西方功利主义伦理学的典型代表。

（三）黑格尔

黑格尔是19世纪和20世纪对社会政治思想贡献突出的一位哲学家,他对人心智的讨论非常之多,而其关于人类意识的这些探讨,其实也在我们今天所说的社会心理范畴。在黑格尔的论述里,他用"民族精神""时代精神"这些词语来指代社会心理,他指出社会心理是由需要、热情、兴趣、观念等构成,是民族的精神和意识,渗透在民族生活的每个侧面,诸如民族的宗教、政治、伦理、法律、风俗、科学、艺术、技术和哲学等。

黑格尔在其《历史哲学》写道:"我们对历史最初的一瞥便使我们深信人类的行动都发生于他们的需要、他们的热情、他们的兴趣、他们的个性和才能;当然,这类的需要、热情和兴趣,便是一切行动的唯一的源泉。"黑格尔还进一步夸张地断定,"假如没有热情,世界上一切伟大的事业都不会成功"①。不难看出,黑格尔在思考社会心理这些内容时,是具有前瞻精神和动态观点的,他把社会心理看作是一个有机的整体,并指出它同时也是一个历史的动态的发展过程。正如恩格斯所说,黑格尔是第一个"把整个自然的、历史的、精神的世界描写为一个过程,即把它描写为处在不断运动、变化、转变和发展中,并企图揭示这种运动和发展的内在联系"②的人。

黑格尔肯定了民族精神和时代精神这些社会心理对历史的推动作用,但作为一名唯心主义者,黑格尔对于人类意识的这些讨论始终是建立在唯心主义的角度之上,认为这些世界的观念是以整体自行向心智呈现,割裂了社会心理和物质环境的基本关系。

三、马克思主义哲学版图下的社会心理

在马克思主义哲学中,有关社会心理的论述是非常丰富的,但马克思和恩格斯实际上并未对"社会心理"这一词语做专门的论述,有关社会心理的表述大概有时代精神、民族精神、阶级情绪、社会意识、普遍意识等。1893年恩格斯在谈他的《论历史唯物主义》时说:"此外,只有一点还没有谈到,这一点在马克思和我的著作中通常也强调得不够,在这方面发展,我们大家都有同样的过错。这就是说,我们大家首先是把重点放在从基本经济事实中引出政治的、法的和其他意识形态的观念以及以这些观念为中介的行动,而且必须这样做。但是我们这样做的时候为了内容方面而忽略了形式方面,即这些观念等是由什么样的方式和方法产生的。"③也就是说,经典作家意识到了从基本经济事实中直接引出政治的、法的和其他意识形态的观念,其说服力稍有不足,所以"必须重新研究全部历史,必须详细研究各种社会形态存在的条件,然后设法从这些条件中找出相应的政治、私法、美学、哲学、宗教等的观点。"恩格斯曾经断言:"这个领域无限广阔,谁肯认真工作谁就能做出许多成绩,就能超

① 黑格尔:《历史哲学》,王造时译,三联书店,1963,第58—62页。

②③《马克思恩格斯选集》(第三卷),人民出版社,1972,第63—265页。

群出众。"①

(一)马克思、恩格斯关于社会心理的论述

1. 社会存在决定社会意识

社会存在决定社会意识,即说明社会心理作为一种精神现象,本质上是由社会存在决定的,马克思、恩格斯在《德意志意识形态》中这样写道:"意识的生产最初是直接与人们的物质活动,与人们的物质交往,与现实生活的语言交织在一起的"②。从这点来看社会心理是如何产生的,从本质上来说,是因为人类在劳动的过程之中,必须也必然会和其他人产生链接,发生各种各样的关系,正因为有了这些交往的需求,才产生了社会心理。另外马克思、恩格斯还写道:"不是意识决定生活,而是生活决定意识",我们要研究社会意识,"只能从对每个时代的个人的现实生活过程和活动的研究中产生"③。

2. 批判"思想独立化"是唯心主义观点

所谓"思想独立化"指的是把统治阶级的思想和统治阶级本身分割开来,把思想看作是一种独立自在的东西。马克思、恩格斯在《德意志意识形态》中批判了"思想独立化",认为其"完全不考虑这些思想的基础",把思想和现实世界看成是毫不相干的东西。从这点上论证了社会心理来源于现实生活,也反映着现实生活,社会心理绝不是和现实世界毫无联系的思想,而是在一定历史条件下产生或形成的。

3. 阐明人类通过实践在改造客观世界的同时也在改造主观世界

马克思指出人类在实践的过程之中,不仅改造了环境,同时也改造了人自身,教育者在教育别人的过程之中,自己也受到了教育,教育者自身受到教育之后,也能更好地教育别人。马克思的这一观点,论证了社会心理是动态的、发展的,并非一成不变,它会随着自然、社会的环境发生对应的变化,恩格斯指出"任何意识形态一经产生,就同现有的观念材料相结合而发展起来,并对这些材料做进一步的加工。"

---

①② 马克思、恩格斯:《马克思恩格斯选集》(第三卷),人民出版社,1972,第63—265页。

③ 马克思、恩格斯:《马克思恩格斯选集》(第1卷),人民出版社,1995,第73—692页。

4. 人作为主体是有强烈的心理力量的

在《1844 年经济学哲学手稿》中,马克思这样写道:"人作为对象性的、感性的存在物,是一个受动的存在物;因为它感到自己是受动的,所以是一个有激情的存在物,激情、热情是人强烈追求自己的对象的本质力量。"①恩格斯指出:"在社会历史领域内进行活动的,是具有意识的、经过思虑或凭激情行动的、追求某种目的的人。""我们的出发点是从事实际活动的人,而且从他们的现实生活过程中,我们还可以描绘出这一生活过程在意识形态上的反射和反响的发展。甚至人们头脑中的模糊幻象也是他们可以通过经验来确定的、与物质前提相联系的物质生活过程的必然升华物。"②从这点上来看,马克思、恩格斯认为人作为一种感性的存在物,是有意识的存在物,是具有强大的心理力量的存在物,因此可以说马克思肯定了社会心理对个体及社会群体的推动作用。

晚年的恩格斯认为社会心理是非常值得研究的领域,并这样写道:"到现在为止只做出了很少的一点工作,因为只有很少的人认真地这样做过。"然而,"这个领域无限广阔,谁肯认真地工作,谁就能做出许多成绩,就能超群出众。""要了解某一国家的科学思想史或艺术史,只知道它的经济是不够的。必须知道如何从经济中进而研究社会心理,对于社会心理若没有精细的研究了解,要对思想体系的历史唯物主义进行解释根本就不可能……因此社会心理异常重要,……如果没有它,就一步也动不得。"③由此可见,对于"社会心理"的作用,马克思、恩格斯是十分肯定的,也认为在这方面的研究是十分必要的。在马克思看来,社会心理作为一种意志力量,必然要同外部世界发生关系,最终将变成一种实践力量,即"工业历史和工业已经生成的对象性的存在,是一本打开了的关于人的本质力量的书,是感性地摆在我们面前的人的心理学。"④

(二)普列汉诺夫关于社会心理的论述

普列汉诺夫是最早在俄国和欧洲传播马克思主义的思想家,并且写了一系列的宣传马克思主义的作品,可以说颇具理论影响力。普列汉诺夫在社会心

①②③马克思、恩格斯:《马克思恩格斯选集》(第 1 卷),人民出版社,1995,第 73—692 页。
④马克思:《1844 年经济学哲学手稿》,人民出版社,2000,第 88 页。

理的论述方面,是非常具体且完整的,众所周知,在哲学中第一次明确提出"社会心理"概念的是普列汉诺夫。普列汉诺夫认为:"社会心理异常重要。甚至在法律和政治制度的历史中都必须估计到它,而在文学、艺术、哲学等学科的历史中如果没有它,就一步也动不得。"因为"一切思想体系有一个共同的根源,即某一时代的心理。"①

1. 普列汉诺夫对"社会心理"的定义

普列汉诺夫认为 "生产力发展的任何特定的阶段必然引起在社会生产过程中人们的一定的结合,即一定的生产关系,亦即整个社会的一定的结构。而既然有了社会的结构,就不难了解,它的性质将一般地反映于人们的全部心理之上,反映于他们的一切习惯、风俗、感觉、观点、意图和理想之上。习惯、风俗、观点、意图和理想必然地适应于人们的生活式样……社会的心理永远顺从它的经济目的,永远适合于它,永远为它所决定。"②社会心理是"一定时间、一定国家的一定社会阶级的主要情感和思想状况, 这种情感和思想状况乃是社会关系的结果。"③从这两段话中,我们可以看出,普列汉诺夫认为这种情感和思想状况是社会意识的基本形式之一,是社会存在最直接的反映,是"当时流行的信仰、观念、思想方式以及那满足一定审美要求的方法",以特定时期的"舆论""民意""风尚的潮流"④等形式表现出来的一定的精神状况和道德状况及其相应的"能力、趣味、倾向",是"特定时期的智慧和道德风习状态",从这些描述中笔者认为普列汉诺所谓的"社会心理"指的是特定历史时期,在特定群体、特定阶级及特定阶层中反映社会存在的舆论、民意、潮流、审美风尚、情感思想、愿望、习惯等。

2. 社会心理的"中介理论"

晚年的恩格斯曾对"经济基础—上层建筑"的结构图式做过补充说明,他在《路德维希·费尔巴哈和德国古典哲学的终结》中第一次提出了关于意识形态形成的"中间因素"思想,指出"更高的即更远离物质经济基础的意识形态,

① 普列汉诺夫:《普列汉诺夫哲学著作选集》(第 2 卷),三联书店,1962,第 273 页。
②③④ 普列汉诺夫:《普列汉诺夫哲学著作选集》(第 1 卷),三联书店,1962,第 372—715 页。

采取了哲学和宗教的形式。在这里，观念同自己的物质存在条件的联系越来越错综复杂，越来越被一些中间环节弄模糊了。但是这一联系是存在着的"。在给德国大学生博尔吉乌斯的信中，恩格斯对"中间因素"思想做了说明，"政治、法、哲学、宗教、文学、艺术等的发展是以经济发展为基础的。但是，它们又都互相作用并对经济基础发生作用。这并不是说，只有经济状况才是原因，才是积极的，其余一切都不过是消极的结果。而是说，这是在归根到底不断为自己开辟道路的经济必然性的基础上的相互作用"①。

普列汉诺夫继承和发展了恩格斯的观点，他在《马克思主义的基本问题》中把经济基础与上层建筑的关系总结为一个"五项公式"。具体来说即生产力的状况；被生产力所制约的经济关系；在一定的经济基础上生长起来的社会政治制度；一部分由经济直接所决定的、一部分由生长在经济上的全部社会政治制度所决定的社会中人的心理；反映这种心理特性的各种思想体系。普列汉诺夫认为，这个公式是十分广泛的，对于历史发展的一切"形式"，足够给一个位置。这个"五项公式"是普列汉诺夫对马克思社会存在与社会意识关系的创造性的发展，因为他创新性地提出了社会心理是社会存在和社会意识的中间项。

普列汉诺夫认为社会心理是社会意识的一种基本形态，是人们的日常意识和普通意识，是未加工过的、原生态的意识，是部分由经济直接决定，部分由这一经济对应的社会政治制度所决定的。社会心理不仅是连接政治上层建筑和思想上层建筑的桥梁和纽带，也是连接社会存在和社会意识的中间环节，在社会结构中有着其独立的、不可替代的重要作用，它是介于社会经济、政治关系和思想体系之间必不可少的中间环节。

第二节　心理学视域下的社会心理

心理学是研究人类和动物的心理现象，揭示其发生发展规律的一门学科。

---

① 马克思、恩格斯：《马克思恩格斯文集》(第 10 卷)，人民出版社，2009，第 668 页。

它从哲学中发展而来,在发展过程中与哲学仍有着密不可分的关系。但随着学科的不断细化发展,心理学也分支出社会心理学、教育心理学、实验心理学等。以社会心理为研究对象的心理学学科,即社会心理学。

社会心理学诞生的标志是 1908 年社会学家罗斯和心理学家麦独孤分别出版了社会心理学专著,标志着社会心理学作为一门独立的学科诞生。

关于社会心理学的定义也有两种不同的倾向,一种是倾向于社会学的定义,社会学家艾尔乌德认为社会心理学是关于社会互动的科学,以群体生活的心理学为基础,认为社会心理学是由社会和个体的相互关系界定的,任务是解释社会互动。另一种是倾向于心理学的定义,心理学家 F.H.奥尔波特认为社会心理学是研究个体的社会行为和社会意识的学科,社会心理学试图了解和解释个体的思想、情感和行为怎样受他人现实的、想象的、隐含的存在所影响。

在社会心理学的研究对象中,社会心理是非常重要的部分,在社会心理学中,社会心理被定义为社会刺激与社会行为之间的中介过程,是由社会因素引起并对社会行为具有引导作用的心理活动。社会心理往往会受到个体的人格特质、个体过往的生活经验以及个体当时所处的情境所影响,包括自我意识、社会认知、社会态度、社会影响等都是这些方面的内容。

一、自我意识

自我意识是人类所特有的一种高级的心理活动形式。自我意识指的是个人对自己存在的意识、对自己以及自己与周围事物关系的意识。社会心理学认为自我意识可以被概括为三个层面,即生理自我、社会自我、心理自我。生理自我指的是个体对自己外形、身高、容貌、性别、年龄、健康状况等生理物质的意识;社会自我指的是个体对自己的社会地位、社会阶层、经济政治地位等的意识;心理自我指的是个体对自己的兴趣爱好、人格特点等心理特征的意识。

个体自我意识的发展是非常复杂和生动的,一方面它需要依赖于个体的生物因素,即个体生理的发展;另一方面也要依赖于个体的心理能力的发展;同时也是在个体与周围社会环境长期互动之中逐渐发展的。比如刚出生的婴儿,我们就可以视作他(她)是完全没有自我意识的,因为刚出生的婴儿尚没有物—我分化的概念,因此也就没有主客体的意识。随着月龄和年龄的增加,婴儿会逐渐发展出自己身体的各项动作能力,包括很多精细动作的能力;同时婴儿也在和父母等人的互动之中逐渐被赋予各种身份、各种期待以及各种规则而被社会化,最终成为一个社会人。这个社会人在成长的过程之中,会运用到各种方式,比如社会比较、自我估价、有选择地接受反馈,以及各种归因方式等,充分运用这些方式构建一个内在的自我,形成自我意识。

个体要认识自己,就必须认清自己的自我意识。正如本杰明·富兰克林所说:"有三样东西是极其坚硬(困难)的,钢铁、钻石以及认识自己"。社会心理学家认为自我概念决定了我们是一个怎样的人,而自我概念的基础是个体的自我图式。图式是我们自己所处世界的心理模板,我们的自我图式——对自己的认识,身强力壮的、超重的、聪明的还是其他方面——有力地影响着我们对信息的加工,构成了我们的自我概念,帮我们分类和提取经验。[①]然而无数的事实却告诉我们,个体对自己的自我意识其实是很难真实可靠地捕捉的。希腊福克斯市的帕耳那所斯山脚有着一座著名的神庙——德尔菲神庙,在这座神庙中刻着很多神谕,其中最为著名的一条大约是古希腊哲学家苏格拉底留给后世的"认识你自己",哲学家留给后世的箴言,恰恰也证明了世人在对自我的了解上的盲目,在自我认知这件事上人们似乎永远在途中却不知早已迷了路。

二、社会认知

1947年美国心理学家 J.布鲁纳提出了社会知觉这个概念,布鲁纳强调人类思维的策略性和目的驱动性。他认为,人类是有系统地对环境信息加以选择和抽象概括的,所以他用社会知觉指受到知觉主体的兴趣、需要、动机、价值观等社会因素影响的对物的知觉。20世纪60年代以后,认知心理学逐渐兴起并迅速发展,社会知觉一词也逐渐被社会认知所取代,在认知心理学领域,社会认知指的是个体对他人的心理状态、行为动机和意向做出推测和判断的过

---

① 戴维·迈尔斯:《社会心理学》,张智勇、侯玉波译,人民邮电出版社,2006,第30页。

程,所以社会认知本质上就是一种心理活动,其刺激的客体来自社会的其他成员,因此在社会心理学领域,社会认知有时也被称作人际知觉或者社会知觉。

19世纪英国作家乔治·吉辛(George Gissing)曾有这样一句话:"我们周围的世界是由心灵创造的;即使我们并肩站在同一块草地上,我看到的绝不会和你看到的相同。"那么是什么导致了对于同一件事人们却最终有不同的社会认知呢?

首先是个体的原有经验。经验不同会导致对同一事物的认知不同,因此从这点来说,人往往都是主观的或者说先入为主的。正如特定年代的人们看属于自己年代的电视剧总是觉得很经典;人们对于曾在童年喜爱的但现在又难获得的食物充满深情,其实这些都是过往经验在头脑中产生的预判。同时这些经验还会缩减我们认知的范围,比如同样是一栋建筑物,消防师可能考虑它内部的消防安全;建筑师可能思考它的构造和建筑特点;木匠却会去分析构建大楼的木头是什么材质,等等。

其次是个体的价值观念。政治学家罗伯特·杰维斯(Robert Jervis)曾说过:"一旦你形成了某种信念,它就会影响你对其他所有相关信息的知觉。一旦你将某个国家视为敌人,你将倾向于将其模棱两可的行为理解为对你表示敌意。"事实上,个体在判断事物的时候,往往是根据自己固有的价值观念去判断的。正如莎士比亚在《特洛埃围城记》中所说:"我们眼里的错误引导着我们的心灵:错误导致的必定是错误。"

再次是个体的情绪状态。认知者的情绪是积极的还是消极的,这些对于个体形成社会认知的影响是非常直接的,在日常生活中,你很容易就可以体验到这点。比如同样是早上赶时间上班,如果你心情愉快,那么堵车也会变得不那么难以忍受;相反如果你情绪非常糟糕,哪怕是汽车开得缓慢一点,也可能激起你巨大的愤怒情绪。

事实上对于社会认知的影响不仅仅在于以上个体层面的因素,还包括另外重要的两个层面,即认知的情境和认知对象本身的特点。首先是认知的情境。社会认知一定是在社会背景和社会情境之中的,这在生活中也处处可见。比如很多人认为西方人通常是文明而有序的,但当大量西方人涌入中国的时候,你很容易就观察到,这些西方人也未必是一定遵守秩序的,他们可能会因为看到的情境不同而反应不同，比如看到很多人在插队，他们同样也会插队等。其次是认知的对象。认知对象本身具有的价值不同和社会意义不同，会导致最终的社会认知不同。布鲁纳曾经做过这样一个实验，他选择了一套硬币，并另外制作了一套与硬币大小形状相同的纸片，然后找来了30个10岁的孩子，请孩子们把看到的这些材料画出来。实验结果是：孩子们画的纸片大小与原来纸片大小类似，但画的硬币的大小却远远大于真正的硬币。显而易见，硬币的社会价值使得社会认知发生了变化。

社会认知作为一种心理活动，具有一些心理活动的一般特征。其一是选择性。对于个体来说，生活中处处都是外界的刺激，我们也很容易就可以看到，面对同样的刺激，不同个体的反应往往不同。一般来说，人们往往从两个层面去选择回应的方式。首先是刺激的强弱程度，如果刺激非常强烈，那么就很容易引起个体的注意，相反则未必；另一方面是刺激是否有以往的体验，以往的体验是愉快的还是令人厌恶的，如果以往曾有过类似的体验，且这种体验是非常不愉快的，个体是极有可能回避的。其二是互动性。社会认知是一个双向通道，知觉主体和知觉的客体处于互相影响的对等地位，正如前文中所述的选择性，选择什么样的信息要看认知主体和刺激客体两个层面。其三是防御性。心理学上所说的防御，指的是个体为了达到某种内在的心理平衡而做出的应对外界刺激的反应方式。在日常生活中，每个个体都不断地呈现出自己的各种防御机制。精神分析理论认为防御机制主要有压抑、隔离、反向形成、升华等。个体在形成社会认知的时候，运用防御机制也是为了达到自我的完整性和平衡性。其四是完形性。所谓完形性是指个体在形成社会认知的过程之中，会自觉使用完形原则，完形原则也被称作格式塔原则，指的是个体倾向于把有关认知客体的各方面材料和特征进行规则化，进而形成完整印象。目的是为了实现认知的平衡。比如，当我们看到一个人既好也坏、既热情又冷酷等这些矛盾面的时候，我们就会倾向于去搜集更多的信息，以完整形象赋予他这些矛盾面的意义，从而达到认知的平衡。

三、社会态度

生活中我们频繁地使用"态度"这个词语，我们可以将其定义为个体对社会存在所持有的一种协调一致的、有组织的、习惯化和稳定的心理倾向。① 正如爱默生所说："每个行为都源于一种想法"，事实上个体的社会态度的确会影响个体的社会行为。社会心理学认为社会态度由三种成分构成，分别是感觉、行为和认知倾向，也被称作 ABC 理论，即组成态度三个基本要素的首字母（感觉 Affect、行为倾向 Behavior tendency、认知 Cognition）。感觉因素指的是个体对态度对象所持有的一种情绪体验，比如喜欢或厌恶的、爱戴或鄙视的、同情或嘲讽的等，但感觉因素与认知因素紧密联系，个体会因为认知的全面或者不全面而产生相应的情绪体验。行为成分是社会心理学家们最初研究的重点，很多研究的核心都是去分析态度对行为的影响，行为成分指的是个体对态度对象所持有的一种内在反应倾向。认知成分是指个体对态度对象的概念、理解、整体认识等，以及在此基础之上形成的具有倾向性的思维方式，认知是具有倾向性和组织性的，因此社会态度的认知因素与真正的事实是有区别的，有时还会因为刻板的认知导致刻板的态度。

　　个体总是生活在社会之中，作为社会成员，个体的社会态度往往受制于两个层面的因素，即外在环境因素和内在个体动机。

　　首先作为外在环境因素起作用的机理是因为个体需要在外在的环境中成长学习，因此必然会受到社会环境以及社会成员的影响。社会环境这方面的影响是非常潜移默化却长期存在的，主要通过社会规范等的要求和约束、思想观念的宣传和教育、文化习俗的熏陶和浸染等方式来实现。这样的方式最终造就了不同的"整体化"的个体，比如不同民族和不同国家的人。其次是家庭的影响。心理学的研究发现，个体在家庭中受到的影响是会影响其终身的，个体在家庭中受到的影响主要包括父母的养育方式、父母和个体之间的情感链接程度等。再次是同伴的影响。随着个体年龄的不断增长，其越来越多地参与到和同伴的关系之中，个体就会将自己的态度观点等与同伴相比较，从而互相影响。最后是团体的影响。个体所参与的团体对其影响主要依据两个因素，一方面是团体对其成员的吸引力大小，另一方面是个体在团体中所处的位置。吸引力越大，位置越重要，则影响就有可能越大。

---

① 肖旭：《社会心理学》，电子科技大学出版社，2013，第 223 页。

其次是内在个体动机。内在动机往往与个体的情感情绪体验相关,个体会选择自己感兴趣的事物或其他对象观察并模仿学习,比如青少年往往会去模仿自己的偶像,因此偶像对很多事物的态度往往会影响这些青少年。

有没有方式能促成社会态度的改变呢?

答案是肯定的,事实上社会心理学发现有很多方式都可以促成个体社会态度的改变。具体包括劝说宣传法、角色扮演法、团体影响法等。

其一,劝说宣传法。这种方法主要指借助传播媒介来传播信息,从而影响人们的态度。我们可以将这种方法看作是一个信息传递沟通的过程,因此其影响的因素就会被分为四个部分,即信息的传播者、信息的传播过程、信息的接受者以及传播情境。

信息的传播者如果具有如下特性,则其传播效力会相对提升,这些特性包括专家身份,比如某个行业领域的专家、教授、学者等,当然仅限于在行业领域内的传播;社会身份,即传播者的社会地位、知名度等,比如公众人物的影响力总是大于普通民众;吸引性,即传播者的人格魅力等要足够吸引大众;相似性,即传播者最好是能与被传播者有很多相似性,这样更容易引起共鸣;可信赖性,即传播者自身被他人相信和信赖的程度。信息的传播过程指的是信息在传播的过程之中被组织和呈现的方式。即便是一样的信息,但经过不同的组织方式和不同的呈现方式,也完全有可能导致信息传播的影响不同。信息的接受者本身所具有的人格因素、原有态度等也会影响信息的影响力。比如个体自幼形成的社会态度很难被改变,高自尊水平和低自尊水平的个体相比较而言,更难被传播者所影响等。传播情境同样也是影响信息传播效力的重要因素,研究证明令人分心的情境会降低人们对信息的注意力,从而降低信息的传播效力;而反复多次的重复相关信息则有助于人们态度的转变。

其二,角色扮演法。角色扮演法是以角色理论为依据,这一理论认为个体的行为会与自己所扮演的角色趋同,就好像是我们的自我定义不是在自己的头脑或内心,而是由我们的行为所决定。事实上,心理学同样也有对角色失调理论的研究,但角色扮演法从一定程度上会影响个体的态度这是毋庸置疑的。比如在前文中所述的津巴多模拟监狱实验就是例证。

其三,团体影响法。团体的影响主要来自团体的规则,个体需要在团体中确认自己的位置就需要遵从团体的规则,否则就会受到团体的拒绝和孤立。无论是正式团体或是非正式团体,都同样具有对个体态度改变的影响力。因此在咨询心理学中,团体治疗是非常主流而有效的方式。

其四,活动参与法。活动参与法是引导人们参加与态度改变相关的活动来促进态度的改变,比如环保组织,环保组织正是鼓励人们参与系列环保活动从而促进和提升人们的环保理念,产生更好的环保态度。同时如果活动是长期性的、持续性的,则更有利于人们态度的转变;同样如果人们参与活动是主动和自愿的,也更有利于人们态度的转变。

四、社会影响

社会影响指在社会力量的作用下,引起个体信念、态度以及情绪和行为等发生变化的现象。①在生活中,我们很容易就会经历或者看到社会影响发生作用的事件。比如人们总是趋于追求流行服饰,常常受到媒体广告的影响等。社会心理学对社会影响的研究非常广泛,主要涉及从众、利他、社会促进和社会抑制、模仿与暗示、亲社会行为等。

(一)从众

从众是好还是坏呢？很多欧洲的心理学家给"从众"这个词贴上了负面的标签,认为从众可能代表了屈从、服从;而很多亚洲国家尤其是日本却给这个词贴上了正向的标签,认为从众恰恰证明了这个人的自我控制和忍耐性。事实上,"从众"一词本身既非褒义也非贬义,是一个不带消极判断的词语。其意义非常简单明了,即个体根据他人而做出行为或态度的改变。

从众往往会表现出很多不同的形式,比如接纳和服从,也可以被称作为真从众和权宜从众。判断个体是接纳还是服从,可以从其外显行为以及行为与内在的自我判断是否一致来分析。从众的场景很多,但个体是否是真的从内心接纳却需要仔细考量。比如喝牛奶这件事,为什么会有成百上千万的人都在喝牛奶,因为喝牛奶的人是真心接纳"牛奶是对身体有益且需要常常饮用"这个信息。接纳的从众是一种真从众,个体在做对应的行为时不会产生和内心不一致

---

① 刘淑娟:《社会心理学》,延边大学出版社,2018,第 243 页。

的感受,不会产生内在的心理冲突。而权宜从众或服从则会让个体在做出对应行为时,内心产生冲突,当然,这些冲突的大小还需要看到行为和内心有多大的不一致,不一致的程度越大,个体的内心冲突就会越大,同时个体在做出对应行为时就会尝试寻找新的合理点,这叫做认知协调,如果认知得到协调,那也有可能造成从权宜从众转变为真从众。比如戒烟行为,多数的吸烟者一开始是迫于外界各种压力去戒烟,但时间久了,个体也会尝试去协调自我对吸烟和戒烟这件事的认知,尝试达到认知平衡,从而最终成功戒烟。

　　社会心理学家发现个体从众的原因主要来自两个层面,首先是信息性社会影响,指的是个体在社会中有从他人的行为中确认真实情况的需要,心理学家谢里夫的诱动错觉实验证明了这点。

　　现在想象你自己就是谢里夫实验的被试,此刻你坐在一间异常黑暗的屋子里,在你的对面突然出现了一个小光点,并逐渐闪烁和移动,现在你猜测一下这个光点和你的位置有多远?其实这是一个很难回答准确的问题,所以我猜你肯定也会疑惑,你可能会说 6 英寸(15.24 厘米),当光点再次出现并闪烁,你可能会说 8 英寸(20.32 厘米),随着重复次数的增加,你可能会说出一个平均值,比如 7 英寸(17.78 厘米)。但第二天你再次走进这里,开始观察,你发现这里不仅有你,还有其他两人一起参加。那么这个时候你会怎么描述这个距离呢?或许一开始你还是会说出昨天的答案,但如果其他人说出的答案和你很不一致呢?你会向他们趋同吗?谢里夫在 1935 年做的这个实验,实验结果是其实光点一直没有动过位置,但是被试却说出了一个共同的标准答案,并且被试们没有人承认自己是受到了他人的影响。这就是信息性社会影响。

　　第二个层面的影响则是规范性社会影响,即个体都渴望获得其他人的支持和赞同。规范性影响起作用的目标是让个体和群体保持一致,从而避免因偏离导致的排斥,进而维持自己的社会形象。社会心理学家阿希著名的长短线实验就是例证。在长短线的实验中,正确答案显而易见,但是被试却因为前面五个人给出的错误答案而内心异常冲突并在最后也给出了同样的错误答案。

　　从前文中,我们可以看到个体从众的内在原因,那么个体在什么情况下会更容易出现从众呢?社会心理学的研究证明,个体从众的可能性与以下三个层面的因素相关。

第一,个体自身的因素。个体自身的因素会对个体是否从众有影响,具体来说包括年龄、性别等基础性因素,一般认为,儿童青少年比成年人更容易从众,女性比男性更容易从众;其次个体自身的人格特质也是会影响的,比如性格软弱,容易受到他人暗示的个体相比较自信心强的人更容易从众;再次个体是否掌握相对丰富的信息也是重要的影响因素,比如病患更容易相信医生的话,家长更容易相信老师的话等;最后是个体的自我卷入水平也会影响个体是否会从众。

第二,个体所处的具体情境。个体所处的具体情境是影响个体是否会从众的重要因素,这个具体情境,我们可以从三个层面来分析。首先是刺激物的性质。人们往往对于不太会影响自身、不涉及原则问题的对象"网开一面",即采取从众的态度。而对于涉及自身重大利益比如道德问题的对象会比较执着,以避免内心产生更大的冲突。其次是文化因素,比如日本人和欧洲人在面对同样的刺激对象时,很有可能反应是不同的。最后是时间因素,往往在群体交互作用早期的时候,个体是比较容易采取从众行为的,事实上这也是为了维护个体的"社会形象"。

第三,对象群体的特点。对象群体如果内部呈现出高一致性,那么个体在面对一致性群体的时候,就很容易从众;同时如果对象群体的规模非常大的话,个体在面对大规模群体的时候,也比较容易从众;另外还要考察个体在群体中的地位,个体在群体中权威性越高,就越不会屈服于群体的压力,比较不容易从众。

(二)利他行为

所谓利他行为指的是个体完全自愿的且不期待任何奖励与回报的助人行为。1975 年,美国哈佛大学教授威尔逊在其著作《社会生物学:新的综合》一书中提出人的利他行为是由先天的基因遗传决定的, 它是人类本性中的天性的部分。2005 年,由以色列西伯莱大学心理学家爱伯斯坦领导的研究小组通过长期研究,从遗传学角度,首次发现了促使人类表现"利他主义"行为的基因,其基因变异发生在 11 号染色体上。

然而社会心理学家们的研究视角却不仅停留于基因之上。社会心理学家对于"利他"提出的第一个疑问是个体为什么会产生利他行为?

几种关于帮助行为的理论都一致认为,从长远看,利他行为会让施予者和接受者都同样受益。社会交换理论认为个体做出利他行为其实是会得到报偿的,并且这种报偿分为外部和内部两个层面。所谓外部的报偿比如商人捐款提升了企业形象,让路人搭便车很有可能收获友谊等。而内部的报偿一方面是个体从帮助他人的过程之中收获了快乐,就好比赠人玫瑰手有余香,另一方面是避免了不去帮助弱者而产生的内疚感。

社会心理学家巴特森在1994年指出,有四种力量会促使人们产生利他行为,这四种力量分别是利他主义,即发自内心的想要帮助他人;利己主义,即某些人做出利他行为其实是为了得到他人的回报;集体主义,即特定的群体,比如家庭,人们会为了让家庭变得更加和谐幸福而产生利他行为;规则主义,即有些人做出利他行为其实是源于宗教或者习俗等规则。

那有哪些因素会影响个体的利他行为呢?

首先是自然因素。比如噪音,心理学的研究证明噪音越大,人们的利他行为就会越少。当然,天气的状况、温度等也都是影响因素之一。

其次是情境因素。研究表明情境越模糊,利他行为发生的可能性就越小,相反则越多。另外农村和城市相比,农村个体的利他行为往往比城市个体更多,大概是因为城市个体所接受的各种信息太过复杂,导致他们经常独善其身以避免被信息所淹没。研究者还指出时间因素也是重要的情境之一,比如很忙碌的人是无法留意周围的环境而产生更多的利他行为的。

如何去提升个体的利他行为呢? 这里就不得不提到另外一个影响个体产生利他行为的效应,即旁观者效应。具体指的是个体处理紧急事态的反应,在单个人时与同其他人在一起时不同,由于他人的在场,个体会抑制自我的利他行为,比如2011年10月在广东佛山发生的小悦悦事件等。

社会心理学家尝试去促使个体避免产生更多旁观者效应而促进个体利他行为。首先是旁观者必须认定事件为紧急事件。在生活中很多情境都是模糊的,很多时候个体判断情境的方式就是看其他人的反应,正如我们在前文中所述的信息性社会影响,所以个体需要花费一定的时间去对情境做出准确的判断。其次是旁观者一定要感觉到责任,在情境因素中我们说到情境越模糊,个体越不容易产生利他行为,因为责任处于分散的状态,所以如果你发觉你需要他人的帮助,你就需要尽可能地让旁观者把责任集中到自己这里,从而克服旁观者效应。

要促进个体的利他行为还需要从个体本身着手,比如个体当时的心境,如果个体当时非常愉快,那么就会刺激个体产生更多利他行为;另外个体的助人能力也是非常重要的因素,如果个体的助人能力很强,势必会为其助人的动力增添强势的一笔。

(三)社会促进和社会抑制

社会促进指的是个体在从事某些活动时,由于意识到他人在场便尽力促进其活动完成,从而提高其活动效率的现象,也被称为社会助长。比如在体育竞技中的"主场效应",即运动员如果有很多观众为其加油往往能促进其竞技技能更好地发挥;比如在教育教学、话剧表演等中的"观众效应",场下观众观看的反馈越好,越能促进台上演员演艺技能的发挥等。

与社会促进相反的则是社会抑制,即个体在从事某项活动时,由于意识到他人在场而抑制其活动的完成,降低其活动效率的现象,又被称为社会干扰。比如在日常生活中,我们常常见到的面试或演讲的"怯场"等。

为什么同样是他人在场却会导致截然相反的两种效果呢?

社会心理学家进行了一系列的研究证明,主要有以下几种原因。

第一,优势反应强化理论。优势反应强化理论(Social facilitation),由美国学者扎荣克(R.B.Zajonc,又译罗伯特·查容克)于1965年提出。它可以比较好地解释社会促进与社会干扰现象。即他人在场的时候会促进优势或者熟练活动的效能,而干扰或降低非优势或非熟练活动的效能。

第二,评价与竞争观点。一些学者认为观众的评价是形成社会促进的重要原因,他人在场激发了行为者的被评价意识,提高了动机水平。学者把这种对评估的关注称为评价焦虑。由于存在评价焦虑,个体在从事相对简单工作时,效率会增加,反之则会下降。

第三,分散冲突理论。这一理论认为他人在场时,个体需要同时努力去注意他人和自己的工作,由此产生的冲突会提高唤醒水平,从而对其工作效率产生影响。但最终呈现的是社会促进还是社会抑制,取决于个体从事的活动是否是其优势项目,如果是优势项目,则会形成社会促进,反之则形成社会抑制。

（四）模仿与暗示

美国的心理学家米勒和多拉德提出了"模仿说",认为模仿是一种社会学习,如语言或言语的获得就是通过模仿而形成的。语言的模仿过程即为一种社会学习过程。这种学习过程离不开报酬或强化,以强化为其基础。

社会心理学中的模仿指的是在没有外界控制的条件下,个体受到他人行为的刺激,自觉或不自觉地使自己的行为与他人相仿。

米勒与多拉德指出被模仿者必须具有威信,并且发现四种人最易成为人们的模仿对象或示范者。即年龄较大的人;智商高、能力强的人;社会地位、等级较高的人;任一领域中的权威专家。

暗示是采用含蓄的方式,通过语言、行动等刺激手段对他人的心理行为发生影响,使他人接受某一观念,或按某一方式进行活动。社会心理学的研究证明,暗示者、被暗示者以及情境等都有可能影响暗示的效果。暗示的方式也是多种多样的,包括语言的、行动的、表情的甚至可以是符号的。

第三节 社会学视域下的社会心理

社会学家赖特·米尔斯(1959)曾这样说:"社会学想象力使我们能够把握历史和人生阅历之间的关联。"

19世纪30年代末,法国实证主义哲学家奥古斯特·孔德的著作《实证哲学教程》第四卷出版,在这本著作中,孔德第一次提出了"社会学"这个概念,并用后来的一生努力将社会学建设成为一门独立研究的学科,因此孔德也被认为是社会学的创始人。

事实上,社会学与哲学颇有渊源,因为其创立者和后续的发展者们包括斯宾塞、马克思、涂尔干等人很多都是哲学家。同时,社会学与心理学关系也非常密切,从研究对象来说,心理学关注的更多的是个体心理,社会学关注的则更多是群体行为,其也有着与哲学、心理学全然不同的社会学视角。

社会学是一项研究社会行为与人类群体的科学。它主要关注社会关系对人们态度和行为的影响,以及社会是怎样建构和变迁的。①因此社会学视角更多关注的是人们所处的社会背景,社会学视角的中心是群体如何影响人们,或者说人们如何被所处的社会所影响。即你在社会中的特定位置,对你做什么和如何思维具有核心的影响。因此,与本书核心观点相关联的社会学研究的内容主要包括文化、社会化、社会角色、社会控制、社会群体、人口与城市化等。

一、文化

作为特属于人类社会的文化,具有丰富的内容,包括习俗、信仰、生活方式、思维方式、价值观念、行为模式等。每一个民族都有属于自己独特的文化,这些文化对人们的心理和行为产生了重要的影响。

在中国,由于地域的广阔性和民族的复杂性,更是凸显出不同文化背景下的人们心理和行为的不同。比如在日常生活中最普遍的婚嫁仪式,土家族就有哭嫁的习俗,人喜则笑,遇悲则哭,土家族却在开心的嫁娶之日,要求新娘大哭,谓之哭嫁。哭嫁有专门的"哭嫁歌",是一门传统技艺,土家姑娘从十二三岁开始学习哭嫁。新娘一般在婚前一个月开始哭嫁,也有在出嫁前二三天或前一天开始哭的。娘家人边为她置办嫁妆,边倾诉离别之情。会哭的姑娘一个月内不哭重复,要哭祖先、哭爹妈、哭兄嫂、哭姐妹、哭媒人、哭自己。哭的形式是以歌代哭,以哭伴歌。歌词有传统模式的,也有聪明姑娘触景生情的即兴创作。哭得动听、哭得感人的姑娘,也会被人称为聪明伶俐的好媳妇。

在日常生活中,我们很容易就可以从个体的服饰、讲话方式等去推测出对方所处的文化背景。对于文化中某种固定的评判,比如对美的评判,也都是按照符合隶属群体的标准去展示,不同文化之间这些标准往往大相径庭。社会学家威廉·萨姆纳(1906)指出:"人们把自己的群体看作是一切的中心,且以此作为衡量和评价他人的标准。"萨姆纳把这称之为种族中心主义,这也是文化影响我们的非常重要的一面。

随着经济全球化的迅速发展,文化在全球也有了一些普遍性,即各种文化产生了一些共同的习惯与信赖,许多文化的普遍性都源于人们的基本需求,比

---

① 理查德:《社会学与生活》,赵旭东等译,世界图书出版社,2011,第 3 页。

如对食物、住所与衣服的需求等。在中国，你很容易就可以看到遍布在城市里的星巴克、麦当劳、肯德基等；同样在电影院里放映的也永远不止是中国导演所拍摄的电影，而是来自全球不同文化背景下的各种不同组合。

在文化的要素中，最核心的是语言，语言是文化的基础，是反映各文化层面的文字意义与象征意涵的抽象系统，包含口语、文字、数字、象征、手势，以及其他非语言沟通的表现形式。人类社会正是通过语言才得以把人类的经验代代传递并代代积累。因此社会学家们认为正是语言提供了一种社会的或共享的未来。当我们谈论过去的事情的时候，我们用语言形成了对过去事件的共享的理解，当我们谈论未来的时候，语言也帮我们把时间线延长。而在日常生活中，语言更是我们交流、共享观点的重要支撑，从某种程度来说，正是语言将人类和动物区分开，也是语言为我们提供了社会的过去和未来，使得我们超越了现在。

二、社会化

马克思曾说："人的本质是一切社会关系的总和。"因此人不可能离开社会而存在，要在社会中存在就必须要经历社会化。弗洛姆把社会化定义为"社会化诱导社会的成员去做那些要使社会正常延续就必须做的事"，是"社会和文化得以延续的手段"。社会化的任务简单来说主要包括两个，第一是使个体知道社会或群体对他有哪些期待，规定了哪些行为规范；第二是使个体逐步具备实现期待的条件，自觉地以社会或群体的行为规范来指导和约束自己的行为。社会化的历程是一个持续终生的过程，个体从童年到成人都在不断经历社会化的过程，因为社会化涵盖了我们生活的各个层面，比如政治的、道德的、性别角色的等。甚至我们可以说，其实是社会本身造就了不同的个体。比如众所周知的"狼孩"，一个人类的婴儿也只有经历了社会化才能真正成为一个社会的人。

三、社会角色

莎士比亚在《皆大欢喜》中写道："全世界是一个舞台，所有的男男女女不过是一些演员；他们都有下场的时候，也都有上场的时候，一个人一生中扮演着好几个角色。"①

正如莎士比亚在文中所说,角色是我们每个人的社会身份,不同的社会学家和心理学家对于社会角色有着不同维度的定义。角色理论研究者彼德尔(B. J.Biddle)认为社会角色是行为或者行为的特点;台湾的社会心理学家李长贵把社会角色定义为"个人行动的规范、自我意识认知世界、责任和义务等的社会行为";②奚从清、俞国良两位学者在其著作《角色理论研究》中描述社会角色是"个人在社会关系体系中处于特定社会地位并符合社会要素的一套个人行为模式"③。综合上述定义,笔者认为社会角色主要指的是由个体的社会身份、社会地位所决定的、符合社会期望的个体的行为模式。

事实上角色这个词语本就来源于戏剧,社会角色也如在舞台上的表演一般,要符合社会这个大舞台赋予的角色期待和角色需求。斯坦福大学心理系教授菲利普·津巴多曾经做过一个非常著名的实验,即津巴多模拟监狱实验。在实验中,津巴多用抛硬币的方式将大学生志愿者分为两组,一组担任犯人,一组担任狱卒,并且这些志愿者必须穿上符合各自身份的衣服,担任"犯人"的大学生会被关进牢房,而担任"狱卒"的大学生则负责看管"犯人"。在实验中,第一天的情境是非常愉快的,每个人对自己"新的身份"都在逐渐适应,但在实验的第二天就出现了"狱卒"羞辱"犯人"的场景,有一些"狱卒"开始制定残酷的规则,而"犯人"们则开始变得崩溃、造反甚至冷漠。实验进行到第六天的时候已无法再继续,因为无论是"狱卒"还是"犯人"甚至是研究者都进入了角色之中,甚至出现了一些病理学的症状,因此实验不得不立刻中止。由此我们可以看到,社会角色对个体行为模式的重要影响。

四、社会控制

社会控制指的是在任何社会里,预防人为越轨行为的技巧和策略。那何谓越轨行为呢? 在社会学家的描述中,越轨行为指的是破坏规范或者违反群体与

---

① 莎士比亚:《莎士比亚四大悲剧》,孙大雨译,上海译文出版社,2006,第 139 页。

② 李长贵:《社会心理学》,台湾书局,1973,第 186 页。

③ 奚从清、俞国良:《角色理论研究》,杭州大学出版社,1997,第 6 页。

社会期望的行为。①从这个定义中我们不难发现,社会学家用越轨这个词语并没有任何贬损的意义,而是一种中性的表达。事实上,几乎每一位社会成员都可能是越轨行为者,因为越轨并不是说这个行为是坏的,而是说人们用否定的态度对待这种行为。可以说,越轨行为是人类普遍存在的现象,根据功能论的视角,越轨行为不仅具有负向作用,其实也具有正向作用。同时,有些越轨行为有时也是被人们所接受的。但如果社会中出现了过多的越轨行为,社会系统就会发生紊乱,因此社会需要社会规范维持秩序,社会规范为每一位社会成员做了基本的指导,即怎样扮演好自己的社会角色,同时社会需要一套体系来强化这种规范,即社会控制。

社会控制可以分为正式社会控制和非正式社会控制。正式社会控制指的是由具有权力的单位执行,像警察、医生、雇主、军官等。比如法律的制定就是我们最为熟悉的正式社会控制的典型。非正式社会控制则包括微笑、皱眉、嘲笑等。比如在高档餐厅中就餐的儿童,会被要求保持安静和遵守各种礼仪,如果儿童发出尖叫,随同的父母可能会用语言制止,而周围的就餐者则可能用皱眉来表达不满。

社会控制体系中最核心的是认可,人们可能会对符合社会规范的行为表达肯定性认可,相反也会对不符合社会规范的行为表达否定性认可。但认可的范围很广,几乎可以说是从皱眉到法律制裁等。另外社会控制的方法既可运用到团体也可延伸到社会层面,比如从众与服从。从众与服从在前文中第二节我们有具体描述,社会学家斯坦利·米尔格拉姆指出从众与服从是社会控制的两个重要层面,并定义从众为和同辈一样的行动,服从则是对阶级结构中具有较高权威者的依从。

五、社会群体

社会群体是社会生活的核心,有时也被称为社会团体,指的是两个及两个以上拥有相似规范、价值观及期望,并因持续互动或社会关系结合起来而进行共同活动的集合体。社会群体往往拥有一些最基本的特征,包括成员之间有明

---

① 理查德:《社会学与生活》,赵旭东译,世界图书出版社,2011,第91页。

确的交往关系;存在持续性的互动;拥有较为一致的群体意识和群体规范,以及共同行动的能力。

社会群体被分为初级群体和次级群体。初级群体是查尔斯·库利(1909)首次提出的,他将初级群体定义为以面对面交往与合作为特征的群体。初级群体的规模往往比较小,但在关系上更为亲近,所以被视为亲密与共的小型团体。比如家庭和朋友圈,家庭和朋友圈的互动,帮助我们建立起身份认同,让我们清晰地看到我们是谁。

次级群体规模较大,同时更具有匿名性,更正式和非个人化。一般而言,次级群体是基于某种共同利益或者活动而组成的,其成员也是基于某种特定的角色进行互动。比如大学中的班级、社会中的某一政党、军队中的战友群、志愿组织等。次级群体对于社会成员的作用主要体现在维持一种关系,进而促进某种目标的实现,因此可以说如果没有次级群体,社会也是无法运转的。

根据隶属关系,社会群体被分为内群体和外群体。内群体即我们认同并隶属的群体,与之相对的则是外群体。一般而言,个体往往对内群体有忠诚感,对外群体有对抗感,至此,我们将世界区分成了"我们"和"他们"。而这本身也会导致冲突,比如众所周知的"九一一"事件,在该事件过后,基地组织成为美国的外群体。

除此之外,还有一个非常重要的名词,即参照群体。参照群体是个体用以自我评价的一个标准。比如我们的家庭、我们的老师、同事、邻居、朋友等。参照群体对我们的生活有重要影响,或者说这本身就是我们社会化历程中的非常重要的部分。

在今天网络迅速发展的时代,虚拟世界也是非常重要的社会群体。尤其是在中国,网红、流量、爆款、抖音等各种新名词冲刷着人们的头脑,比如"口红一哥"李佳琦仅仅依靠在网络上试用口红,说一句 OMG 就可以让推荐的口红卖断货;明星周杰伦的粉丝会因为"他微博超话排名都排不上了,转发评论都没过万"而被激起,日夜不眠为其做数据。这些事例都让我们看到了虚拟世界作为社会群体的影响力。

那么社会群体是如何发生作用的呢?

社会学家认为社会群体起作用的机制主要在于群体规模、群体思维、领导力等因素。社会学家奥尔格·齐美尔用"二人组"来指代最小的社会群体,包括婚姻、亲密朋友之间的关系等,并指出"二人组"其实是不稳定的,因为只要有一方没有兴趣,群体就会解散。当社会群体升级为"三人组",相对来说,会更增强稳定性。大致的规律是随着一个小群体逐渐变大,稳定性会越来越强,但是亲密性会越来越弱。随着群体规模的不断扩大,社会群体会趋向于一种更为正式的结构,同时内部也会出现一些相应的社会角色,进行维持某种框架。因此,群体规模对社会群体成员之间的关系、群体成员的态度与行为都会产生影响。

群体思维指的是高内聚力的群体认为他们的决策一定没有错误,为了维持群体表面上的一致,所有成员必须坚定不移地支持群体的决定,与此不一致的信息则被忽视,即群体决策时的倾向性思维方式。1986 年美国航天飞机"挑战者号"的悲剧、二战期间美国对于日本偷袭珍珠港的预判等事例都是群体思维的后果。社会学家们认为防止群体思维的关键是实现研究及信息最广泛的传播,即尝试让不同的观点得到自由的表达。防止群体思维几乎是社会学家一致的观点,因为如果不阻止群体思维,对社会的危害是不可预估的。

六、人口与城市化

人口的议题尤其是人口与城市化的问题是很多学科研究的重点,不可否认这的确是影响地球生死存亡的问题,因此不同学科通过不同视角都做了很多的分析与预测。比如生物学家们研究繁殖的本质,人口学家分析人口的结构等,社会学家们更多的是从社会的习俗、价值观以及社会形式的影响来研究人口。

1798 年马尔萨斯出版了其最著名的著作《人口论》,马尔萨斯在书中指出"世界人口增长的速度远远大于食物供给的增长速度",并提议应通过人口控制来缩小人口增长和食物供应不足之间的差距。在当代,虽然人口增长和食物的增长没有马尔萨斯当时那么严峻,但是世界人口的增长总数依旧很高,从1800 年世界人口第一次达到 10 亿到 2019 年的 75 亿,只用了 200 多年的时间,人口总数就迅猛增长了 65 亿,在每天结束之时,世界的人口都比之前又多出了至少 24 万人。然而与之相对的却是人口增长的区域不平衡,体现在低度工业化国家人口的过度增长，以及高度工业化国家人口的缓慢增长。为什么会出现这种情况？这正是社会学家们研究人口增长的视角。

首先是社会习俗与价值观，比如妇女的地位需要依靠生育能力来体现，古代的中国也有类似的场景，一个女人需要通过自己有很强的生育能力，尤其是有很多个儿子来体现自己的价值；同时一个男人也需要通过自己有多个儿子来体现自己家族香火的旺盛。

其次是社会影响，很多低工业化的国家，会将孩子视作经济财富，因为这些孩子在小小的年纪就需要外出做工，从而影响家庭的收入。在这些国家里，由于政府不能提供很好的社会保障，当父母生病以及老去无法工作的时候，就需要子女的支持与照顾，而拥有较多孩子的人，可以依靠的力量就越大，这也成了人口增长的动力。

人口迅速增长带来了很多现实的冲突，比如需要提供对应人口数量的劳动岗位、交通设备、医疗教育资源等，在低工业化的国家里，人口的迅速增长往往会导致本来就落后的生活水平再次降低。同时，全球人口的迅速增长也带来了很多全球性的危机。

在人口不断增长的时候，城市化的速度也变得很快，世界上有越来越多的人生活在城市，也造成了城市化的进程不断加快。据预测，到2025年，城市居住者的数量将会达到50亿。社会学家路易斯·沃斯（1938）指出："城市居民生活具有匿名性，人们之间互不来往，只是擦肩而过。"并且认为这种关系破坏了社会控制和社会团结的传统基础，造成了人与人之间关系的疏离感。但与此同时，人对关系向往的动力又促进城市居民去开启新的关系模式，比如寻找社群，建立群体内部的认同感和支持感。

城市化进展带来的最大的问题就是本书要谈论的核心问题，即环境问题。城市扩展已经侵占了很多国家周边的田地与森林，同时加剧了各种环境问题。比如巴西，每年有超过230.67万公顷的热带雨林因为农作物和家畜而被破坏。这些环境问题也是我们在第二章即将要重点讨论的。

第四节　环境危机下的社会心理

从前文中,我们不难看出,关于社会心理的研究是非常丰富的,无论是哲学领域、社会学领域还是心理学领域,都在不断尝试去厘清这一概念并分析社会心理的影响。哲学研究社会心理的目的在于研究人,通过对个体、群体心理现象的分析去定义人的本质和根本属性,去分析人的价值和人生意义;社会学研究社会心理的目的在于看到群体以及人际交互的影响;心理学研究社会心理更多关注的是个体、个体的人生阶段与发展等。简而言之即哲学看到的是"人类",社会学看到的是"人群",心理学看到的是"个人"。这些研究对本书作者都非常有启发,梳理关于社会心理的研究史,我们看到关于社会心理这一词语定义得最为清晰的有两位人物,一位是哲学家普列汉诺夫,一位是社会学家勒庞。普列汉诺夫指出社会心理是"一定时间、一定国家的一定社会阶级的主要情感和思想状况,这种情感和思想状况乃是社会关系的结果"[1]。社会学家勒庞在其著作《乌合之众:大众心理研究》中描述社会心理是群体和集体表现出来的心理,是群体和集体的意识反映。[2]另外社会心理学中的不同取向,即社会学取向和心理学取向,又给予了社会心理研究以不同视角。

综合前人研究,笔者认为社会心理是特定历史时期特定社会存在于人们内心的社会意识呈现。从起源上说是人们对社会结构和社会运行等社会发展现状较为直接的反映;从形式上看包括个体心理现象(如态度、信念、价值观)和群体心理现象(如感染、模仿、社会舆论)。从这个定义出发,社会心理既是特定社会存在的反映,也必定呈现出与环境危机相关的各种问题。从环境危机下的社会心理分析环境保护问题,是一种新的尝试;从环境危机下看社会心理,也必定是一种集合了哲学、社会学、心理学的综合性描述。

---

[1] 普列汉诺夫:《普列汉诺夫哲学著作选集》(第一卷),三联书店,1962,第372页。
[2] 古斯古斯塔夫·勒庞:《乌合之众》,严雪莉译,凤凰出版社,2011,第3页。

一、环境危机下社会心理的综合表征

当前环境危机已经被视为影响人类身心健康的重要因子，英国历史上出现的"伦敦雾"、中国出现的"癌症村"都充分显示了环境危机和人类健康的相关联系。随着经济的快速增长，越来越多的城市和农村都正在经历着愈演愈烈的环境危机。比如农村居民面临的化肥和农药的过度使用造成的土壤水体污染物残留；城市居民面临的地下水污染及糟糕的空气等。环境健康的风险越来越大，人群遭遇环境危险的概率越来越高，这些都导致了不仅局限于群体身体层面的困境，也促发了社会群体在社会心理层面的各种状态。

（一）认知层面

个体的行为往往受到个体内在认知过程的支配与影响，个体在面临环境危机时如何认知，具体包括：对造成环境危机的原因进行理性分析；对环境危机造成的后果进行预估；对如何预防环境问题等作清晰判断等。这些认知体系层面的分析是应对环境危机的重要理论基础。

然而从目前来看，社会群体对于环境方面的健康认知显然是有很大缺陷的，多数民众对于环境问题能有基本的认知，即认为生态环境与个体和群体的身体健康极具相关性，但由于我国目前依旧处于发展中国家水平，民众整体对生态环境的认知度不高，能为改善环境健康提供专业决策和提供相关服务的专业人员非常稀少，这些直接导致了在认知层面的错位，即对生态环境与身心健康的整体认知是有的，但具体如何去做，如何在日常行为中去体现，尚是一条非常遥远的道路。

（二）情绪层面

情绪是人对客观事物是否符合其需要所产生的态度体验或心理状态，人们在认识或者改造客观事物的时候总是伴随着这样那样的认知从而产生相对的一种态度。在生态环境层面，不同的社会群体在情绪情感层面会有很大的不同。事实上，很多环境危机也的确是与贫穷相关，不同的主权国家也会因为利益冲突导致在应对环境危机时有着不一样的情绪及态度。

很多时候，媒体的报道会诱发社会群体对环境问题产生更多的关注或者情绪，有时候这些情绪是正向的，有时候也有负向的内容。比如对于全球变暖或者动物保护的报道相比较"癌症村"或者重大污染事件的报道就更能引起社会群体的广泛关注及情绪体验。

另一方面,环境危机也的确引发了社会群体很多不良的情绪体验,比如面对空气污染时的焦灼与紧张;经历噪声污染时更容易被激怒;陷入重大自然灾害中的无助与彷徨;科技发展迅速导致的负面效应引发的恐慌情绪等。

(三)行为方式层面

行为是主体的活动或者对环境的反应,个体的行为方式取决于个体对客观事物的认知与情绪情感。近些年,经过国际环境组织以及我国政府、环保组织、媒体等多方面的引导与教育,对于环境问题的相关认知得到了一定的普及,然而受到整体教育水平的限制,我国大众在生态环境方面的行为方式依旧值得特别关注。牛津大学地理学院教授 Anna Lora Wainwight 在其论文《"癌症村"的人类学研究:村民对归属责任感的认识与应对策略》中描述"'癌症村'中的村民得知农药是危险的,有可能诱发癌症,但他们在喷洒农药时仍然不穿防护服,清洗空的农药喷洒箱用的水源也用于清洗蔬菜"。不难看出,在"癌症村"这样一个环境问题下,个体的行为方式也成了导致环境进一步污染的路径。研究者景军就甘肃市民对污染反应的发展进行了分析,结果显示,甘肃市民对于只有当污染与"死胎"等生育问题联系在一起时,才能极大触动人们"付诸行动"。

二、环境危机下社会心理的突出特点

从前文中对社会心理的定义我们不难看出,社会心理从社会存在而来,历经个体群体个性化的加工与凝聚,自然也会呈现出不同于其他个体心理状况的特点。正如勒庞在《乌合之众》中所说,在这个时代,群体的无意识行为取代了个体有意识的行为。所以,对社会心理展开分析应该摒弃单一的个体心理学眼界,从更为宏观的视角与社会时代背景去作更深入的分析。社会心理绝不是个体心理的简单相加,它以个体心理为基础,同时也更多地反映着社会的影响。

(一)主观能动性

马克思主义认为:人具有主观能动性。人们会根据自己的主观能动性去确定自己的需求和需要，"无意识"一词源于精神分析学派的鼻祖弗洛伊德，也被称为潜意识，弗洛伊德认为潜意识由于不能为我们的意识所接受而被我们有意地压抑于潜意识心理领域之中，也就意味着社会心理的呈现具有个体自我意识和无意识部分的双重规则。面对生态问题，民众是选择冷漠还是选择反抗，更是具有主观能动性。比如同样是面临环境被破坏，企业、被污染物造成重大损失的民众、政府等往往会有很多不同的选择。

（二）时间变化性

人是社会环境的产物，决定了不同时代的人们具有不同的心理活动内容和行为倾向，亦即具有不同的社会心理。社会心理反映了社会存在，社会存在本身就是在不断发生变化的，因此社会心理就好像是一个社会的晴雨表，勾画出了一个时代的"精神气质"，反映了具体时代具体社会运行的不同特点。以我国为例，从新中国成立到改革开放，从改革开放之初到今天取得丰硕成果，社会心理也随之发生了很多变化，人们逐渐拥有了更多的开放的心态、更多包容的心理等。面对自然环境，社会心理也从"征服自然"到"人与自然和谐相处"再到"人与自然和谐共生"，随着时间而逐渐发生变化。

（三）主体选择性

人们的社会心理并不是模糊的、不可捉摸的，而是有其本质和规律。社会心理能够给予特定对象选择和关注，它会根据社会主体的本身意识、情感、感官、兴趣、动机、人格等进行选择。古人常说的"视而不见听而不闻"就是这个意思。每一个社会主体都会根据自身的经历，自身各方面的因素与社会现实相结合，做出对自身社会生活的不同选择，产生不同的社会心理并用其指导着个体需要，从而调节自身来适应社会发展和变化，选择他们认为最好的生活，积极地迎接新的社会生活。社会学家赖特·米尔斯曾在其著作《社会学的想象力》中指出"个人只有通过置身于所处的时代中，才能理解他自己的经历并把握自身的命运"。尤其是面对环境问题，作为影响全球最深的公共议题，是每一个社会成员不可回避的。

（四）内容复杂性

社会心理的复杂性包括社会心理系统的复杂性和社会主体自身的复杂性。在整个社会心理系统形成机制过程中，包括三个阶段：社会认知阶段—社会情感阶段—社会精神阶段。在每个阶段都有复杂的心理过程,它们之间是互相交织和联系的,并形成了一个整体的链条,所以整个社会心理形成机制的过程就是一个复杂的心理过程。而社会主体作为社会中的成员对社会现象有着不同的心理反应和感受。不同的社会主体,其差别包括年龄、性别、职业、阶级、国家等,他们或多或少都影响着社会心理的形成,造成不同的社会主体有着不同的社会心理。面对环境危机,不同主权国家、不同社会群体、不同地理区域等这些因素都会让本就复杂的社会心理变得更为复杂。

三、环境危机下社会心理的功能

群体即为了实现共同目标与利益,以一定方式联系在一起进行活动的两个以上的集合体。我们每个人都生活在群体之中,并且在群体中满足了我们归属的需要、交际的需要、认同与尊重的需要、增强自我力量感的需要等。因此群体不可避免地会产生相对一致的普遍存在的共同的心理状态与心理倾向,即群体心理或者社会心理,在面对环境危机时,不同群体的社会心理也具有自身独特的功能。

(一)导向功能

马克思在《路易·波拿巴的雾月十八日》一书中精辟地论证了民众的特别是农民的社会心理,使得波拿巴这样一个平庸至极的人物能够成为法国皇帝,并扮演了历史英雄的角色。在马克思、恩格斯看来,社会心理不仅是支配人们行为的动因,而且深刻地影响着社会历史发展的进程。在《中国社会各阶级的分析》一文中,毛泽东生动地刻画了各个阶级对革命的社会心理,并一针见血地指出了各个阶级的社会心理对他们的革命态度和行为的深刻影响。环境危机下人们的社会心理也具有类似的导向功能,但这种导向往往会是两个方向,一个是顺从的方向,一个是逆反的方向。

(二)中介功能

社会心理是连接经济基础和上层建筑的中介,任何社会心理变化的背后均可折射出物质的动因。用普列汉诺夫的话说:"社会的心理适应于它的经济"。任何一个社会都在特定的经济基础上建筑着适合于它的意识形态的上层建筑,但经济状态并不是直接转化成包括全部意识形态的上层建筑,而是要通过社会心理这一中介，将社会心理对社会生活的反映呈现和作用于包括全部意识形态的上层建筑。在生态环境领域的社会心理直接感受着人与环境实践的变化，这些变化所自发的心理感受会通过情绪、行为等影响着生态环境领域的上层建筑。

第三章 环境危机对个体心理
和行为的影响

　　经历140多个国家的全球性探险奇遇,世界顶尖的成功导师、畅销书作家理查德·卡斯威尔在《全球大趋势——意识拯救世界》一书中这样写道:"我们活在一个疯狂的世界,麻烦不断的世界——冲突、饥饿、不公正和社会不平等比比皆是。地球生态系统仿佛中风了、得了心脏病或是被隐形的癌症所困扰。环境恶化,气候变热,地球正频繁地经历着地震、海啸、飓风和洪水这些病痛;但是,问题并不在于此,而在于我们大多数人的脑子里被赚钱和享受生活充斥着,就好比我们刚在泰坦尼克号上预订了躺椅和饮料,沉船事故却在数小时内发生了。"①

　　生态环境是人类赖以生存的家园,生态环境一旦遭到破坏,环境危机下无人能幸免。环境危机对人的心理及行为的影响几乎无处不在:空气污染引发了社会更多的负面情绪;高温在无形中增加了人们的攻击性;噪音会使人们产生焦虑、厌烦、易怒等不愉快的心情,除此,它还会降低儿童的学习能力和阅读能力;过快的城市化进程导致了拥挤、人际冲突的增多及更高的犯罪率;自然灾害的突发性及剧烈程度也会引发个体的应激反应,甚至产生急性应激障碍或创伤后应激障碍;人为造成的科技灾害,对人的心理和行为产生的影响更为持久,相应地,灾难又可引发更多的强迫思维以及对灾难的回忆,它将使受害人普遍体验持续性的精神痛苦,并长期处于恐惧、紧张、不安和无助之中⋯⋯

---

　　① 理查德·卡斯威尔:《全球大趋势——意识拯救世界》,周虹、张瑞译,中华工商联合出版社,2012,第5页。

第一节　自然灾害对心理和行为的影响

一、自然灾害的基本特征

(一)自然灾害的概述

自然灾害是人类赖以生存的自然界中所发生的异常现象,到目前为止,人类还未能阻止自然灾害的发生。从时间维度来看,自然灾害分为两类。其中,一类是快速发生的灾害过程,另一类则是缓慢发生的灾害过程。[①]有些灾难发生的时间持续很短,几天甚至几分钟就会完结,但它却威力巨大,给人类造成的严重后果难以估量。对于那些快速发生的灾难,人们往往无能为力,亦即非人类能力所能企及的,其发生之速甚至人类根本来不及反应。因此,人们通常把这类快速过程通称为快速发生的自然灾害。

美国联邦应急管理局(FEMA),亦即美国负责救助遇难者的机构,对之给出了相关外延性定义,即由……飓风、龙卷风、暴风雨、洪水、满潮、风动水、海啸、地震、暴风雪、干旱等所构成的灾害称之为自然灾害。在现实生活中,这种灾害的破坏性十分严重,以至于总统都认为应该进行必要的灾难援助。而我们对自然灾害的认定就包括上述的所有极端天气。倘若气候模式的变化会带来严重破坏或灾变的话,即可被看作这种灾难。[②]自然灾害从类型上可分为地质灾害、气象灾害、洪涝灾害、海洋(水文)灾害、农林(生物)灾害等方面。

事实上,地球的生态系统是非常脆弱的。地球提供给我们水、能源与其他资源,而我们回馈的却是污染与破坏。我们大量的工农业生产活动,正在改变大气圈的成分,从而对气候、陆地生态系统和海洋生态系统构成潜在的严重影响。人类活动的发展,使之不断地扩展版图,现在这种行动甚至已伸展到原本

---

① 陈颙、史培军:《自然灾害》,北京师范大学出版社,2008,第42页。

② 保罗·贝尔、托马斯·格林等:《环境心理学》,朱建军、吴建平等译,中国人民大学出版社,2009,第195—200页。

不适合人类居住的地方。显然这无疑也增加了人类遭受自然灾害袭击的可能，加重了维持生命的生物和地质生态系统的负担，以致使人类社会成了自然灾害的承灾体。

（二）自然灾害的主要特征

1. 突然性。全世界每年发生的破坏性自然灾害非常多。近几十年来，自然灾害的发生次数还呈现出递增的态势，而自然灾害的发生时间、地点和规模等的不确定性，又在很大程度上增加了人们抵御自然灾害的难度。

2. 摧毁性。有些自然灾害的破坏性巨大，但一般持续的时间也较短，有时也具有可预测性。全球每年发生可记录的地震约 500 万次，其中有感地震约 5 万次，造成破坏的近千次，而里氏 7 级以上，即足以造成严重损失的强烈地震，每年约发生 15 次。干旱、洪涝两种灾害造成的经济损失也十分严重，全球每年可达数百亿美元。

3. 不可控性。自然灾害属于地球上的自然变异，引发于由大气圈、岩石圈、水圈、生物圈共同组成的地球表面或深层环境中，当然它也包括由于人类活动而诱发的自然变异，而且这种变异无时无地不在发生。当这种变异给人类社会带来危害时，亦即构成严重的自然灾害时，它就并非人力所能轻易改变。由于人与自然之间始终充满着矛盾，只要地球在运动、物质在变化，只要有人类活动的存在，这种人为造成的自然灾害就不可能消失。

4. 具有最低点。大多数灾难都有最低点。所谓的最低点指的是灾难的形势可能达到的最坏点，过了这个点之后，灾难造成的威胁便开始消退，接下来便进入恢复阶段。随之，人们的注意力也将放到次级应激源以及重建工作上去。

可能影响受害人反应的灾难特征

● 生命威胁

● 受伤

● 目睹伤害或死亡

● 亲人或朋友受伤或死亡

● 社区的准备状况

● 社区的社会凝聚力

● 财政损失

● 财产或财务损失
● 与家庭分离

二、自然灾害对心理及行为的影响

由于某些原因,对自然灾害的研究常常是很难有十分理想的结果的,因为灾难往往无法准确预测。而人们的研究则常常始于灾害事件发生之后,很难获得人们在灾难之前的相关信息, 这就使得研究者很难对灾难前后人们的心理及行为变化进行对比性研究。即便如此,在遭遇诸如大地震等严重的灾难事件时,在人们历经了一般生活中不会遭遇的危机状况时,也会出现一些日常生活中罕见的反应。一旦出现这种情况,有些人会变得冷漠、麻木,因而对环境与他人较少会有敏感的情绪反应;有些人心理反应则会较为突出;甚至有些人还会出现不舒服的身体症状。因此,我们把这些情绪反应与躯体症状统称为应激反应。

(一)应激反应(stress reaction)

1. 什么是应激反应

令人不愉快的刺激所唤起的心理紧张, 抑或各不相同的反应状况称为应激反应（stress）,而引起应激反应的环境刺激则称之为应激源①或应激事件(stressors)。这个解说清楚地告诉我们:应激包含主观反应和客观刺激两个方面。从客观方面说,首先要看客观刺激的性质与强度是否有可能对主体构成威胁或干扰;从主观方面说,还要看主体的认知评价和承受力。因此也可以说,应激是主体应付环境挑战时出现的一种不平衡心理现象。一般来说,当主体感到面临挑战而应对能力不足时,就会产生这种应激反应。

应激反应是刺激物同个体自身的身心特性交互作用的结果, 而不仅仅由刺激物引起, 此外它还与个体对应激源的认识、个体处理应急事件的经验有

①应激源即紧张性刺激物,通常分为三类:灾变事件、个人应激源、背景应激源。灾变事件是指势不可挡的应激源,如自然灾害、战争、重大技术事故(核事故、火灾、毒气或原油泄漏、空难、海损等技术性偶发事故);个人应激源指引起应激的事件和一些烦心的日常琐事;背景应激源指的是持续重复的日常干扰,如工作压力、每天上下班赶路、拥挤、噪声、空气污染、缺乏安全感和控制感所引起的恐惧和紧张气氛等。

关。①例如,对于一名马拉松运动员而言,应激来自比赛对体力的极限挑战;对于驾车去往公司路上的上班族而言,应激来自交通堵塞时的争执及随之而来的焦虑和气恼;对于参加高考的学生而言,应激来自考试过程中的突发状况及对考试结果的担忧。这表明,应激对不同的人意味不同。个人的感觉、对事物和境遇的不同理解,及个人的应对经验等,都强烈地影响着人们对各种事件的反应情况,同时也影响着这些事件所产生的应激水平。

当人们谈到应激时,常常想到的都是有关消极、负面的影响,实则不然,应激同样也存在对人有利的一面。属于正面情况时,人在应激状态下能激发出潜在的能量。例如,当众演讲就需要一些应激,演讲者处于适当的紧张状态,反而有更出色的表现。此外,应激带来积极还是消极影响,还取决于应激源属于良性刺激(eustress)还是负面刺激(distress)。②良性刺激来自令人振奋的事件,如当人们意外中巨额彩票或受到意想不到的提拔或嘉奖,此时成功和成就感会给人们带来积极影响;而当人们遭遇失去、失败、工作负担过重、被批评、无力应对事态等经历时,相应地,这些负面刺激就会对人们产生消极影响。

2. 应激反应的过程

各种应激源引起的个体非特异性反应,包括生理反应和心理反应(行为反应和情绪反应)两大类。塞利(Hans Selye,1956)的相关研究证明,在应激状态下,主体会经历一系列反应。他将这些反应概括为三个阶段:警戒反应阶段、抗拒阶段及衰竭阶段,总称为一般适应症候群(general adaptation syndrome),简称GAS。

个体在产生应激反应的初始阶段,首先会对应激源进行主观认知评价,视其对自身构成的威胁程度而定。认知评价又会受其个人心理因素(智力、动机、知识或经验)以及对特定刺激的认知(如对刺激的控制感、预见性、紧迫性)两方面的影响。个人的相关知识丰富,控制能力强,把该刺激评价为威胁的可能性较小,从而引发的应激反应水平就低。反之亦然,在把刺激评价为高威胁的

---

① 杨治良:《简明心理学词典》,上海辞书出版社,2007。
② 罗伯特·彭斯:《缓解紧张——处理应激增进健康10法》,新华出版社,2005,第3—4页。

情况下,个体就会依次出现警戒、抗拒反应。

(1)警戒反应阶段。警戒反应阶段是应激反应的最初阶段,是由应激源的刺激引起的,并伴随着一系列生理和心理方面的变化。下丘脑是控制应激反应的关键部位,应激的生理反应主要是由下丘脑活动的变化引起的。当下丘脑接受大脑皮层传来的有关应激源的信息时,脑垂体接收大脑皮层发出的对应激源评价的电信号,分泌出一种叫做促肾上腺皮质激素的化学物质,这种化学物质通过血液循环扩散到全身的各组织器官,肾上腺皮质接受了这种化学物质后,就会分泌出一种叫肾上腺皮质激素的化学物质,并随血液循环扩散到全身各组织器官,于是引起机体的一系列紧张的生理和心理反应,如心率加快、呼吸加快、皮肤温度下降、皮电位发生变化、血糖含量升高,等等。同时伴随着一系列心理上的变化,如紧张、恐惧、愤怒、悲伤、思维狭隘、缺乏自信心,等等。如果应激源在短时间内消失,或是通过自我调节、自我控制,机体很快就会恢复到正常状态;如果应激源持续存在或缺乏自我调控能力,警戒反应将会使机体的生理和心理变化升级,警戒症状逐渐消失,进入应激反应的第二阶段——抗拒阶段。

(2)抗拒阶段。在抗拒阶段,全身的各组织器官将全部动员起来,应付当前的应激状态。在这一阶段,机体竭尽全力地与应激状态进行抗击并试图通过与紧张状态抗争,恢复原有的正常状态。如果机体所做的努力获得了成功,机体将重新恢复到正常状态;如果努力失败,由于机体大量的能量消耗,会使其再度表现出生理和心理上的不适,于是进入应激状态的最后阶段——衰竭阶段。

(3)衰竭阶段。这一阶段的主要特征就是生理和心理上衰竭。因为在抗拒阶段,机体已经耗费了大量的生理能量和心理能量,继续损耗机体便会受到严重的损伤。但并不是说进入衰竭阶段,机体就不再消耗能量,而是消耗的能量相对减少了。衰竭是机体生理和心理上的深层自我防御,是一种自我保护反应。尽管如此,由于长时间的能量消耗,机体变得反应迟钝了,各器官的免疫能力也在不断下降。如果在这一阶段不知道如何保养和调理,很容易引起各种生理疾病。如果个体的心理承受能力脆弱的话,也可能引起心理和行为异常,严重者会引起精神病。

从前面的叙述中可以看出,应激的三个过程不一定在一个人身上相继出现，有的人在警戒反应阶段就摆脱了应激状态所引起的生理和心理上的不良反应，有的人可能会持续到抗拒阶段。如果应激源过强或个体自我调控能力很差，就很可能持续到衰竭阶段。自我调控能力在应激的调适中起着相当重要的作用。调节能力强，就能很好地处理应激引起的各种生理和心理上的反应；调节不好，应激反应持续的时间就会长一些。

3. 灾后应激反应的具体表现

（1）躯体症状：应激生理反应通常表现为交感神经兴奋、垂体和肾上腺皮质激素分泌增多、血糖升高、血压上升、心率加快和呼吸加速等。灾害后应激反应的躯体症状如下：

表3-1　灾害后的躯体症状

疲倦	发抖或抽筋
失眠	呼吸困难
做噩梦	喉咙及胸部感觉梗死
心神不宁	恶心
记忆力减退	肌肉疼痛（包括头、颈、背痛）
注意力不集中	子宫痉挛
晕眩、头昏眼花	月经失调
心跳突然加快	恶心、拉肚子

（2）情绪反应：

① 害怕：很担心地震会再发生，害怕自己或亲人会受到伤害，害怕只剩下自己一个人，害怕自己崩溃或无法控制自己。

② 无助感：觉得人们是多么脆弱，不堪一击；不知道将来该怎么办，感觉前途茫茫。

③ 悲伤、罪恶感：为亲人或其他人的死伤感到很难过、很悲痛；觉得没有人可以帮助自己；恨自己没有能力救出家人；希望死的人是自己而不是亲人；因为比别人幸运而感觉罪恶。

④ 愤怒：觉得上天怎么可以对我这么不公平；救灾的动作怎么那么慢；别

人根本不知道我的需要。

⑤重复回忆:一直想到逝去的亲人,心里觉得很空虚,无法想别的事。

⑥失望:不断地期待奇迹出现,却一次一次地失望。

⑦希望:期待重建家园,希望更好的生活将会到来。

4.灾后疏解情绪与缓和身体症状的方法

面对如此大的心理冲击,在灾害发生后,尽快让我们恢复日常的生活状态至关重要。首先就是要尝试接受现实的状况、抚平情绪的伤痛以及缓和身体上的不适。以下就是一些简便的方式让我们可以用来帮助自己。

●不要隐藏感觉,试着把情绪说出来,并且让家人与孩子一同分担悲痛

●不要因为不好意思或忌讳,而逃避和别人谈论的机会,要让别人有机会了解自己

●不要勉强自己去遗忘,伤痛会停留一段时间,是正常的现象

●别忘记家人和孩子都有相同的经历和感受,试着与他们谈谈

●一定要保证充足的睡眠与休息时间,与家人和朋友聚在一起

●如果有任何的需要,一定要向亲友及相关单位表达

●在伤痛及伤害过去之后,要尽力使自己的生活作息恢复正常

●工作及开车要特别小心,因为在重大的压力下,意外(如车祸)更容易发生

面临重大的灾难,压力使人们产生一些短期的症状,以上的反应都是人类正常的应激机能,很多人的症状都会有所缓解。虽然有些症状将会持续一段时间,但是它们没有严重到影响正常工作和生活的地步。但有时因为创伤过于强烈,例如一个人经历或目击到死亡,或受到死亡的威胁及严重的伤害,这些可能会使人们产生更为强烈的反应,如极度的害怕、无助或恐惧感。若即刻发生严重的心理障碍多为急性应激障碍,在各种心理症状持续出现一个月后,才演变为创伤后应激障碍(PTSD)。此两种情况可能需要专业人员进一步协助。

(二)急性应激障碍(ASD)

1.什么是急性应激障碍

在灾害事件发生时,幸存者会很快出现极度悲哀、痛哭流涕等状况,进而发生呼吸急促,甚至短暂的意识丧失等反应。幸存者初期为"茫然"阶段,以茫然、注意狭窄、意识清晰度下降、定向困难、不能理会外界的刺激等表现为特

点。随后,幸存者可以出现变化多端、形式丰富的症状,包括对周围环境的茫然、激越、愤怒、恐惧、焦虑、抑郁、绝望,以及自主神经系统亢奋症状,如心动过速、震颤、出汗、面色潮红等。这种异常的心理反应,称为急性应激障碍。

急性应激障碍(Acute Stress Disorder, ASD)又称为急性应激反应(Acute Stress Reaction),是指对创伤等严重应激因素的一种异常的、快速的精神反应。这种反应以急剧、严重的创伤事件作为直接原因,患者在受刺激后立即(1小时之内)发病,表现有强烈恐惧体验的精神运动性兴奋,行为有一定的盲目性,或者为精神运动性抑制,甚至木僵。其症状往往历时短暂,预后大多良好。

多数患者发病在时间上与精神刺激有关,症状与精神刺激的内容有关,其病程和预后也与及早消除精神因素有关。本症不包括癔症、神经症、心理因素所致生理障碍和精神病性障碍。可发生在各年龄期,多见于青壮年,男女发病率无明显差异。

急性应激障碍的流行病学研究很少。仅有的个别研究指出,严重交通事故后的发生率大约为13%—14%;暴力伤害后的发生率大约为19%;集体性大屠杀后的幸存者中发生率为33%;严重的灾害事件(如地震、海啸、空难、大型火灾等)的幸存者中发生率可高达50%以上。

2. 急性应激障碍的诊断与鉴别

急性应激障碍的患者在受刺激后立即(1小时之内)发病,症状往往在24—48小时后开始减轻,一般持续时间不超过3天。急性应激障碍还有一种临床亚型,称为"急性应激性精神病",是指由强烈并持续一定时间的心理创伤性事件直接引起的精神病性障碍。以妄想、严重情感障碍为主,症状内容与应激源密切相关,较易被人理解,而与个人素质因素关系较小,一般病程时间不超过1个月。

所以,急性应激障碍与创伤后应激障碍的区别,主要是在病程的时间上。急性应激障碍在灾害事件后马上发病,其病程为灾害事件发生后的一个月以内。而创伤后应激障碍是在灾害事件后发病,而症状已经持续一个月以上。如果症状存在时间超过4周,要考虑诊断为"创伤后应激障碍"。

(三)创伤后应激障碍(PTSD)

2008年5·12汶川大地震后,对于亲历者来说,"精神余震"仍然在继续,似乎永无停歇之日。有的出现挥之不去的闯入性回忆,灾难发生一刻的情境不断出现在眼前;有的频频遭遇梦魇,在痛苦梦境中不断挣扎;有的仿佛仍然处于地震发生时的状况,并表现出当时所伴发的恐惧、紧张等情绪反应;有的处于持续的焦虑中,警觉性非常高,一有风吹草动拔腿就跑。据统计,此次经历地震的成年人中有32%—60%的人患有创伤后应激障碍,而未成年幸存者中这一比例可达26%—95%。除幸存者外,目睹灾害的救援部队、医护人员和志愿者也可能成为创伤受害者。根据对1800余名参与救援的军人调查发现,4.25%的人确诊患有PTSD。部分志愿者在之后几个月无法关灯入睡,在震后数年仍担心石块掉落,这些都是需要历经长时间的心理治疗和重建的症状。

1. 什么是创伤后应激障碍(PTSD)

创伤后应激障碍(posttraumatic stress disorder,PTSD)指对创伤等严重应激因素的一种异常的精神反应,它是一种延迟性、持续性的心身反应,是由于受到异乎寻常的威胁性、灾难性心理创伤,导致延迟出现和长期持续的心理生理障碍。

PTSD最初是用来描述各类创伤性战争经历后的种种结果,也称为“战争疲劳”。后来发现,在个体经历威胁生命事件之后都可能出现。其引发原因可以从自然灾害、事故到刑事暴力、虐待、战争。这种压力既可以是直接经历,如直接受伤;也可以是间接经历,如亲眼看见他人死亡或受伤。但几乎所有经历这类事件的人都会感到巨大的痛苦,常引起个体极度恐惧、害怕、无助感。这类事件称为创伤性事件。

许多创伤后的幸存者恢复正常生活所需时间不长,但一些人却会因应激反应而无法恢复为平常的自己,甚至会随着时间推移而更加糟糕,这些个体可能会发展成PTSD。PTSD患者通常会经历诸如做噩梦和头脑中不时记忆闪回,并有睡眠困难,感觉与人分离和疏远。这些症状若足够严重并持续时间够久,将会显著地损害个人的日常生活。

2. 创伤后应激障碍的临床表现

创伤后应激障碍(PTSD)是一种由于接触到极大的创伤压力所导致的心理失调。根据中华精神科学会于2000年颁布、2008年修订的《中国精神障碍分类与诊断标准》(第3版)(CCMD-3)介绍,创伤后应激障碍有一些独特的界定特征和诊断标准。这些标准包括：①遭受对每个人来说都是异乎寻常的创伤性事件或陷入类似处境；②反复重现创伤性体验（病理性重现）；③持续的警觉性增高；④对与刺激相似或有关的情境的回避；⑤社会功能受损；⑥持续时间至少一个月；⑦排除情感性精神障碍、其他应激障碍、神经症、躯体形式障碍等。《精神疾病诊断和统计手册》认定的创伤后应激障碍的典型症状有三种，即重新体验、回避和警觉性增高。

（1）重新体验症状。PTSD最具特征性的表现是在重大创伤性事件发生后，患者有各种形式的反复发生的闯入性创伤性体验重现（病理性重现）。患者常常以非常清晰的、极端痛苦的方式进行着这种"重复体验"，包括反复出现以错觉、幻觉（幻想）构成的创伤性事件的重新体验（flashback，症状闪回，闯入性症状）。此时，患者仿佛又完全身临创伤性事件发生时的情境，重新表现出事件发生时所伴发的各种情感。患者面临、接触与创伤性事件有关联或类似的事件、情景或其他线索时，常出现强烈的心理痛苦和生理反应。患者在遭受创伤性事件后，频频出现内容非常清晰的、与创伤性事件明确关联的梦境（梦魇）。在梦境中，患者也会反复出现与创伤性事件密切相关的场景，并产生与当时相似的情感体验。患者常常从梦境中惊醒，并在醒后继续主动"延续"被"中断"的场景，产生强烈的情感体验。

（2）回避症状。在创伤性事件后，患者对与创伤有关的事物采取持续回避的态度。回避的内容不仅包括具体的场景，还包括有关的想法、感受和话题。患者不愿提及有关事件，避免相关交谈，甚至出现相关的"选择性失忆"。患者似乎希望把这些"创伤性事件"从自己的记忆中"抹去"。在遭遇创伤性事件后，许多患者存在着"情感麻痹"的现象。从外观上看，患者给人以木然、淡漠的感觉，与人疏远、不亲切、害怕、罪恶感或不愿意和别人有情感的交流。患者自己也感觉到似乎难以对任何事物产生兴趣，过去热衷的活动也无法激起患者的兴趣，患者感到与外界疏远、隔离，甚至格格不入，难以接受或者表达细腻的情感，对未来缺乏思考和规划，听天由命，甚至觉得万念俱灰，生不如死，严重的则采取自杀行为。

（3）警觉性增高（易激惹）症状。PTSD的人们可能会处在一种持续的警觉或唤醒状态中：他们可能会出现睡眠障碍（难以入睡、易惊醒），具有过分的震惊反应,易激惹或易发怒,注意力难以集中,过度警惕(总是担心发生某些事情)。他们被看作是过分反应者,并把周围世界视为危险的、充满威胁的环境,对于并不强烈的刺激做出强烈反应。

根据诊断标准,只有当足够多的症状在灾难以后持续出现一个月以上,并且这些症状的严重程度已影响到了正常的生活,患者才可以被诊断为"创伤后应激心理障碍"。需注意的是,有的人尤其是救援人员的症状可能会出现延缓,他们可能会在灾难发生六个月或更长的时间之后才出现反应,他们也需要及时得到治疗和帮助。

特别值得一提的是,PTSD 患者的自杀危险性远远高于普通人群,达到19%。这是因为 PTSD 患者不但具有自身独特的症状学特征,还常常伴有不同程度的焦虑、抑郁情绪,某些患者其严重程度甚至达到合并诊断情绪障碍的标准,包括抑郁症、焦虑症等。此外,由于 PTSD 患者警觉水平的提高,使得患者对自身躯体健康状况的关注度加强,并伴发严重的睡眠障碍,相关研究表明,约60%的 PTSD 患者至少共病国际睡眠障碍分类中的 1 种,或 DSM-Ⅳ① 中的3 种睡眠障碍。同时长期的精神紧张和失眠也会加重机体的生理负荷,增加了诸如高血压、冠心病、消化性溃疡、肿瘤和其他心身疾病的发病风险。这些躯体因素与心理因素相互作用的结果,往往会进一步降低 PTSD 患者对心理创伤和社会生活压力的应对能力,加深他们的主观绝望感,从而增加了他们的自杀风险。

3. 创伤后应激障碍的危机干预与治疗

PTSD 是一种延迟性的心身障碍,对其采用的干预措施是心理干预和医学干预。危机干预只是针对其心理危机,如自杀倾向和伤害他人。危机干预的目的是预防疾病、缓解症状、减少共病、阻止迁延。干预重点是预防疾病和缓解症状。对幸存者、死难者亲属、参与救援者均可进行危机干预。目前,使用较广泛、干预效果较好的危机干预技术主要包含以下几种:

---

① 《精神疾病诊断与统计手册》(The Diagnostic and Statistical Manual of Mental Disorders, 简称 DSM)由美国精神医学学会出版,是一本在美国与其他国家中最常被用来诊断精神疾病的指导手册。自从出版以来,DSM 历经五次改版(Ⅱ、Ⅲ、Ⅲ-R、Ⅳ、Ⅳ-TR)。

（1）应激免疫训练（Stress Inoculation Training，SIT）

应激免疫训练是最早被系统阐述的，用于处理强奸受害者的方法。目的在于通过教会个案一些技巧，帮助她们更好地控制自己的恐惧。SIT 一般分为两个阶段。第一阶段为进入正式治疗的准备阶段。这一阶段，治疗者会教给个案一些 PTSD 的知识，让其理解自己恐惧和焦虑的根源，以及创伤性质和创伤后的反应等；第二阶段主要是教授个案应对技巧，如肌肉放松、呼吸调节、潜在矫正、角色扮演、想法停止以及自我对话训练等方法。当个案熟练掌握这些技术后，再处理与创伤相关的行为。个案循序渐进地依次逐个完成目标行为，在这个过程中每天还需坚持进行情绪评估，以便治疗师掌握个案的治疗进程，在必要时做出调整。

（2）系统脱敏疗法（Systematic Desensitization，SD）

在心理治疗师的帮助下，患者首先回忆较为轻微的创伤性记忆，如事物、人物或场景。与此同时，治疗师教患者运用肌肉、肢体和呼吸的渐进放松法调节情绪上、身体上和心理上对于这些创伤性记忆的反应。然后，心理治疗师引导患者逐步回忆越来越强烈的创伤性经历，并让患者使用放松术调节身体和心理的反应。

（3）暴露技术（Prolong Exposure，PE）

在以往的 PTSD 个案治疗报告以及严格控制的治疗研究中，系统脱敏都被证明是有效的，但这种方法并未被广泛运用。主要源于 PTSD 患者往往因害怕与创伤相关的刺激，因而不得不设置很多系统脱敏等级，导致治疗效率下降。而暴露技术则让患者直接面对他们所恐惧的情境，或处于创伤性记忆中不可回避，并坚持相当长的时间。当患者的恐惧、焦虑等负面情绪到达峰值后会自然下降。

暴露疗法在治疗的初期往往会使患者产生心动过速等生理不适体验，部分患者甚至会因此而产生逃避行为。因此需要让患者充分地了解快速暴露疗法的原理和方法，并与患者一同制订治疗计划。对不同患者的暴露速度要在事先有比较准确的估计，否则治疗容易失败。在治疗的后期，即疗效的巩固和维持，主要取决于患者的信心、毅力和坚持。

（4）认知行为疗法（Cognitive-behavioral Therapy，CBT）

认知和行为的这种相互作用关系在 PTSD 患者身上常常表现出一种恶性循环，即错误的认知观念导致不适应的情绪和行为，而这些情绪和行为也反过来影响认知过程，给原来的认知观念提供证据，使之更为巩固和隐蔽，使症状越来越严重。因此，在认知治疗中，治疗者常常通过一些行为矫正技术来改变患者不合理的认知观念。这种技术不仅仅针对行为本身，而是时刻把它同患者的认知过程联系起来，并努力在两者之间建立一种良性循环的过程。

Marks（Marks et al.，1998）比较了暴露疗法、认知重建、暴露合并认知重建以及放松训练 4 种治疗方法。试验者一共 87 人，所经历的创伤并不完全相同，77 个人完成了治疗，52 个人完成了 36 周的追踪调查。结果发现：总体来说，暴露治疗、认知重建、暴露合并认知重建优于放松训练，而前三种治疗之间并无明显差异。在六个月后的追踪调查中，治疗效果仍得到保持。①

（5）眼动减敏及重整法（Eye Movement Desensitization and Reprocessing，EMDR）

眼动减敏及重整法（EMDR），是一种可以在短短数次晤谈之后，便可在不用药物的情形下，有效减轻心理创伤程度及重建希望和信心的治疗方法。可以被减轻的心理创伤症状包括"长期累积的创伤痛苦记忆""因创伤引起的高度焦虑和负面的情绪"及"因创伤引起的生理不适反应"等。因接受 EMDR 治疗可以建立起的正面效果，则包括"健康积极的想法"及"健康行为的产生"等。

在一次 EMDR 的疗程中，通常患者被要求在脑中回想自己所遭遇到的创伤画面、影像、痛苦记忆及不适的身心反应（包括负面的情绪），然后根据治疗师的指示，让患者的眼球及目光随着治疗师的手指，平行来回移动约 15—20秒。完成之后，请患者说明当下脑中的影像及身心感觉。同样的程序再重复，直到痛苦的回忆及不适的生理反应（例如心动过速、肌肉紧绷、呼吸急促）被成功地"敏感递减"为止。若要建立正面健康的认知结构，则在程序之中由治疗师引导，以正面的想法和愉快的心像画面植入患者心中。

---

① David H.Barlow：《心理障碍临床手册》，黄峥、徐凯文等译，中国轻工业出版社，2004，第 78 页。

EMDR 的基本理论假设为：人会遭遇到不幸的事件，但人们也有一种内在的本能去冲淡和平衡不幸事件所带来的冲击，并从中学习使自己成长。

EMDR 的治疗程序包括了以下八个阶段：

① 病史检验。在第一个阶段，要评估患者是否适合接受此疗法，并制订出合理的治疗目标和可能的疗效。

② 准备期。帮患者预备好进入重温创伤记忆的阶段，教导放松技巧，使患者在疗程之间可以获得足够的休息及平和的情绪。

③ 症状评估。用相应的 PTSD 量表，评估患者的创伤影像、想法和记忆，分辨出何者严重，何者较轻。

④ 敏感递减。实际操作动眼和敏感递减阶段，以逐步消除创伤记忆。

⑤ 植入。以指导语对患者植入正向自我陈述和光明希望，取代负面、悲观的想法以扩展疗效。

⑥ 观照。把原有的灾难情况画面和后来植入的正向自我陈述和光明想法在脑海中连接起来，虚拟练习以新的力量面对旧有的创伤。

⑦ 准备结束。准备结束治疗，若有未完全处理的情形，以放松技巧、心像、催眠等法来弥补，并说明预后及如何后续保养。

⑧ 疗效评估。总评疗效和治疗目标达成与否，再制订下次的治疗目标。

（6）小组治疗（Group therapy）

主要是安排有相同的心理体验、压力感受、焦虑感的 PTSD 患者，通过小组活动进行交流，使这些"同病相怜"者获得相互的社会支持，这有助于降低小组成员的孤独感，使他们更有信心，感到充实。在治疗过程中，心理师与组员一起分享经历，加深理解。组员之间讲述自己的故事和感受，互相支持，讨论如何应对，面对现实而不是过去。严重事件集体减压（Critical Incident Stress Debriefing，CISD），就是小组治疗的一种形式。

除急性应激障碍、创伤后应激障碍外，还有许多与重大灾难有关的心理困扰或心理疾病，如短暂精神病性障碍（BPDMS）、重度忧郁或哀恸反应；创伤后应激障碍（PTSD）；神经症；心身障碍或心身疾病；药物或物质滥用；其他精神障碍。

第二节　科技灾害对心理和行为的影响

一、科技的负面作用

科学技术是第一生产力，三次科技革命极大地推动了人类社会的空前发展。以蒸汽机的发明为主要标志的第一次技术革命始于 18 世纪 60 年代，它带动了棉纺织工业、钢铁工业等工业产业的发展；第二次技术革命开始于 19 世纪 70 年代，它的主要技术标志是电气化，推动了电力、化学、石油开采和加工、汽车与飞机制造等工业的发展；第三次技术革命开始于 20 世纪 50 年代，以原子能、微电子技术、电子计算机、遗传工程等领域取得的重大突破为主要技术标志，由此兴起了包含电子工业、核工业、航天工业、激光工业、高分子合成工业等新兴产业。

科学技术的进步不但为人类带来了巨大的物质财富，也创造了无与伦比的精神财富。科学技术是人类文明的标志，科学技术的进步和普及，为人类提供了广播、电视、电影、录像、网络等传播思想文化的新手段，使精神文明建设有了新的载体。它对于丰富人们的精神生活、更新人们的思想观念、破除迷信等具有重要意义。

然而科技的发展带给人们便利的同时，也带来了灾难。英国著名物理学家史蒂芬·霍金教授警告世人称：人类正面临一系列致命危险，而这些危险也恰恰是人类自己造成的。霍金所指出的致命危险包括核战争、全球变暖、基因工程病毒等。霍金教授认为，不断进步的科学技术将创造出更多"新的可能错误"。

二、科技灾害对心理及行为的影响

科技灾害与自然灾害同样会造成不可预见、不可控制并且会产生强烈的生理痛苦、心理应激及严重的社会混乱。由于科技灾害是人为导致的，相比自然灾害，它对人的心理和行为所造成的影响往往更漫长、更持久，如越南战争、美伊战争、三里岛核污染事件、爱运河公害、煤气大爆炸等。另一方面,技术性灾害与自然灾害发生的原因有着很大的不同。自然灾害是环境变化引起的自然现象,而技术性灾害往往是人为因素造成的,有时它们甚至是人类公然蔑视生命而酿造的恶果,如战争和核事件等。由于人类的失误、贪婪导致的罪恶更不容易被原谅,更易引起人们的强烈愤慨。

科技灾难的受害人普遍体验着长期的精神痛苦,包括情绪障碍。灾难可引发更多的强迫思维以及对灾难的回忆。研究发现:强迫思维及创伤后应激障碍与人为灾难有关;急性应激障碍与 PTSD 经常同时发生,或者说前者是后者的一部分。科技灾难除了给受害者带来悲痛,还会导致其行为受限、控制感丧失以及伴随这些状态的其他问题。①

在遭遇科技灾难后人往往会呈现出以下状态:

(1)焦虑。对灾难场景的恐惧以及对灾后生活方式改变的担忧。

(2)退缩或麻木。灾后冷漠、麻木的情绪情感。

(3)抑郁。丧失感,内疚、自责、自罪感。

(4)与压力有关的躯体病症。身体系统功能紊乱、疼痛。

(5)没有目的的愤怒。发现自己变得不安和易怒。尤其得知灾难由于人为原因造成时,人们会更加愤怒。虽然找到责任方,但灾难已经发生无可挽回。

(6)倒退。退回到早期的行为阶段,孩子更为明显。

(7)噩梦。梦中频繁出现事故中的场景。难以入睡、睡眠质量不高、易惊醒。

(一)剧烈污染

1984 年 12 月 3 日凌晨,印度中央邦首府博帕尔的美国联合碳化物公司的一家农药厂发生异氰酸甲酯(MIC)毒气泄漏事件,约有 150 余万人受到影响,直接导致 3150 人死亡,5 万多人失明,2 万多人受到严重毒害,近 8 万人终身残疾,15 万人接受治疗。

第二次世界大战时期,为迫使日本投降,美国向日本的广岛和长崎投掷了

---

① 程麟、张玲:《生态文明视野下的环境心理学应用研究》,中国水利水电出版社,2018,第 132 页。

两枚原子弹。原子弹爆炸时产生的强烈光波,使成千上万人双目失明,10亿度的高温使整个城市化为乌有,放射雨使一些人在之后的 20 年中缓慢走向死亡;长崎市 1/2 的人口当日伤亡或失踪,建筑物有六成以上被毁。即使幸存下来的人也饱受癌症、白血病和皮肤灼伤等辐射后遗症的折磨。但更多的是心灵的创伤,永远无法平复。①

在三里岛核污染事件中,2 号反应堆失灵,具有放射性的气体散发到空气中。这种现象持续了几天,才被工人发现。可此时,三里岛周围区域内,各种生物已经是逃离的逃离,死亡的死亡,造成了很大的危害。此事件发生后,三里岛附近居民一直处于应激状态下。事件发生两年后的研究发现:三里岛附近居民的心理焦虑水平、肾上腺素水平、生理病症均高于其他处居民。一些人担心核爆炸,另一些人担心核电站会彻底完蛋,而其他人则担心核物质大量泄漏。那些试图减少恐慌的信息只能加剧人们的恐慌。毫无疑问,三里岛的灾难给人们带来了巨大压力。研究发现:离工厂最近的人受到的威胁最大,对事件的关注程度最高;事故之后,附近的居民要比其他地区的人表现出更多的心理和情绪问题。有关灾难对三里岛附近居民的慢性影响显示,一些地方的居民在灾后还保持着长达 6 年的精神压力。

(二)战争

战争是一种特殊的社会历史现象,是人类社会集团之间为了一定的政治、经济、能源等目的而进行的武装斗争。战争自出现以来给人类带来了深重的灾难。据不完全统计,第一次世界大战持续了 4 年 3 个月,参战国 33 个,卷入战争人口达 15 亿以上,战争双方动员军队 6540 万人,军民伤亡 3000 多万人,直接战争费用 1863 亿美元,财产损失 3300 亿美元;第二次世界大战历时 6 年之久,先后有 60 多个国家和地区参战,波及 20 亿人口。战争双方动员军队 1.1亿人,军民死亡 7000 多万人,财产损失高达 4 万亿美元,直接战争费用 13520亿美元。

战争给人类带来的伤害是如此巨大,不仅是肉体和物质上的,更是心理上的。战争加剧了弱势群体的脆弱性,尤其是儿童。儿童需要家庭和社会提供养

---

① 李杰卿:《不可不知的世界 5000 年灾难记录》,武汉出版社,2010,第 179—181 页。

育和庇护所,战争则给儿童带来极其严重的破坏性影响。战争中,儿童被拘禁、
奴役、遭到强奸、终身残疾甚至死亡。战争使得成千上万的家庭妻离子散家破
人亡,儿童不得不自谋生路,照顾年纪更小的弟妹,甚至被迫拿起武器。曾在靠
近加沙地带(这里时常有武装组织发射火箭)的一个集体农场度过童年的诺阿
姆、阿迪和阿米尔·马奥兹是如此描述童年生活的:"当警报拉响时,我们要在
15 秒之内跑进最近的掩体。有时这种警报一天多达 8 次,让我们很难正常学
习,这种情况你很难习惯。每次我们都很害怕,有的孩子上课一直在哭,很多人
夜里做噩梦。有时警报响得不及时。一次,一枚火箭就落在离教室门口 5 米远
的地方,屋子里都是碎片。所幸没发生更糟的事。"①

　　战争不仅使得受难者在死亡线上挣扎,在恐惧中生活,同样也给士兵带来
难以磨灭的影响。胡德堡枪击案让人们再次注意到曾在伊拉克和阿富汗战斗
过的美国老兵的心理问题。战争爆发已经 13 年,在即将结束之际,超过 100 万
美国老兵仍在遭受心理折磨。在胡德堡军事基地担任心理健康医师的陆军少
校哈桑,于 2009 年 11 月 5 日在该基地开枪行凶,造成 13 人死亡、30 多人受
伤。在枪击案中哈桑被一名女警击中,导致胸部以下瘫痪。之后军方以 13 项
"故意杀人"罪名对他提出起诉。6 年后同样是在胡德堡军事基地,行凶的枪手
是来自波多黎各的士兵伊万·洛佩斯,在开枪自杀前,他打死 3 人,打伤 16 人。
这一事件的发生再次凸显了残酷军旅生活给士兵造成的心理问题以及难以预
见的后果。美国退伍军人研究中心专家和心理学家克雷格·布赖恩表示,阿富
汗和伊拉克战争对士兵的心理影响多年后仍能感觉到。美国政府已花费约 10
亿美元来预防、诊断和治疗创伤后应激障碍等疾病,然而这一疾病的发病率仍
然不断升高,使得很多士兵无法在和平时期继续工作和重返社会。虽然胡德堡
枪击案让人们注意到士兵心理问题,但在日常生活中,现役和退役军人及其家
属只能默默对抗着抑郁、酗酒和家庭暴力等问题。

---

① 战争中的儿童,http://www.docin.com/p-71641642.html.

第三节 生态环境破坏对心理和行为的影响

一、生态环境破坏概述

生态破坏(ecology destroying)是人类社会活动引起的生态退化及由此衍生的环境效应,导致了环境结构和功能的变化,对人类生存发展以及环境本身的发展产生不利影响的现象。生态环境破坏主要包括:水土流失、沙漠化、荒漠化、森林锐减、土地退化、生物多样性的减少,此外还有湖泊的富营养化、地下水漏斗、地面下沉等。目前有关生态环境破坏对人们心理及行为方面的影响研究并不多,主要集中在大气环境恶化和水圈污染两方面。

二、生态环境破坏对心理及行为的影响

如果没有大气层,地球上的生命将不复存在。它保障了人类的呼吸,形成了我们所适应的气候环境。然而随着气候灾害增多、加剧,全球气候变暖,冰川消融,海平面相应升高,沿海低地受到海水淹没的威胁;大气成分发生不利于人的变化,二氧化碳增加,缓解紫外线辐射的臭氧层浓度降低,地球两极上空臭氧层出现空洞并在加大,还有多种对人类有害的成分也在增加……种种迹象表明大气环境正在不断恶化。对于大气层赖以生存的人类而言影响有多么巨大可想而知。这里我们主要谈谈空气污染和温室效应对人们心理和行为的影响。

(一)空气污染

空气污染的主要来源包括发电站、工厂和机动车辆。常见的威胁健康的污染物包括微小颗粒(PM2.5 和 PM10)、氮氧化物、一氧化碳和臭氧,这些污染物进入空气将会形成有毒物质。比如,燃烧过程中产生的颗粒污染物直径可能低于 2.5 微米,这就意味着它们足以穿越血管,到达肺部深处。小汽车和卡车的有毒气体排放问题尤为严重。柴油发动机产生的氮氧化物和微小颗粒,以及太阳和汽油废气共同作用产生的光化学烟雾已造成过上百万人死亡。空气污染

造成了重大疾病死亡人数的上升。世界卫生组织（World Health Organization，WHO)透露,2012 年,相关疾病已造成 3700 万人死亡。

　　空气污染不仅对人体健康有致命的影响，还对人的心理和行为造成很大的危害。2013 年,"雾霾"①成为年度关键词。这一年的 1 月,4 次雾霾过程笼罩中国 30 个省(区、市),在北京,仅有 5 天不是雾霾天。由于雾霾的普遍性和长期性,因而已成为国内空气污染中的头号杀手。生理上它导致视域缩小和视觉模糊,城市能见度大大降低;心理上导致不快、抑郁、压抑和不满等消极情绪;行为上造成各种口罩热销、机场关闭、公众关注和"路怒症"的增加。

　　1. 空气污染引发负面情绪

　　当空气质量较差时，内控型的人以及那些刚刚从污染较轻的地方到来的人会较明显地减少户外活动，感觉自己能控制形势也会减少污染所带来的挫折感(Evans,Jacobs & Frager,N.B.,1976);数据显示空气污染还会增加人们之间的敌对和挑衅,并减少互相帮助的可能性(Cunningham,1979;Jones & Bogat,1978);长期处于室内污染环境中还会出现抑郁、愤怒以及焦虑等症状(Weiss,1983)。较差的空气质量会增加生活压力引发痛苦的可能性（Evans et al.,1987);雅各布斯等人在 1984 年所做的洛杉矶市民随机调查中发现,抑郁症状一般都与烟雾污染有关; 流行病学研究显示出空气污染水平与精神病院门诊率之间有着紧密联系;有数据显示空气污染甚至还会导致精神紊乱;处于应激状态中的人更易受空气污染的影响。对经历应激事件的回忆常常与污染知觉联系在一起,压力感越强的人越可能因为污染而急躁,一项研究(Evans et al.,1987)表明,那些经历了应激性生活事件的人们会表现出更多的情绪困扰和心理健康方面的症状, 中等污染等级状态下经历应激性生活事件的人群会出现最高水平的不适。基于此,我们可以依据人们对空气污染的反应来推测人们是

---

　　① 雾霾,是雾和霾的组合词。雾霾常见于城市。中国不少地区将雾并入霾一起作为灾害性天气现象进行预警预报,统称为"雾霾天气"。雾霾是特定气候条件与人类活动相互作用的结果。高密度人口的经济及社会活动必然会排放大量细颗粒物(PM2.5),一旦排放超过大气循环能力和承载度,细颗粒物浓度将持续积聚,此时如果受静稳天气等影响,极易出现大范围的雾霾。

否受到影响而觉得有压力。[①]

2. 空气污染影响社会行为

研究显示,空气污染带来的异味至少影响数种社会行为。个人的娱乐行为和多数人的户外互动会受到污染的限制。在一项关于硫化铵和活性酸对人际吸引的影响研究中发现,硫化铵加强了人们与境遇相同的交流对象之间的吸引力。而那些不想和别人打交道的人暴露在有硫化铵或活性酸的空气中时,对别人的评价会低于空气中没有异味时(Rotton,1978)。也就是说两人同处于污染环境时,与环境污染相关的不愉快情绪反而会增强两人之间的人际吸引;而若只有其中一人处于环境污染中,则与环境污染相关的不愉快情绪会削弱后者对前者的人际吸引力;恶臭会降低人们对油画和相片的喜欢程度,降低对乐曲的兴趣(Rotton,Yoshikawa et al.,1978),阿斯缪斯和贝尔(1999)也发现恶臭会使人产生不愉快情绪,助人意愿降低,愤怒及逃避行为增加;臭氧浓度的增加会提升家庭暴力包括虐待儿童的发生率(Rotton & Frey,1985);当非吸烟者处于吸烟环境时,愤怒、疲乏和焦虑等感觉会增加(Jones,1978),对吸烟者给予消极评价,同时其攻击行为和敌意行为也会增加(Jones & Bogat,1978)。[②]

(二)温室效应

美国科幻影片《后天》描述了"明天之后"的未来世界:北半球冰川融化,地球进入第二冰河期,龙卷风、海啸在全球肆虐,整个纽约陷入冰河的包围中。这一切都起源于温室效应,导致全球变暖。温室效应(Greenhouse effect),又称"花房效应",即大气对于地球的保暖作用的俗称。大气能使太阳短波辐射到达地面,但地表向外放出的长波热辐射线却被大气吸收,这样就使地表与低层大气温度增高,因其作用类似于栽培农作物的温室,故名温室效应。自工业革命以来,人类向大气中排入的二氧化碳等吸热性强的温室气体逐年增加,大气的温室效应也随之增强,已引发全球气候变暖等一系列严重问题,引起了世界各国的关注。有效控制温室气体的排放在全球范围内达成共识。

①② 保罗·贝尔、托马斯·格林等:《环境心理学》,朱建军、吴建平等译,中国人民大学出版社,2009,第 231—233 页。

事实告诉我们全球变暖是毋庸置疑的。

雪山融化:非洲最高山脉——乞力马扎罗山的"雪帽"与1912年相比已经缩小了82%;至2025年,阿尔卑斯山的"雪帽"较之100年前将消融90%;1998年至2000年间,秘鲁的库里卡利斯冰川每年消退近155米,较之1963年至1978年首次测量时的消退速度快了33倍。

北极地区海冰量下降:过去30年间,北极地区的年平均海冰量下降了约8%,海冰面积总共减少了98.84万平方千米,比美国得克萨斯州和亚利桑那州两州面积总和还要大。

海平面上升:在南太平洋岛国图瓦卢,海水已经淹没了一片陆地。图瓦卢海域最近出现罕见潮汐,由于全球气候日益变暖,这个四季风景如画的南太平洋小国目前正面临被海水吞没的危险。过去20年间,北极地区的冰层融化导致全球海平面平均上升了约7.62厘米。

全球气温升高:140年来,全球气温上升了0.6℃—0.9℃,科学研究表明,最近100年是过去1000年中最暖和的,所以现在全球气温达到了1000年来的最高值。过去50年间,阿拉斯加和西伯利亚的年平均气温上升了2℃—3℃,阿拉斯加和加拿大西部的冬天气温更是平均上升了2.78℃—3.89℃。见图3-1。

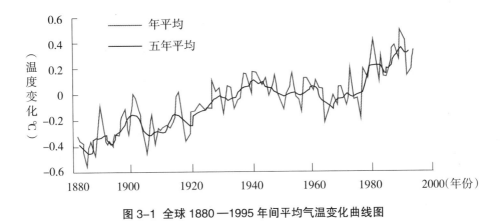

图3-1 全球1880—1995年间平均气温变化曲线图

国际公约的达成:《联合国气候变化框架公约》(United Nations Framework Convention on Climate Change,简称《框架公约》,英文缩写 UNFCCC)是1992年5月22日联合国政府间谈判委员会就气候变化问题达成的公约,于1992年6

月 4 日在巴西里约热内卢举行的联合国环发大会(地球首脑会议)上通过。《公约》是世界上第一个为全面控制二氧化碳等温室气体排放,以应对全球气候变暖给人类经济和社会带来不利影响的国际公约, 也是国际社会在对付全球气候变化问题上进行国际合作的一个基本框架。公约于 1994 年 3 月 21 日正式生效。截至 2004 年 5 月,公约已拥有 189 个缔约方。

1997 年在日本京都举行的《公约》缔约方第三次大会上,通过了旨在限制发达国家温室气体排放量以抑制全球变暖、具有法律约束力的《京都议定书》,首次为发达国家设立强制减排目标, 也是人类历史上首个具有法律约束力的减排文件。《京都议定书》需要被占全球温室气体排放量 55%以上的至少 55 个国家批准,才能成为具有法律约束力的国际公约。中国于 1998 年 5 月签署并于 2002 年 8 月核准了该议定书。欧盟及其成员国于 2002 年 5 月 31 日正式批准了《京都议定书》。2004 年 11 月 5 日,俄罗斯总统普京在《京都议定书》上签字,使其正式成为俄罗斯的法律文本。截至 2005 年 8 月 13 日,全球已有 142 个国家和地区签署该议定书,其中包括 30 个工业化国家,批准国家的人口数量占全世界总人口的 80%。

综上所述,温室效应造成全球变暖是得到全世界公认的事实,而控制温室气体排放是我们势在必行的环保举措。

另一个与温室效应相关的效应是热岛效应。因空调、工业活动和油燃烧放出的废热在城区聚积,水泥建筑和停车场比植被更能吸收太阳热量,高耸的建筑挡住了分散热量的风等种种因素, 市中心一般要比郊区温度高 6℃—12℃。高温的城区处于低温的郊区包围之中,如同汪洋大海中的岛屿,人们把这种现象称之为城市热岛效应。那么高温环境究竟对人们的心理和行为会造成何种影响呢? 以下从高温与作业、人际吸引、攻击与助人行为之间的关系进行分述。

(1)高温与作业。有人研究了在不同环境下高温对作业的影响。在实验室环境中,有的研究者发现高温有损作业,有的发现高温对作业没有影响,而有的则发现高温会改善作业。汉考克(Hancock,P.A.,1986)认为,人体热平衡受到干扰时,在警戒任务中的表现会差,而达到新的平衡后,表现会改善。长时间的高温会损害复杂的心智任务表现,短时间的高温会损害动作任务表现,而且还可能损害或改善警觉任务表现;在工业环境中,一般而言,暴露在这样的工业高温中会导致身体脱水、盐分丧失、肌肉疲乏,这些会降低人们的耐力并损害作业;在教室环境中,有的研究显示,学生的学习成绩随温度上升差异加大,尤其高温对学生影响很大(Pepler,R.D.,1972)。而另有研究发现,高温时,有的学生学习表现变差,而有些学生的学习反而变好(Griffiths,1975);在军事环境中,亚当(Adam,J.M,1967)回顾了英国的军事史,发现所有部队在从温带到热带地区后的 3 天内,有近 1/5 的部队作战能力削弱,伤亡惨重,这和炎热有密不可分的关系。上述研究结果之所以出现不一致和复杂性,那是因为高温与作业的关系还受到其他因素的影响,如唤醒水平、核心温度、注意力、控制感、适应水平等,这些因素的差异都会影响两者之间的关系。

(2)高温与人际吸引。当人们经历极端的高温或寒冷天气而产生不适感时,人际吸引力会下降。格里菲特和威彻(Griffitt,W.& Vietch,R.,1971)的研究证明了这一效应。然而,贝尔和巴诺的研究(Bell,Garnand &Baron,R.A.,1974)则表明,对于评价人而言,被评价人最近曾经赞赏或侮辱过评价人的影响力远远大于温度的影响。另一项关于现实陌生人的研究发现,当人们都承受高温带来的不适感时,高温会减少吸引力;而当人们没有共同承受高温带来的不适感时,高温不会减少吸引力(Rotton,J.,1983)。

(3)高温与攻击行为。在某种程度上,夏天的酷热能增加暴力行为,这个有关高温影响攻击性的假说称为"长夏效应"。许多研究表明,气温越高,警察接到的报案越多(Cohn,1996)。暴力犯罪,包括性犯罪,也随着温度升高而增加(Cohn,1993;Perry &Simpson,1987;Rotton,1993)。消极情感是高温和攻击性之间的中介因素,是说高温和攻击之间存在非线性关系,这一结论是由消极影响—回避模型证实的。该理论认为当炎热达到一定程度时,其带来的不舒服感会增加攻击行为。而极度的不舒适感却会减少,因为在那种状况下人们宁愿逃避而不是攻击。当然也有人提出质疑,认为这是实验室研究中发现的倒 U 形曲线研究方法所造成的假象,正如在实验室中温度对实验对象的影响和在生活中温度对强奸杀人的影响是不同的。在档案研究中发现,温度和暴力犯罪之间存在线性关系。无论如何,这些研究皆证明了一点,即高温和暴力有关。多数情况下,高温会增加攻击性,然而某些情况下,高温和其他环境因素结合会引起逃避高温行为并减少攻击性。

(4)高温与助人行为。该研究资料很少,目前还没有证据证明现实高温与助人行为之间有确切的关系。

综上所述,高温对人的心理和行为是有影响的,躯体通过散发和保存热量的方式对高温和低温做出反应。生理上的反应是增加唤醒,低的唤醒会改进作业,而高的唤醒则会损害作业。在温度和行为的关系中,注意、控制感和适应水平都起到一定的作用。研究者已经发现高温会对吸引力、攻击性、助人行为造成复杂的影响,怎样影响则其他因素有关。低温对攻击性的影响和高温的影响方式类似,在某种情况下低温能增加助人行为。[①]

(三)水资源匮乏及水体污染

1. 淡水资源匮乏

生命起源于海洋,迁移至陆地,所有陆生的"动物和植物"都要依赖淡水生存。然而水圈中最大的问题是淡水资源不足。大约97.5%的世界水资源是海洋咸水,剩余部分为淡水资源。但大部分的淡水以冰的形式存在,人类实际利用的部分仅有0.3%。此外,淡水在地球表面分布不均匀,从而导致在少雨或高蒸发率的地区,淡水缺乏性问题尤为严重。随着经济发展和人口激增,人类对水的需求量越来越大。由于淡水需求的增长速度几乎是人口增长速度的两倍,因此造成长期淡水资源缺乏状态迅速向世界其他地区扩散。[②]世界上有近12亿人口面临着淡水缺乏问题,另外还有16亿人口面临着取水和运水的挑战。其实,在我们日常生活中用水消耗量并不多,而在食物生产、商品制造和发电产能过程中的用水量则是巨大的。每生产一块微芯片需要消耗32升水,生产一个汉堡需要消耗2400升水,而生产一双皮鞋则需要消耗8000升水。所有的国家都在进行着粮食进出口贸易,但其本质是在交易虚拟用水。从1996年至2005年,农业贸易和工业生产需水总量达年均2.3万亿立方米。

---

① 保罗·贝尔、托马斯·格林等:《环境心理学》,朱建军、吴建平等译,中国人民大学出版社,2009,第183—193页。

② 托尼·朱尼珀:《环境的奥秘——地球发生了什么》,张静译,中国工信出版社、电子工业出版社,2019,第78—79页。

　　早在 1973 年召开的联合国水资源会议上，科学界就向全世界发出警告，水资源问题不久将成为深刻的社会危机，世界上能源危机之后的下一个危机就是水危机！确实，当人类面临能源危机时，还可以通过核能发电，甚至在大海里还可以有核聚变的能源，可以利用太阳能、潮汐能。也就是说，在一种能源发生危机时，我们可以找到替代能源。那么水资源发生危机，有什么能替代水吗？没有，到目前为止，没有一种物质能够替代水的作用。如果水发生危机，对人类产生的影响将是非常巨大的。首先，缺水将制约经济发展。农业用水约占全球淡水用量的 70%。水资源短缺会阻碍农业发展，危及世界的粮食供应。工业用水约占全球淡水用量的 20%，缺水会导致工业停产限产。此外，水资源危机带来的生态系统恶化和生物多样性破坏，将严重威胁人类生存。同时，水危机也威胁着世界和平，围绕水的争夺很可能会成为地区或全球性冲突的潜在根源和战争爆发的导火索。

　　2. 水体污染严重

　　水体污染严重更是加剧了淡水资源危机。资本主义产业革命以来，世界的工业生产迅速发展，与此同时，化学工业也逐渐成长和发展起来，现在世界上每年有上千种化学物质问世，而生产它们所产生的各种有毒废物也有数千种之多。这些有毒的物质常常被使用或排放到人类赖以生存的水体中形成污染。从污染的来源看，大致可以分为四类：

　　第一类是农用类：主要包括杀虫剂、除草剂、化学肥料等。

　　第二类是工业类：主要包括各个产业的工业废水。

　　第三类是生活类：主要是各种洗涤剂、生活垃圾、医药用品等。

　　第四类是军事类：主要有各种污染水体的化学武器、核污染等。

　　污染是对水资源最严重的破坏方式，污染物所污染的淡水是它本身的上万倍，一升汞元素可污染十亿升淡水，一千克的镉元素可污染一亿升饮用水，同样，5 千克六价铬或 4 千克砷元素也可污染一亿升淡水，至于 DDT 等有机氯和有机磷农药，由于它们可以通过食物链生物聚集，即使十亿分之几的浓度都可以造成危害。

　　由于生物和水的密切关系，水体污染对生态系统和人类的威胁也最为直接和彻底。污染物可被直接排入水体，被水生生物吸收，从而进入食物链。如：

1953—1956年日本熊本县水俣市因石油化工厂排放含汞废水,人们食用了被汞污染和富集了甲基汞的鱼、虾、贝类等水生生物,造成大量居民中枢神经中毒,死亡率达38%,汞中毒达283人,其中60余人死亡;污染物也可通过大气(酸雨)进入水体进而进入食物链,如:瑞典、挪威等国由于酸雨危害,造成4万多个大小湖泊鱼类死亡;污染物还可通过引水灌溉进入土壤,再经植物吸收进入食物链。如:1955—1972年间,日本富山县神通川流域的骨痛病就是通过这一途径引起的。1999年举办"世界水日"活动之际,联合国的专家发布,在当今世界,还有14亿人在饮用不安全的水,每年因此致病死亡的超过500万人。

淮河是我国的七大水系之一,过去有一首民谣说道:"走千走万,不如淮河两岸",也就是说,淮河两岸是非常富饶的。但是,曾几何时,这条养育了两岸一亿多人民的母亲河,变成了一条藏污纳垢的"毒龙",成了中国中原地区最大的下水道。据1996年的监测表明,淮河干流大部分时间的水质,都处于重污染的状态。淮河流域有191条支流,有一半以上的支流都已经变黑发臭。近年来淮河流域不断地发生重大的污染事故。每次上游水库开闸放水,将工业和农业污水向下游倾泻,都会给沿岸工农业生产造成严重危害。每次重大污染,都会造成沿河鱼类大量死亡,死鱼带一飘就是几千米,工厂也被迫停产。淮河下游的大城市蚌埠和淮南,多次由于水污染造成居民饮水困难。每次发生污染事件,自来水厂只能被迫关闭,蚌埠和淮南全市的矿泉水和饮料被抢购一空。居民上下班也挎着一个塑料桶,带水备用。淮河沿岸居民的癌症发病率特别高。有的地区比正常值高出十几倍到上百倍。淮河流域的许多农村地区的农民,由于喝了被污染的水,肝肿大的情况非常普遍。有的地区十个儿童中,有九个的肝不正常,多年体检,几乎没有一个合格的。水体污染已严重威胁人类的身体健康乃至生命安全,导致人们长期处于焦虑、恐慌的情绪状态中。

第四节　城市化进程中出现的问题对心理和行为的影响

一、城市化进程概述

21世纪,人类活动的规模和深度,将超过过去任何时期。反映人类活动的规模和深度的最重要现象,就是世界人口的城市化。所谓的城市化从狭义上来讲,指农业人口不断转变为非农业人口的过程。而从广义上来说,城市化是社会经济变化的过程,包括农业人口非农业化、城市人口规模不断扩张,城市用地不断向郊区扩展,城市数量不断增加以及城市社会、经济、技术变革进入乡村的过程。

远在一万年前,地球上就出现了第一个有规划的城市中心。1800年,只有2%的世界人口居住在城市。随着时间的推移,数百万的农村居民或是为了更好的生活居住条件,又或许是因为生活在农村微薄的收入所迫而不断向城市迁移;20世纪20年代,第一次世界大战期间,社会混乱致使许多年轻人向城市迁移;20世纪50年代,世界人口居住在城市的仅有30%;而到了20世纪80年代,世界城市人口迅猛增长,其中也包含中国;从1950年到1995年,全世界百万人口以上的城市由83个递增到325个,近乎3倍,超过1000万人口的超大型城市有20个;2007年,城市居住人口首次超过世界人口的一半;预计到2050年左右将新增25亿城市人口,即是说从现在开始,每天将会新增18万城市人口,而其中大部分来自增长迅速的发展中国家。在某些国家,城市的增长速度接近整体人口增长速度的两倍,非洲被认为会是2020—2050年全球城市化发展速度最快的地区。[1] 2001年,时任联合国秘书长安南(Kofia Annan)在《全球化世界中的城市》报告中指出,"世界已进入城市千年,现在人类几乎近

---

[1] 托尼·朱尼珀:《环境的奥秘——地球发生了什么》,张静译,中国工信出版社、电子工业出版社,2019,第38—39页。

一半的人口居住在城市中,预计城市人口的数量将继续保持上升的趋势,特别是在发展中国家"。

城市是经济的引擎,以自然资源为燃料,创造了大量的物质财富,极大地推动了社会的发展,同时也带动了人口从农村迈向城市。但随之也带来了一系列的问题。如:人口膨胀、交通拥堵、环境污染、资源短缺、城市贫困等。城市仅占据地球土地表面的 2%,却消耗着世界上 75% 的自然资源。城市居民对能源、饮用水、食物和资源的消耗量远远高于农村人口,城市人口贡献了世界总消费量的 3/4,但也制造了总废弃物的 1/2。

二、城市化进程中出现的问题对心理和行为的影响

城市化进程中所带来的系列问题自然会对生活在城市中的人们产生极大影响。生活在城市中的居民相较郊区、乡村的居民而言承受了更大的压力。据研究发现城市生活使城市人的步频比乡村人快,而人们的行走速度在一定程度上反映人的紧张状态和压力感。

(一)拥挤

拥挤是由高密度引起的一种消极反应。拥挤情况下,人的血压会升高,汗腺、肾上腺素的分泌都会增加。心理学家卡尔霍恩(Calhoun)认为在限定空间内动物的数量超过该种动物能维持正常社会组织的能力时,动物群体自身就会发生不平衡,从而导致行为堕落现象。影响人们是否产生拥挤感的最主要因素可能是密度。当人口密度达到某种标准,个人空间的需要遭到相当长一段时间的阻碍时,就出现了拥挤感。然而人类的行为除涵盖动物性的一面,还受到认知、人格、社会、文化等多方面因素的影响,因此会更具复杂性与多变性。

1. 短期拥挤研究

(1)高密度反应与性别、情境有关。在一项研究中发现,男性较女性对高密度环境的容忍性较低,相较低密度环境,男性在高密度环境中会体会到更多的消极情绪;而对女性来说,高密度环境并不引起新的心境,只对原有心境起强化作用。女性若在高密度环境中,只要能与其他人和谐友好相处,便能以较合作的方式共处(Freedman et al., 1972)。此种现象在一定程度上源自人类生存的原始属性的延续,男性更倾向于竞争性,而女性更具有合群的社会倾向。

(2)高密度环境导致人具有更强的攻击性。越是拥挤的区域、场所越容易滋生人际矛盾与冲突。实验显示,当空间密度增大时,男性的攻击行为也随之增加,而女性则无明显变化。高密度环境之所以导致更强攻击性很可能与人际距离有关。人际距离代表人与人交往的心理距离,反映双方关系的亲疏远近。美国人类学家爱德华·霍尔博士就人们的个体空间需求大体上可分为四种距离:公共距离、社交距离、个人距离、亲密距离。社交距离是一般人际交往的安全距离,若间距过小会导致个体感到不安和侵入感。另一项研究显示,高密度引起的攻击行为还与资源的多少及分配有关。在儿童实验中发现,如果玩具不够分配给每个孩子时, 想要占有玩具的欲望会因为空间密度的提高而增加攻击的可能性(Rohe & Patterson,1974)。

2. 长期拥挤的研究

即使短暂的拥挤也会给人们带来如此大的影响, 那么倘若长期处于拥挤的环境中,人们又会出现何种反应呢?

(1)长期拥挤与疾病。在以长期被关押的犯人为对象的一项研究中我们发现,关押人数越多,犯人高血压、精神病等发病率越高,死亡率也越高(Paulus,McCain & Cox,1978);另一项研究则表明,在监狱、学校、船舶上的拥挤状况加剧,会导致患病的可能性增加。虽然病情并不严重,但频率会有所增加;同时,社会学的相关研究显示, 社会高密度宿舍的居民相较低密度宿舍的居民去医院就诊的次数更多,但高密度与疾病之间并无显著性相关(Baron et al.,1976)。

(2)长期拥挤与负面情绪。多项研究表明,拥挤会产生负面情绪。过分拥挤情况下,人会产生烦躁、压抑、焦虑、低落等负面情绪;拥挤可能增加失落感,在人与人相互交流中,目光接触的视线水平会持续降低。

(3)长期拥挤与社会行为

①长期拥挤导致人际回避。相比关押的犯人,学生生活有更多自主性和控制力。对学校的走廊式宿舍和成套式宿舍进行对比研究 (Baum & Valins,1977),尽管两者居住面积相等,但由于走廊式宿舍的学生需几十人共用一间浴室、公共卫生间、休息室,造成更多的拥挤,免不了时常进行不必要的接触,这些学生会显示出更多回避他人的倾向, 同一楼层居住的学生彼此极少交往和建立友谊,而更愿意和其他楼层的学生建立联系。

②长期拥挤引发习得性无助。在有关住宅环境拥挤的研究中显示,较居住在低密度家庭中的儿童相比,居住在高密度环境中的儿童任务绩效和控制能力都较差,表现出更明显的习得性无助的情况(Rodin,1976)。

③长期拥挤增加侵犯行为。侵犯行为一般只在男性中产生,并且其情况也不会太严重。同时,密度增大会导致助人行为的减少。

此外,并非所有的拥挤都具有应激性,有些也具有积极影响。如一大堆人在房间里开舞会会感到很兴奋;运动场上观众的欢呼声会激发个人的动力;坐在拥挤的汽车里去郊游和去工作相比是截然不同的。因此,这还与个体的认识评价及拥挤的适应有关。①

(二)高犯罪率

城市环境引发的另一个社会现象是高犯罪率。城市的高犯罪率与环境负荷理论、环境应激理论、行为约束理论、人口过剩等都存在很大的关系。城市环境使相当多的市民缺乏安全感,担心成为受害者。城市的犯罪率不仅较高,在城市高压环境下人也容易变得易怒,处处可见"垃圾人",即心理积压了过多的负面"垃圾"(情绪)无处排解,他们需要地方倾倒,有时候刚好被人碰上,"垃圾"就往人身上丢,它像传染病毒一般迅速传播。国外视频中惊现有人因等红灯不耐烦,故意开着车闯向人行道,不管男女老少见人就撞,肆意碾压,哭声一片,导致近百人受伤。国内也陆续发生此类骇人听闻的事件。浙江温州一火锅店服务员因与客人发生口角,直接将滚烫的火锅底料泼向对方,造成对方身体大面积烫伤;北京发生的女童被摔案,两名男子仅仅因为停车时与一名女子发生争执,其中一名男子便殴打该女子,还将婴儿车中女童摔在地上,女童伤重不治身亡;在网络评论中我们经常看到有"键盘侠"发起网络暴力攻击,这些人的心理状况同样令人担忧,他们也被过多"垃圾"缠身,借由网络肆意攻击他人,宣泄心中的负面情绪。日益恶化的外在环境,层出不穷的犯罪报道,随处可见的"垃圾人",这些因素都会影响城市居民犯罪恐惧感的产生并不断加深。

城市环境之所以引发高犯罪率,或与以下原因有关。其一,城市学家帕尔

---

① 张明:《洞察危机的惊魂——应激心理学》,科学出版社,2004,第62页。

(A.E.Parr)认为,在建筑和人工要素越来越密集的城市内部,每条街道重复同一模式,特别是许多住宅开发区建筑彼此相似,沿街的摩天大楼以及现代化无窗建筑结构都强加给人一种封闭感,城市令人厌烦、单调和缺乏刺激的环境,无聊且盼望寻求刺激的心态在一定程度上是造成青少年犯罪和破坏行为的原因;其二,通常而言,城市中心比边缘有更多的不法行为,无疑是因为中心是密集的,它是有吸引力的焦点,聚居了相当多的一部分人口,其流动系数也较高;其三,互相的冷漠、不援助其他人,这些在大城市中观察到的现象促成了对潜在侵犯者的保护。

(三)食品安全隐患

随着世界人口急剧增长,人们对食物的需求量也在不断升级。在前农耕时代的狩猎采集社会中,人口总数不过百万,而如今的农业可养活全球 70 亿人口。这在很大程度上依赖于农业机械化、杀虫剂和化肥的广泛使用。然而杀虫剂和化肥的大量使用带来粮食产量大幅增长的同时,也带来了巨大的环境危机和食品安全隐患。20 世纪 40 年代,始于墨西哥的绿色革命致力于寻找粮食增产的方法,在五六十年代风靡全球。20 世纪上半叶,哈勃—博施法以天然气和氮气为原料制造氮肥,使得 40 年间,世界粮食产量在农业用地仅扩大10%的情况下却增长了三倍。然而,氮肥的大量使用不仅是导致臭氧层空洞变大的其中一个因素,还是致使大气层中氮氧化物浓度增加的罪魁祸首,而氮氧化物是导致气候变化的第三大温室效应气体。同时,氮还可造成海洋水生环境的变化,危害鱼类及其他野生生物的存活,肥料富集化同样破坏陆地生态环境。不仅如此,环境中大量的硝酸盐化合物还可进入饮用水中危害人类健康,引发"蓝婴综合征"、甲状腺疾病和各类癌症;从 20 世纪 40 年代开始,全球农药销量增长迅猛,如今已增长了 50 倍。农药虽然能有效预防杂草、真菌、细菌和昆虫危害农作物的生长,但同时也伤害了其他物种,包括食用植物昆虫数量的下降和以昆虫为食的鸟类数量的减少,益虫的数量和生殖也备受影响。部分农药富集在食物链中,导致顶层生物的数量下降。同时,害虫体内慢慢蓄积对杀虫剂的抗药性。

食品安全的另一大隐患则是转基因产品。近年来,转基因食品发展十分迅速,生产规模不断扩大、生产品种日趋增多,而关于其食用安全性也备受质疑,并在全球范围内引发了强烈争议。基因化食品改变了我们所食用食品的自然属性,它所使用的生物物质未进行长时间的安全试验,没有人知道这类食品是否安全。不仅如此,不少证据已证实转基因食品对人体健康是有危害的。

那么,转基因食品的危害到底有哪些?研究表明,转基因食品会引发胃肠道及心血管疾病。如:转基因大豆食品进入人体肠道组织处就会被吸收和利用,这就意味着会将我们肠道的细菌转变成为有害的物质。而转基因大豆所生产出的豆油在进入人体后会形成非常多的饱和脂肪酸,继而增加人体血液的黏稠度,引发心血管性疾病。此外,转基因食品还易导致人体出现过敏现象,尤其是对于过敏性体质的人以及孕妇和儿童等。Mayeno,A.N.等(1994)的报告中指出,他们发现一种新的、不明原因的病症,主要表现为嗜酸性肌痛。临床表现有麻痹、神经问题、痛性肿胀、皮肤发痒、心脏出现问题、记忆缺乏、头痛、光敏、消瘦。后查明系日本一公司的基因化工程细菌产生的色氨酸所致。食用者在3个月后发病,导致37人死亡,1500人身体部分麻痹,5000多人发生偶尔性无力。

转基因不仅危害人类健康,而且还会对生态环境造成影响。转基因食品在种植以及生长的过程中与正常的作物有很大的区别,对于周边的土壤以及环境会带来一定的影响。由于转基因食品的营养成分以及微量元素还有各种营养因子都发生了改变,会降低食物的营养价值,而且还会导致营养结构失衡。再者,转基因食品本身还含有杀灭害虫的基因,而害虫可以进化,那么农药根本就无法杀灭害虫,害虫就会大量地繁殖,进而影响生态平衡。

转基因食品存在如此大的安全隐患,造成各国民众惶恐不安。许多国家的政府和民众对于转基因作物大部分都采取坚决抵制的态度。2008年至2009年,法国、德国、希腊、匈牙利、卢森堡、奥地利等国下达了禁令,禁止种植转基因作物。目前,除科学研究外,俄罗斯明令禁止大规模种植或培育转基因动植物,若使用转基因或含有转基因成分的产品(包括进口商品),必须经国家注册。日本只批准了转基因康乃馨的种植。在印度只有棉花是唯一进行商业化种植的转基因作物。美国虽是转基因粮食生产大国,可是国内消费转基因食品却极少。其所种植的转基因大豆、玉米在美国本土主要用于动物饲料和生产酒精燃料,再就是出口发展中国家,包括非洲、中国。近期《国际先驱导报》发表文章

称:美国全面反思转基因技术,转基因技术的发明国美国,已经承认了第一代
转基因技术的失败,并且认为转基因技术对人类健康和自然环境会构成极大
的不确定性危害。

(四)能源短缺

我们人类生产生活离不开能源,能源是人类活动的物质基础。自钻木取火
开始,人类实现了在能量转化方面最早的一次能源革命。从利用自然火到利用
人工火的转变,导致了以柴作为主要能源的时代的到来。蒸汽机的发明是人类
利用能量的新里程碑。人类从此逐步以机械动力大规模代替人力和畜力,它直
接导致了第二次能源革命。物理学家发明了可以控制核能释放的装置—反应
堆,拉开了以核能为代表的第三次能源革命的序幕。随着人类社会的不断发
展,人们对能源的探索也越发多元化。从对动物、木材、风和水能源的依赖,时
至今日已发展到对石油、煤和天然气等化石能源开发利用并以此进行电力生
产、农业耕种、远距离运输等生产活动。然而随着人类对能源的巨大需求不断
持续增长,化石能源等不可再生能源的过度开采导致大部分化石能源在 21 世
纪将被消耗殆尽、难以为继。

人类已面临能源严重短缺的局面。一方面,在所有的世界变化驱动力中,
人口增长也许是其中最重要的一项。美国前副总统、环境学家艾尔·戈尔
(Algore)曾说道:"人口增长正使世界资源接近警戒线。"据估计,全球人口总量
在 2050 年将超过 90 亿。更多的人口意味着对食物、能源、淡水等资源更大的
需求,也因此对自然和大气环境产生更大的压力;另一方面,能源利用量的不
均衡也是造成能源短缺的重要因素。能源消耗量最多的地区是最少地区的数
百倍。如:中国和印度总计 27 亿人口中越来越多的人进入中产阶级,这使得亚
洲的能源使用量整体攀升,超过世界其他地区。与之相对的是非洲仍然处于没
有电网供应系统,无法保障夜晚照明电量供给,医院不能使用冰箱保存药物的
状况。能源紧缺,直接影响到城乡居民的生活。不仅如此,由于化石能源的使用
过程中会新增大量温室气体二氧化碳及其他有害气体污染环境、威胁全球生
态。

因而,人类不得不另辟蹊径转向对更清洁的可再生能源的开发。清洁能源
的诞生,大大缓解了民用燃料供应的紧张局势,诸如非洲缺乏供电系统等问

题,清洁且廉价的电力便能使其迎刃而解。清洁能源是时代的新产物,市场前景极其广阔。如今核能、水力、风能和太阳能等已逐渐开始发挥重要作用,未来将得到蓬勃发展。但可再生能源也面临诸多挑战,如水力的推广应用受各种条件限制,能源储存技术还待进一步提升等。

(五)噪声

噪声是一种主观评价标准,影响人们工作、学习、休息的声音都称为噪声。对噪声的感受因个人的听觉、感觉、习惯等而异,因此噪声是一个主观的感受。一般来说,人们将影响人的身体健康、交谈或思考的声音称为噪声。从环境保护的角度看,凡是影响人们正常学习、工作和休息的声音以及人们在某些场合"不需要的声音"都统称为噪声,如机器的轰鸣声,各种交通工具的马达声、鸣笛声,人的嘈杂声及各种突发的声响等,均称为噪声;从物理角度看,噪声是发声体做无规则振动时发出的声音;而声学中将噪声定义为"振幅和频率上完全无规律的震荡所发出的声音"。有关噪声的研究很多,被试多以儿童和学生为主,还涉及居民和工作人员等。噪声应激源主要来自空港、轻轨、超市、道路交通,少数来自工作场所、建筑施工、宗教节日(印度)、人为高频噪声等。[①]

(1)噪声与消极情绪。高强度的噪声暴露会导致代表应激反应的生理活动增强,生理健康受到影响。多个工业现场调查均显示,高强度的噪声刺激能够造成人们头痛、恶心、烦躁、不安、焦虑、阳痿、情感与情绪的变化。然而,Stansfield 在 1993 年对英国 2398 人所做调查却显示,交通噪声虽引起烦躁但不会导致心理紊乱;噪声暴露还会导致控制感丧失和习得性无助(Glass,D.C.& Singer,S.P.,1972)。

(2)噪声与心理疾病。在社区中,飞机噪声是最普遍的噪声来源之一。Kryter 针对伦敦海斯洛机场附近噪声与心理健康的关系做过一系列研究。虽然研究结果存在相互矛盾的地方,但仍有证据表明,噪声与精神病的发生有正相关,当然噪声并非唯一的致病因素。然而,Stansfield 对喧闹和安静地区人们的心理

---

① 胡正凡、林玉莲:《环境心理学——环境—行为研究及其设计应用》,中国建筑工业出版社,2018,第 163 页。

或情感受扰情况进行比较的结果,并不能为噪声促发精神病提供可靠依据。其实,这并非矛盾,联想精神疾病及心理障碍的病理机制,可能存在噪声与其他因素共同导致了心理疾病的发生。

（3）噪声与作业。实验室的研究资料显示,一般而言,响度范围在90—100分贝的规则的噪声,对简单的体力活动和智力活动没有什么不利影响。可在这个范围内的不可预见性噪声（噪声间隔无规则）,对于警戒任务和记忆任务及需要同时进行两种活动的复杂任务,还是会产生干扰。突发性的、响度大的、不可预见的噪声还会分散人们对任务的注意力,因此,如果这项工作需要高度警觉和集中注意力的话,人就容易犯错误。如果人们觉得能够控制噪声时,噪声对作业的影响就会很小或被克服掉;环境负荷理论也表明,一旦使注意力分散的噪声停止,就会产生疲劳感,需要花费一段时间把注意力集中在要完成的智力任务上。倘若觉得不能控制噪声,开始分散的注意力就多,恢复时间就长,习得性无助出现的可能性就会增加。

（4）噪声与人际吸引。依据社会心理学中人际距离的相关理论,人际距离大小可反映出人际吸引力如何。人们通常离自己喜欢的人近,离不喜欢的人远。Mathews,Canon & Alexander（1974）的实验显示,噪声可以加大人际距离,那么我们可以由此推断噪声会降低人际吸引力;另外一种噪声与人际吸引力的研究与环境负荷有关,噪声影响人们对别人的信息采集量,使得注意力变窄,对别人的关注减少。噪声导致了人们对别人的曲解。

（5）噪声与社会行为。当噪声能够提高唤醒水平或者人们已经产生攻击意图（感到生气）时,攻击行为才会增强。然而,当噪声不能显著地提高唤醒水平（当个体能够控制噪声时）或者个体并没有攻击意图时,噪声对攻击性似乎也起不了什么作用。科恩和斯伯科潘（1984）提出,噪声仅仅是加强或者增加攻击行为,并不引发攻击行为,必须有其他的原因先引发攻击意图,噪声才能影响攻击行为;基于"注意力变窄"（噪声减少了人们对不太重要刺激的注意力,那么如果人们当时有要事在身,就会难以觉察别人的困境）和"情绪"（心情不好会降低助人的可能性）的观点,研究表明噪声能抑制人们的助人行为。但如果能增强对噪声的控制感,在一定程度上就能减少噪声对攻击行为和助人行为的消极影响。

　　以上分别叙述了噪声与消极情绪、心理疾病、作业、人际吸引及社会行为之间的关系,但不可一概而论,不同个体对噪声的反应是有差异的。外向者比内向者更不易被噪声激起烦躁感,外向者更倾向于在吵闹的环境中工作;孩子比成人而言,在嘈杂的环境中更少受打扰,而年轻人与老年人相比生理变化较少。此外,噪音也适用于知觉的习惯化。比如住在高速公路附近的人们,刚开始会感到入睡困难,但过一点时间以后他们就习惯了这些噪声,入睡也就不成问题了。

第四章 环境危机对公众心理和行为的影响

　　生态环境的保护不只是政府部门的工作,良好的生态环境的实现,尚需要全社会的共同努力。事实上,世界环保事业的最初推动力量,除了诸如罗马俱乐部米都斯《增长的极限》及联合国 1972 年斯德哥尔摩第一次"环境与发展大会"外,均米自公众。因为,没有公众的参与,就没有全球性的环境保护运动。① 环保事业,本质上就是"公众事业",是一项全民性的公益事业,离开了公众参与便行之不远。只有广大公众有了环境保护的意识并行动起来,生态环境才会有根本性的改善。从长远来看,环境保护的最终动力也只能来自公众的自觉意识。只有公众自觉意识的确立,才会使环境保护具有可持续性。在此,我们需要了解公众的逻辑内涵和外延。所谓公众,指的是政府为之服务的主体群众。从外延上说,即指传统意义上所说的"人民大众"。环境保护是公众抑或人民大众参与的重要领域。因此,公众是环境保护和治理的重要基础,是生态文明建设的主力军,是促进、推动并打赢环保攻坚战的重要力量,是实现绿色发展、绿色消费和生活绿色化的最终源泉。

第一节　公众环境关心与环保动力

一、公众环境关心

(一)公众环境关心的定义

公众环境关心(Public Environmental Concern),这一概念最早出现在 20 世

---

① 潘岳:《环境保护与公众参与》,《人民日报》,2004 年 7 月 15 日,第 9 版。

纪 70 年代,那时大量研究中都有涉及,但对其定义并未达到一致。弗兰逊把环境关心定义为对那些影响环境的事实、自己和他人行为的评价及态度。班贝格把环境关心定义为社会群体有关环境的知觉、情绪、知识、价值、态度和行为。也有不少学者认为, 公众环境关心等同于公众环境意识(Environmental Consciousness)或公众环境态度(Milfont, 2010)。①

接受最广的定义是邓拉普(Dunlap)提出的,他将环境关心定义为人们意识到环境问题,并支持解决这些问题的程度,或者是指人们为解决这些问题而做出个人努力的意愿程度。邓拉普还认为,环境关心是一个二维概念结构:首先是关心成分,这里是指各种表达方式,也就是态度理论中定义的认知、情感、行为、意图和行为的表达,或者是个体为了保护环境支付更高的价格和税赋的意愿以及对环保政策和亲环境行为的支持;其次是环境成分,涉及实质性的环境问题,这些问题可以按照不同的方式分类,比如根据其生物物理属性,分为污染问题、生存空间问题和资源问题,或是根据其地理范围分为全球问题、国家问题和地区问题等。②

此外,史亚东(2018)结合心理学态度理论以及邓拉普等学者的观点,对公众环境关心的内涵做了重新界定,他认为公众环境关心指的是建立在生态价值观基础上的公众对自身行为影响后果的认知与了解,抑或对解决环境问题的支持程度以及愿意为此做出贡献的意愿程度。进而,史亚东从四个层次就公众环境关心的内涵做了分析,即公众环境关心包含对人类与自然生态环境之间关系认知的生态价值观, 对人类行为造成影响后果的认知与关心,对人类社会为解决环境问题所做努力的支持程度,以及个人对环保做出贡献的意愿程度。③

公众环境关心还可被理解为操作层面上的环境态度。如同态度与行为的关系,环境关心在一定程度上影响着亲环境行为即环保行为。一些研究表明环

---

①③ 史亚东:《公众环境关心指数编制及其影响因素——以北京市为例》,《北京理工大学学报(社会科学版)》2018 年第 9 期。

② 洪大用:《环境关心的测量:NEP 量表在中国的应用评估》,《北京理工大学学报(社会科学版)》2018 年第 9 期。

境关心和亲环境行为表现出一定程度上的一致性:比如在做决定时,环境关心水平高的个体,看起来更加重视对环境造成的影响;反之,环境关心水平低的个体,似乎更关注个人的结果。但也有很多研究并未发现环境关心与亲环境行为之间关系的一致性。有研究表明,尽管美国消费者表达了对环境的关心,但他们并不愿意购买环境友好的产品或是为此支付更高的价格。总的来说,环境关心与亲环境行为之间的关系,取决于中介变量和调节变量的作用,在探讨环境关心和亲环境行为的关系时需要综合考虑这些可能的因素,其中包括对环境问题的结果意识、对环境问题的归因、个体自身的特点及其所处的社会文化的性质等。①

(二)影响环境关心的变量

环境关心是一个潜在的心理结构,时常依附在一个具体的或抽象的对象上,如认知、情感、行为或意图等,它会随着当时的事件发展,以及随着年龄、性别、社会经济地位、民族、城乡居住地、信仰、政治、价值观、人格、经历、教育和环境知识而变化。环境教育有助于增强环境态度。②

1.环境关心水平

公众对公共环境的关心会随着时间的推移而发生变化。一份 47 个国家的调查资料显示:成人对环境的关心在 2007 年是高于 2002 年的(Pew Research Center,2007)。1976—2005 年(除去 90 年代早期),美国高中生的环境关心,特别是大学生的个体责任感,呈现出下降态势,而此时物质主义的价值观则有轻微的上升(Wray Lake,Flanagan & Osgood,2010)。

2.年龄

年龄也是影响环境关心的其中一个因素。一些研究发现,青年人比老年人在环境关心上有更高的水平。"年龄效应"和"时代效应"是环境关心水平降低的原因之一,其中,"年龄效应"仅适用于解释年轻人环境关心的变化,因为其在时间推进的过程中变老,也会相应地降低环境关心的水平(Honnold,1984)。这说明,与青年个体相比,老年个体在环境关心水平上有较大的变化(减弱)性

---

① 苏彦捷:《环境心理学》,高等教育出版社,2016。

② 腾瀚、方明:《环境心理和行为研究》,经济管理出版社,2017,第 41—48 页。

（Wright, Caserta & Lund, 2003）。

而这与国内研究结论则不完全一致, Shen 和 Saijo（2008）对上海的调查研究发现年龄与环境关心呈正相关。而洪大用和肖晨阳（2011）对 CGSS（中国综合社会调查）2010（城市部分）的数据进行多层分析，孙莉莉（2013）对CGSS2006 年的数据进行回归分析,洪大用、范叶超（2015）等对 CGSS2010 的数据利用"巴特尔模型"也进行分析,均证明年龄与环境关心有显著的负相关。①

3. 性别和社会经济地位

西方多数研究认为性别和环境关心存在相关性,虽然女性在"亲环境行为"和环境知识方面不及男性,但女性比男性拥有更多的环境关心。这也反映出环境知识与环境关心二者并非等价。女性较低水平的环境知识可能与缺少对之学习科学的鼓励有关,而高水平的环境关心,可能与高水平的利他主义和对健康及安全的关心相联系（Davidson & Freudenburg, 1996; Dietz, Kalof & Stern, 2002）。

然而,国内现有研究则认为男性比女性有更多的环境关心,如 Shen 和Saijo（2008）、洪大用和肖晨阳（2011）、孙莉莉（2013）等人的研究也都支持该观点。但另一项有关中国公众环境关心的实证研究则发现, 中国女性已经在环境问题感知和环境友好行为方面比男性表现出更多的环境关心, 但男性对环境问题的认知水平仍高于女性。这说明,性别对环境关心的影响是复杂的,这种复杂影响可能需要从社会化和社会结构的变迁中去寻求解释。②

在经济社会地位假设方面,经济社会地位的最重要标志是收入与教育。在西方研究中,经济社会地位对环境关心的影响并没有明确的结论。但国内的相关研究都比较一致地证明收入和教育对环境关心存在正相关性, 且相关性较

---

① 刘素芬、孙杰:《中国居民环境关心的影响因素分析研究——基于 CGSS2010 数据的实证分析》,《环境科学与管理》2015 年第 11 期。

② 问延安、许可祥:《公众环境关心之实证考量》,《中南林业科技大学学报（社会科学版）》2015 年第 12 期。

为显著。①

4. 国际间差异

总体而言，在全球范围内各个国家民众的环境关心呈整体提高态势。Dodds & Lin 在 1992 年所做调查中显示,20 世纪的最后 10 年,中国青少年把污染作为其最关心的问题。西班牙公民把环境主义作为他们信念系统中的"中心元素"(Herrera,1992)。印度的城镇居民把本地空气污染作为主要问题(Dietz,Stern & Guagnano,1998)。欧盟委员会的一份报告则指出,欧盟成员国把气候变化作为世界面临的第二糟糕问题(European Commission,2009)。

但环境水平与结构仍然存在国际差异。Eisler & Yoshida 采用自我报告的方式对四个国家的环境知识评估和在环境行动中的环境保护心理进行了研究,结果显示:日本人虽然有很高的环境知识分数但环境行动不足;德国人和瑞士人认为他们的行为是高度环保的,但德国人对海洋的关注较低;而美国人则体现出很少的环境知识。在对待生态环境的态度结构上,另一项研究发现,美国公民与欧洲的态度结构相似,但与日本不同,若与巴西或墨西哥相比,后者更倾向于把问题视为人类和自然的竞争。洪大用等(2014)采用中国版量表(CNEP)对中国城乡居民环境关心进行了测量,结果显示中美两国公众环境心态体系确实有着趋同的现象,但也存在明显差异,而且中西文化存在差异,或可解释这一现象。此外,对环境问题关注的优先性也有差别。Brechin 在 1999 年所做的研究结果显示,富裕国家的居民可能更多关注全球环境问题,而较不富裕国家则可能更关注的是本土的环境。

5. 城镇、乡村居住者

城市和乡村居住者的环境关心存在一定差异。Bjerke & Kaltenborn 在 1999 年以及 Rauwald & Moore 在 2002 年的研究中发现, 乡村居住者因需要直接使用环境资源,因而更倾向于以人类生产活动为中心,认为自然应当作为消费资源而受到保护;城市居住者则更倾向于生态中心主义,认为自然应该作为它自己而受到保护。德国的一项研究显示,城市居住者较乡村居住者而言,除了在

---

① 刘素芬、孙杰:《中国居民环境关心的影响因素分析研究——基于 CGSS2010 数据的实证分析》,《环境科学与管理》2015 年第 11 期。

行动上较大的口头承诺外,在有关影响环境关心的其他因素上无显著差异;而加拿大的一项研究则表明,城市和乡村居住者均呈现出较高的环境关心水平(Lutz,Simpson Housley & De Man,1999)。

国内相关研究也认同城市居民比农村居民表现出更多的环境关心。洪大用等(2014)通过城乡比较的测量数据分析得出,中国城乡居民环境关心存在差异与趋同并存的现象,这或许与城乡文化存在差异有关,在我国农村地区流行着一些朴素的环保观念和地方性环保知识。聂伟(2014)对城乡居民的环境意识进行了研究,论证了城乡之间具有差异性的社会结构和社会实践,建构了差异性的城乡环境意识。刘素芬和孙杰(2015)通过研究则发现,城市居民比农村居民、东部(及东北部)地区的居民比中西部地区居民的环境关心值更高。①

6. 信仰和政治

有证据显示,信仰也会影响信徒的环境关心情况。如,有研究证实原教旨主义基督教信仰者比其他群体呈现出较低水平的环境关心(Eckberg & Blocker,1989;Greeley,1993;Newhouse,1986;Schultz,2000)。其原因可能与基督教教义有关,《圣经》中指出地球和它的资源是按照人类需要供给的。而其他一些群体则强调人类承担着照顾和保护地球的责任。此外,信仰也与社会和政治问题中的管理有关,一些案例中,信仰能促进人们(特别是少数民族)在诸如环境等方面的社会问题中采取行动(Arp,1997)。

保守的政治,传统上与信仰价值观相联系,能预测环境关心的水平(Eiser,Hannover,Mann & Morin,1990;Schultz,1994)。就美国政党而言,民主党相比共和党更易接受气候变化对于人类的影响(Akerlof & Maibach,2011;Dunlap & McCright,2008)。

7. 人格和价值观

较强的自我效能感是一种人格特征,它与较高的环境关心水平相关(Axelrod&Lehman,1993)。除此,经历中较强的一致性和开放性同样与更多的环境关心相联系(Hirsh,2010)。

---

① 聂伟:《公众环境关心的城乡差异与分解》,《中国地质大学学报(社会科学版)》,2014年第1期。

生物圈价值观、利他主义、后现代主义价值观、后物质主义与物质主义都能预测高水平的环境关心情况。但后物质主义与物质主义更倾向于关心全球，而非本地问题（Adaman & Zenginobuz，2002）。此外，信仰技术的人们或崇尚自由市场的商贾往往呈现出较低的关心水平（Heath & Gifford，2006；Kilbourne，Beckmann & Thelen，2002）。

8. 自然环境的直接经历者

从事自然环境的户外运动，通常来说应体现出更高水平的环境关心水平，事实也的确如此（Hausbeck，Milbrath & Enright，1992；Palmer，1993）。但他们也因户外运动的类型不同而有所差别，如自行车骑行者比沿路驾车者更关心环境；摄影者比户外狩猎者表现出更高水平的环境关心。直接的居住环境同样会影响环境关心。如温暖的本地户外温度似乎能促使人们接受全球变暖。居住在接近废渣处理池或其他废弃物处理地区，将会直接促使当地居民关心与该地区有关的环境。

9. 教育和环境知识

在公众的认知中，环境知识与环境关心是紧密相连的，有关研究结果同样支持该观点。通过阅读、看电影、讨论等非正式方式学习自然知识的孩子和拥有特定环境问题知识的青少年，都表现出更高的环境关心水平（Eagles & Demare，1999；Lyons & Breakwell，1994）。刘素芬和孙杰（2015）在对中国居民环境关心的影响因素研究中发现，教育年限对环境关心存在较强的正向影响，即教育年限越长，其环境关心值越大。延安和许可祥（2015）在对公众环境关心的实证考察中指出，在社会基础的各变量中，环境知识对环境关心各潜在因子的影响最强，其次则为受教育程度。[①] 然而，有些研究结果并没有表现出知识与态度之间有必然联系。一项有关环保志愿者接受专门的环保知识培训的数据显示，是否接受过专门的环保知识培训，与个人目的有显著的相关性。大于20%接受过环保知识培训的人将丰富闲暇生活视为主要的个人目的，且有22%接受过环保知识培训的人认为，他们参与环境保护没有什么目的只是必须做而已。而大于30%未接受过专门的环保知识培训的人却将提升个人服务

---

① 问延安、许可祥：《公众环境关心之实证考量》，《中南林业科技大学学报（社会科学版）》2015 年第 12 期。

意识设为个人的主要目的。在调查中，接受过专门培训的人只占样本数量的15%，这跟现阶段环境保护宣传力度有很大的关系，20%的人表示在接受完环保知识培训后对环境保护认知还是比较茫然。②

环境知识对环境关心的影响还取决于知识获取的方式。阅读报纸的人表现出比观看电视的人更高水平的环境关心，电视观众则不大情愿为环境牺牲他们生活方式的某些方面（Shanahan，Morgan & Stenbjerre，1997）。此外，教育类型对环境态度也有影响。如：在大学里，与环境教育专业学生或参与生态保护项目的学生相比，公共事业管理和技术专业的学生往往显示较低的环境关心和较低的"亲环境行为"承诺（Gifford，1983；Tikka，2000）。但需注意的是，这些学生在刚开始学习时可能就持有不同的环境态度。

二、公众环保动力

公众环境关心实则属于认知层面，是人们环保心理活动产生的最初来源，而公众环保动力则是环保行动产生的根源。在心理学中，"动力"是能量的意思，包括所有决定有机体行为的内在或者潜在因素。它是人类一切活动的根本。精神分析学派鼻祖弗洛伊德认为力比多是人类行为最重要的动力；麦独孤认为动力主要指本能及本能对行为的驱动作用；坎农指出，行为的动力是有机体内部失去平衡后所产生的一种驱动力，从而使个体通过从事一定的行为恢复到一种相对平衡的状态；班杜拉主要从自我效能的程度来阐述动机水平的高低；被称之为"动力心理学家"的勒温对动力的理解是，不仅需要注重需求的作用，同时要注重内在动力与环境的关系；而人本主义心理学家马斯洛则强调自我实现的驱动力、自我实现的倾向，作为一种建设性、指导性的力量，驱动个体不断扩展自我以及做出积极的行为。

（一）获取生态利益

个人理性说认为环保公众参与的动机是以利益取向为主。理由是环境参与的绝大部分行动者都是显在的或隐性的环境污染受害者，抗争的结果少则可以减少受损利益，多则可以获得补偿，甚至可以恢复碧蓝的天空或洁净的

---

① 叶莉、朱海伦：《公众参与环境治理动机探究》，《管理观察》2014 年第 4 期。

水源。①叶莉等就公众参与环境治理的动机进行调查和数据分析,其中,居住地周围风险设施数据显示,居住地周围是否有些令人感到不快的环境风险设施,与参加环境保护的个人目的有显著的相关性。居住地周围有风险设施的人群对参与环境保护的主要原因更为明晰。环境问题与人们息息相关,越是感受到环境污染危害的人参与环境保护的动机就越纯粹和强烈。②当然,个人理性论只能解释部分公众参与环保的动机。然而,正如马克思所言:"人们奋斗所争取的一切,都同他们的利益有关。"环境是人类赖以生存与发展的基础,生态利益作为当代公众利益之不可或缺的部分,必然在社会实践活动中得到他们的关注并付诸行动。正是生态利益及由此衍生的其他利益,促使公众直接或间接参与到各种与生态环境保护有关的生产生活实践活动中。因此,公众积极参与环境保护可以说是在追求和维护自身生态利益基础上的一种环保实践。

(二)遵从社会规范

社会是人的社会,人是社会的人,人与社会不可分。人生活在社会中必然具有社会属性,这也是人的本质属性。按照马克思的基本观点:人的本质,就其现实意义而言,它是一切社会关系的总和。社会发展告诉我们,对社会有益的利他行为会逐渐变成社会习俗或规范的一部分,人要在社会中生存必定要遵守相应的规范。人类社会最为普遍的两种规范是互利规范和社会责任规范。互利规范是指期望帮助他人后,能够增加他们将来帮助自己的可能性。遵循互利规范有生存优势,因此人们帮助陌生人,希望在自己需要时也能得到帮助。人们常常说的"知恩图报""滴水之恩涌泉相报"等都是互利规范的具体表现。互利规范作用很大,而且在许多文化背景下它都显示出了良好的社会作用。

伯克威茨(L. Berkowitz,1972)提出我们的社会中还存在另一类规范——社会责任规范,这一规范是指导社会中的人们去帮助需要帮助的人。父母应当抚养孩子、教师应当爱护学生、别人遇到困难时我们应当提供帮助等。不过,随着个人发展水平与文化背景的不同,对这些规范的理解也是有差异的。一般情

① 周晓虹等:《中国体验——全球化、社会转型与中国人社会心态的嬗变》,社会科学文献出版社,2017,第339—340页。

① 叶莉、朱海伦:《公众参与环境治理动机探究》,《管理观察》2014年第4期。

形下,个体行为往往受社会期望和群体压力的影响,从而表现出与社会群体一致的行为。①生态环境与人们的生存生活密不可分,保护生态环境同样属于这种规范范畴,亦即,保护生态环境人人有责。

一项全国公民环保行为调查也印证了这一观点（中国环境文化促进会,2018）。在这项调查中发现,大部分受访者将自身生态环境行为实践的原因归结于"社会责任感"和"大家怎么做,我就怎么做",分别占比51.18%和25.58%。可见,当前我国公民生态环境行为实践的主要因素是社会责任感。但是,选择"随大流"的受访者比例也比较高,这也反映了公民在生态环境行为实践中缺乏主动性、互动性以及"知易行难"的问题。②

（三）实现自我价值

行动后价值感的体现也是再次行动的源泉。行动,尤其是持续的行动源自每次行动后的价值感。移情式快乐认为,人们之所以给他人提供帮助,是因为当他们知道自己的行为会给对方产生积极影响时将产生这种成就感,也就是说,当人们知道自己的行为对对方产生积极影响时,一种成就某人目标的积极感觉会使他们愿意采取帮助行为。不仅在行动过程中有参与的存在感,在行动结束后还能获得现实意义,即愉快地帮助他人、引起重视、解决问题等。相应地,这些对行动者的奖赏,还会直接刺激他们继续采取同样的策略。③如"什邡市事件""启东事件"的发生并非偶然。这种因周边环境可能被污染、被破坏、被拆迁或阳光权被剥夺等而临时集结的群体行动在很多地方都有发生,公众也将不断因环境问题而加入参与行列。因为,公众不仅因此而可从中获益、达成目标,而且有机会学习如何谈判、如何迂回、如何体悟集体力量的存在,并且在行动中,获得公民意识的成长是环境参与中不可忽视的附加价值。④

美国人本主义心理学家马斯洛认为,任何人的行为动机都是在需要发生的基础上被激发起来的,而人具有七种基本需要:生理需要、安全需要、归属和

---

①③刘敏岚:《公众参与环保活动的动机及影响因素的分析》,《前沿》2013年第2期。

②中国环境文化促进会:《公民环保行为调查报告》,《环境教育》2018年。

④周晓虹等:《中国体验——全球化、社会转型与中国人社会心态的嬗变》,社会科学文献出版社,2017,第339—340页。

爱的需要、尊重的需要、认识和理解需要、审美需要、自我实现需要。这些需要从低到高排成一个层级，一般说来低级需要只要有部分满足，较高的需要就有可能出现，人的动机就有可能受新的需要支配。马斯洛认为，人"最深层次的本性"是人的精神生活，这才是人之所以为人的本质，自我实现的需要是最高层次的需要，是在努力实现自己的潜力，使自己越来越成为自己所期望的人物。自我实现的需要就是如此。自我实现的人是自由的，支配他们的因素是主体自我选择的结果，进行忘我地工作便能够更好地发挥自身潜能。此时的个体已经将道德需求内化于心、外化于行，超越了"小我"的局限性从而实现了人格发展的最高境界。环保志愿者就是基于"天人合一"的传统文化、环保信仰、环境伦理、自然价值观乃至与环保关联的宗教观念等完成这种自我实现的超越性需要，发自内心的愿意进行环保活动的。对绿色生态的渴望，已经是他们发自内心的强烈需求，而并非是简单地对社会秩序和道德规范的内化。环保志愿者达到一种"忘我"的境界，即便没有社会权威和道德规范的制约，也不会偏离"信仰"的轨道。[1]

（四）满足自我认同

若从精神动力学的视角来看，公众参与环保行为尤其是环保志愿者组织的环保行动，又可被理解为全能幻想的引领者与迎合型认同追随者的不谋而合。全能的幻想又称全能感，是中间学派温尼科特理论体系中非常重要的一个概念。它描绘了在成长的最早阶段，婴儿没有与真实的世界相联系，并且在没有多少资源的情况下，一定会创造一个世界出来。对婴儿来讲，可利用的资源是想象的主观体验和幻想。[2]即只要是他的一个念头，和他浑然一体的世界就会按照他的意志来运转。这依赖于一个好的母亲给婴儿无微不至的照顾、洞悉并及时满足婴儿的各种需求，婴儿就会产生全能幻想，感到自己无所不能。当然百分百契合婴儿需求的照顾是不存在的，婴儿的全能幻想也不能得到百分

---

①罗敏：《公众参与环境保护的动力问题研究》，硕士学位论文，华东师范大学，2017，第15—16页。

②Michael St.Clair：《现代精神分析"圣经"——客体关系与自体心理学》，贾晓明、苏晓波译，中国轻工业出版社，2002，第89页。

百的满足,但如果照顾得足够好,婴儿大抵能获得一种整体的把控感,即使在之后遭遇些许挫折也不会有太大的波动。然而如果婴儿时期严重没有得到满足或满足过度,婴儿就会滞留在全能的幻想中直至成年。这一类型的人成年后通常会有很理想化的目标,这些目标会促使他们取得极大的成功,这些成功又会强化他们内心的全能幻想,在他们的内心中把自己视若神明,感到自己有绝对的责任和足够的能力去解救弱者,他们会表现出极强的热情和意志力去帮助别人,去从事公益事业,进而成为环境的保护者和捍卫者。此外,他们也有可能会成为环保组织的引领者和组织者。

投射性认同最早是被克莱因用来描述婴儿与母亲之间相互作用的一种方式,也是一种原始的防御机制。投射性认同是一个人诱导他人以一种限定的方式行动或者做出反应的人际行为模式。投射性认同中有一种亚型称为迎合投射性认同,使用这种投射性认同的人,通常表现出对他人的极力称赞、认同或依从,竭力诱导他人身上的内疚和感激之情,从而实现自己被他人接纳和认同的渴望。迎合型的人因缺乏自我认同,自我价值感低,才渴求他人的认同以让自己感觉有价值。其背后隐藏的是分离焦虑,他们表现出对他人的过度认同、假性认同、夸大认同,都是人的压制不满、害怕拒绝的防御,也可说是人渴望被接纳的主要手段。而对于有些环保志愿者来说,在一定程度上也是为了得到他人的认同,尤其是引领者与组织者的认同。通常这些引领者、组织者都有着卓越的才能和非凡的人格魅力,其广泛的人脉资源和强大的社会影响力将凸显出其较强的人格魅力。作为迎合型的人很容易被其魅力所吸引而随之从事有意义的事情以得到他们的认同,从而也使其自我价值感得到极大的提升。如此一来,在全能幻想的引领下,迎合型认同的追随者一同竭尽所能,乐此不疲地参与到看似没有任何经济收益的纯粹公益性质的环保行为中来。而在这一过程中,前者的全能幻想及后者的自我认同得到极大的满足,这也成为两者投身于环保事业的源源不断的动力。这里只针对民间自发的环保组织。①

―――――――――――――

① 张玥:《从精神动力学视角看环境危机》,《现代职业教育》2019 年第 5 期。

第二节　环境保护公众参与

一、公众参与的含义

所谓公众参与,指的是群众参与政府公共政策的权利。公众参与是我国环境保护法的一项基本原则,环保公众参与则是指以社会群体、社会组织、单位或个人为主体, 在其权利义务范围内有目的地进行环境保护的社会行动抑或公众参与活动。公众参与包括三个主要要素:即参与的主体、参与的对象、参与的方式①。具体内容涵盖:积极参加环境建设,努力净化、绿化、美化环境;坚持做好本职工作中的环境保护,为环境保护尽职尽责;参与对污染环境的行为和破坏生态环境的行为的监督,支持环境执法,促进污染防治和生态环境保护;参与对环境执行部门的监督,促其严格执法,保证环境保护法律、法规、政策的贯彻落实,杜绝以权代法、以言代法和以权谋私;参与环境文化建设,普及环境科学知识,努力提高社会的环境道德水平,形成有利于环境保护的良好社会风气。

二、公众参与的主体

公众参与的主体即"公众"。公众,通常是指具有共同的利益基础、共同的兴趣或关注某些共同问题的社会大众或群体②,也是政府为之服务的主体群众。对于环境保护来说,所谓公众,是指有行为能力且不代表政府的公民、组织或团体。公众参与主体主要包括公民(个体)、法人(企事业单位)以及社会团体。

（一）公民

如果说公众主要指全体社会成员的集合体, 那么公民则是公众的组成部

---

①② 王蕴波:《环境影响评价中的公众参与法律问题研究》,硕士学位论文,吉林大学,2006。

分。这里所指的"公民"是个体概念。一个国家或地区公民的环境意识水平,在很大程度上决定了环境政策和环境法律的实施效果及程度。公民环境意识的提高和保护环境热情的高涨,为实现公众参与环境保护奠定了良好的社会基础。当人们对环境恶化产生的抱怨越来越多、对环境质量提出的要求越来越高时,其保护环境的愿望和参与环保活动的热情也在不断提高,他们往往会通过政治投票、选举、合作活动及个别接触等多种方式对环境政策和环境管理施加影响。[①] 当然,公民个人的生活消费方式也会影响环境保护工作的开展。

中国环境文化促进会于 2018 年在全国范围内就公民环保行为实践、环保理念传播、美丽中国担当等内容展开了全面调查,以了解我国公民环保行为的基本情况和特征。此次调查在北京、天津、上海、广州、重庆、成都、武汉、郑州、西安、哈尔滨、西宁、乌鲁木齐等 12 个城市开展,回收有效问卷数 4363 份,问卷有效率为 94.74%。网络调查渠道自开通以来,得到了社会各界人士的积极参与,调查对象覆盖全国 31 个省、自治区和直辖市,回收有效问卷 5141 份。

调查报告显示,公民高度认同"绿水青山就是金山银山"等生态文明理念,66.88% 的受访者在近半年内讨论过"绿水青山就是金山银山"等生态文明理念,简约适度、绿色低碳的消费理念深入人心,环保行为体现在各个方面:如图 4-1 所示,71.97% 的受访者在购买家电时,每次都会或者经常会选择节能家电;69.04% 的受访者经常会优先选择公交、自行车或顺路拼车等绿色出行方式;55.83% 的受访者在购物时经常会自带手提袋或购物袋;72.70% 的受访者能够做到适度消费,减少购买非必需品的数量。可见,大部分公民对践行绿色消费理念具有较高的认可度,且将之融入了日常生活、工作、学习的各个方面,符合简约适度、绿色低碳的生活方式要求,并反对奢侈浪费和不合理消费。[②]

此外,报告还指出,公民环保行为存在场景差异,家庭活动中践行度最高,公共场所次之,工作场所最差,急需编制有引导性、针对性强、接地气、可操作的全国性的公民生态环境行为规范;公民环保行为以律己为主,缺乏影响监督

---

① 夏光、李丽平、高颖楠:《国外生态环境保护经验与启示》,社会科学文献出版社,2017,第 141 页。

② 中国环境文化促进会:《公民环保行为调查报告》,《环境教育》2018 年。

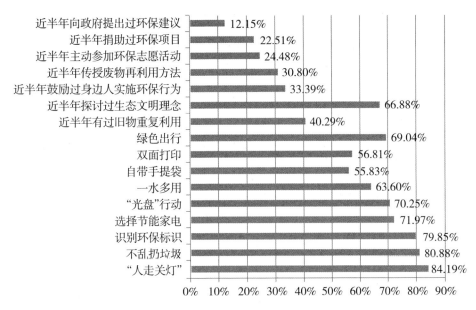

图 4-1 公民环保行为实践比例

他人的意识；生态环境保护传播渠道仍以电视广播为主导，不过，新媒体形式正在崛起；公民环保行为与文化水平呈正相关，中青年群体表现最好；公民生态环境行为实践多出于责任感和从众心理，缺乏主动性。[①]

（二）法人

法人作为社会重要组成部分，也是环境保护公众参与的主体。除了公民个人，法人作为公众参与者在保护环境的过程中发挥着越来越大的作用。其实法人也是组织的一种，因其特殊的地位，既代表着自身群体的利益，也掌握了更多的环境信息和专业知识，拥有更多的高科技手段，可以随时充分发挥自己的环保作用，并与国家及地方政府在保护环境等相关事务方面进行有效的合作。

在 19 世纪末和 20 世纪初，随着企业力量的不断壮大，以及大工业发展对社会负面影响的日益暴露，人们开始反思自由市场经济学说思想，反思亚当·斯密市场经济原教旨主义的理论局限。在经济学范畴，社会对企业"外部不经济"行为的关注程度也在提高。人们开始探讨企业或经济人除了追求"自身经济利益最大化"之外，还要承担带有一定公共性利益的社会责任。20 世纪 30

[①] 中国环境文化促进会：《公民环保行为调查报告》，《环境教育》2018 年。

年代以来,由于环境公害,亦即加勒特·哈丁所说的"公地悲剧"频繁发生,社会也开始更多地关注公司(企业)的环境保护责任。许多国家采取了行政强制,亦即国家管理中的"微观规制措施"来加强对环境的保护。此外,在与企业生产经营行为关系最为紧密的市场机制中,投资者、责权人、竞争者、社会公众等对企业环保行为的关注,也是市场压力的主要方面。企业作为经济活动的主要参与者,也开始将环境保护、环境管理纳入其经营决策之中,并寻求自身发展与社会经济可持续发展目标的一致性。①

当代企业主要采取以下环保行为方式:①企业环境责任信息的披露。企业一方面迫于法规强制、政府监管、媒体舆论和公众监督的外部压力,另一方面也受到提升自身形象、获取长远利益,以及基于会计信息中环境风险控制的内部驱动,进行环境责任披露,主要涉及企业生产经营过程中的投入、产出,以及生产经营对环境的影响方式、环境治理措施和效果及技术创新对环保的作用等。具体包括企业环境管理、资源消耗与节约、污染排放与减排、环境会计资料连同技术创新对减排和环保效率的提高数据等方面。然而,更多的实证研究表明,企业环境信息披露看似自愿披露,实则更多的是迫于外部压力的不得已而为之或有选择性地披露信息,以避免给自身带来负面影响,因此,企业应以市场为主体,同时加强政府监管以及环保组织和群团监管,结合相关政策以推动企业积极进行环境管理,引导其自主性及大数据协同监管后的环境信息披露。②环保投资。环保投资是决定环境质量的重要因素,也是环保责任主体最显现的积极行为指标。进行环保投资可以降低生产成本、减少违法罚款,还可以得到政府的补助、提高企业的社会声誉,能够更容易地进行筹资,提高产品的销量。企业环保投资对企业价值的提升作用需要经过很长时间才能实现,短期内不会有显著收益,因此企业的环保投资决策需要开阔的眼界,需要从长远利益考虑。③企业自组织环境管理机制。环境政策越发弹性化给予了企业较大的自我管理发展空间,为企业自主创新提供了平台。企业自组织环境管理机制的培育是企业环境管理系统不断演化、创新、完善的过程。外部影响对于已经进入自组织环境管理机制的企业来说已经没有特定的直接作用,它们作用的发挥

---

① 江莹:《企业环保行为的动力机制》,《南通大学学报(社会科学版)》2006年第11期。

需要依靠企业内部组织与结构功能的变化来回应，但对于尚未建立自组织环境管理机制的企业来说，政府的严格管制政策与其他环境政策仍然十分必要。④环保产业与清洁技术。环保产业是保护环境、节约能源的重要保障，是当前世界各国大力发展的领域之一。在全球环境治理的大背景下，为了实现可持续发展的目标，包括环保技术创新在内的环保产业发展必将成为各国追求的重要经济增长点。而清洁技术则是改变未来的开端，它将渗透进公众生活的方方面面，将逐渐成为未来市场的主导。清洁技术企业变得更有效率和竞争力，他们才能吸引更多的投资进而促进企业发展壮大。

（三）社会团体

社会团体是指人们基于共同利益或者兴趣与爱好而自愿组成的一种非营利社会组织。社会团体，在国外被称为非政府组织或非营利组织，社会学将之称为中介组织，经济学常常使用非营利组织，而政治学则将之称为"第三部分"。①当前，公众参与环境保护的社会团体或组织的情况具体包括非政府组织和环境智库等。

1. 非政府组织

Jacqueline Peel 认为："非政府组织（NGO）之所以能成为环保公共利益的保护者，是因为非政府组织机构作为一个整体代表的是国家自身的利益。"环境保护民间组织，即环保 NGO，是以保护生态环境为特定目标而组织起来的社会团体，它们作为政府、企业之外的新组织，广泛参与环保领域的社会活动。②从 20 世纪 60 年代开始，维护弱势群体利益的观念和可持续发展的思想得到了普遍认同，作为公众利益代言人的环保组织 NGO 在各国大量涌现。这些环保 NGO 在公众参与环境保护方面发挥着中介和桥梁的作用。他们运用自身的优势，向社会公众提供最新的环境信息、环境保护的先进理念，并通过各项社会活动与社会公众互动，提高他们的环境意识。③该组织现在逐渐形成了

---

① 李艳芳：《公众参与环境影响评价制度研究》，中国人民大学出版社，2004，第 9—10 页。
② 夏光、李丽平、高颖楠：《国外生态环境保护经验与启示》，社会科学文献出版社，2017，第 142 页。
③ 卓光俊：《我国环境保护中的公众参与制度研究》，硕士学位论文，重庆大学，2012。

第三方"压力集团",成功地介入当地的生态环境保护活动中,有效地改变着环保领域出现的"政府失灵"和"市场失灵"的状态等。国外尤其是发达国家,非政府组织参与环境保护的时间较早,且法律法规和制度建设比较完备和成熟。

在我国,环保NGO发展起步相对较晚,但发展势头非常强劲。国内学术界于20世纪80年代开始将国外环保NGO的情况介绍到国内,1996年被正式写入国家的法律政策之中。我国环保NGO从20世纪七八十年代的群众性环保组织发展到90年代后逐步褪去官办色彩,转型为真正意义上的非政府环保组织。近年来,在宽松的政策环境下,环保NGO更是在全国范围内兴盛起来,[①]在我国生态保护中的地位日益凸显,它们积极协助政府部门进行环境调查,开展咨询、宣传、教育、监督、环保服务等工作,成为沟通公众和政府的桥梁。不同的环保社会组织,其理念、机构设置、工作重点等有较大差别。部分环保社会组织,由于依托政府部门,具备官方背景,其机构设置及工作流程与机关类似,能够依托政府并利用相关资源。这类环保社会组织从业人员专业水平和能力较强,其中相当一部分从事环境科学和政策研究,为政府决策提供科学信息。与此不同,民间环保组织的数量近年虽不断增加,其分布也从北京扩散到全国各地,但发展水平却参差不齐。由于有的民间社会组织专业性较强,故此能够进行较为深入的调查研究或开展政策倡导、参与立法等工作,但多数民间环保组织机构设置简单,人员数量和水平有限,还停留在以生态环境基础知识普及、环保宣传教育为主的工作方面。[②]

2. 环境智库

环境智库是社会组织中比较特殊的一种,以具体的学术研究为主要手段,引领公众参与环境保护工作,一般由专家学者组成,聚焦全球环境问题,是为政府、社会等提供思想、策略等内容的公共研究机构。它们是政府制定环保公共政策议题的评论者和推动者,其首要目的是通过学术研究增进公共利益,集

---

① 邢文杰:《我国环保NGO介入环保的路径及方法研究》,硕士学位论文,浙江工业大学,2017。

② 郭红艳:《我国环境保护公众参与现状、问题及对策》,《环境科学与管理》2018年第5期。

合重要学者针对关键的内政和外交议题进行探讨，为政府机关提供可行的备选方案。①

2018年12月光明网发表文章称：环境智库是应对气候变化的新生力量。文章还提到：现今全球气候议题日趋复杂化，环境治理政策与环境科学、国际合作融合的趋势正在加强，在此前提下，知识、信息和智力支持显得更加重要。全球范围内广泛兴起的环境智库，作为专业化的科学研究机构，已成为全球气候治理的重要参与者、贡献者，是全球气候治理关系的纽带，它将深化政府、企业和公众之间，深化经济、社会和环境之间，深化全球、区域和国家之间的互动。政府、企业、环境智库等共同治理环境的趋势日益明显。以经济、环境和社会三个维度构成的联合国可持续发展议程——《21世纪议程》，尤其是涉及2030年的阶段性规划，对全球气候治理提出了更高的要求。全球气候问题具有跨国、跨地区乃至涉及全球的影响后果，解决全球气候问题，需要依赖各国协商、国际合作和科学知识的突破性探索等。可见，环境智库将成为全球气候治理话语权、领导力博弈的一个新领域，是国家参与全球气候谈判合作与竞争的新的发力点。2015年12月在巴黎气候变化大会上通过《巴黎协定》以来，全球气候治理事业持续推进、不断革新，全球气候治理主体从国家政府向国际组织、大型企业、环境智库等方面扩散。

2018年，由美国宾夕法尼亚大学"智库研究项目"（TTCSP）研究编写的《全球智库报告2018》（2018 Global Go To Think Tank Index Report）在纽约、华盛顿及北京等全球100多个城市发布。在报告中被统计的全球智库有8162家，欧洲和北美依然是最大的智库运营地，但亚洲新兴力量也在不断增加。在"2018全球顶级智库百强榜单"中，中国现代国际关系研究院、中国社会科学院、中国国际问题研究院、国务院发展研究中心、北京大学国际战略研究院、全球化智库（CCG）和上海国际问题研究院共7家智库再次进入全球顶级智库百强。②

---

① 夏光、李丽平、高颖楠：《国外生态环境保护经验与启示》，社会科学文献出版社，2017，第145页。

② 《〈全球智库报告2018〉发布——2018年中国拥有507家智库位居世界第三》，http://usa.people.com.cn/n1/2019/0226/c241376-30903634.html.

三、公众参与的对象

杨贤智提出充分发挥人民群众的主体作用还应该体现在环境监督和检查的过程中,因为公众参与是将有关环境影响的信息晓谕广大民众的有效途径;"中国环保之父"曲格平发表评论指出:"未来的趋势是公众参与和社会管理机制相结合的新型管理模式。"[1]在预案阶段(规划),政府可以征询公众意见,举行听证会;在实施阶段,政府也可以随时听取公众意见,接受舆论监督;在处理环境纠纷阶段,还可以邀请公众代表参与。[2]

(一)参与环境立法

环境问题与社会的每一个成员都息息相关,环境立法必然需要公众的参与。公众参与环境立法的概念可以理解为一切公民、法人和社会组织,通过一定的方式表达自己的意见,在环境立法过程中参与政府的决策和国家管理,实现国家权力的制约以及公民环境权益保障,制定环境法律、法规。[3]听证会、问卷调查、专家咨询,是我国环境保护立法为公众提供的环境保护参与方式。《中华人民共和国环境保护法》第6条规定:"一切单位和个人都有保护环境的义务,并有权对污染和破坏环境的单位和个人进行检举和控告。"第8条规定:"对保护和改善环境有显著成绩的单位和个人,由人民政府给予奖励。"[4]在美国,公众主要通过非正式协商和正式评议两种方式参与环境法律法规的制定。《美国国家环境政策法》(NEPA)于1970年正式实施,是美国历史上第一部环境保护法律。该法规定,联邦政府在制定、实施新政策,建设新工程时都必须考虑环境影响以及公众对政策或工程的反应,从而使新政策、新工程更有利于环境保护,也有利于公众对环境保护的参与。《清洁水法》规定:"公民有权提出修改环保局长或任何州政府根据本法制定的标准、计划与规划,环保局长及该州其他相关机构应为其创造条件并予以鼓励。"在欧盟,公众也可参与环境法律

---

① 李静:《我国环境保护公众参与研究》,硕士学位论文,西北大学,2015。

② 刘洪涛:《国外环境保护公众参与和社会监督法规现状、特征及其作用研究》,《环境科学与管理》2014年第12期。

③④ 孙媛媛:《公众参与环境立法研究》,硕士学位论文,沈阳师范大学,2011,第2页。

法规的制定过程。根据欧盟基础条约的规定，欧盟立法程序一般都涉及理事会、委员会、议会、经社委员会和地区委员。公众主要通过经社委员会实现对环境法律法规制定过程的参与。①

（二）参与环境决策

公众参与环境决策是环境治理的重要组成部分。美国1976年颁布施行的《阳光政府法》规定了除静态的文件必须公开以外，动态的行政决策过程也必须公开。此规定使公众参与环境决策的过程有了实质性的法律依据。到了90年代，为适应电子技术和网络的发展，美国颁布了关于禁止政府机关对公共信息的流通和传播进行限制或规制的相关规定。同年美国《信息自由法修正案》规定："每一个政府机关，为了方便公众提供信息申请，须以电子数据的方式向公众提供索引材料及有关的指南。"1978年，美国环境质量委员会根据《国家环境政策法》发布了《国家环境政策法实施条例》，其中对环境影响评价的程序进行了全面详细的规定，内容主要包括环境评价和编制环境影响报告书两个阶段。它表明，只有先进行了环境评价后才可编制环境影响报告书。换言之，只有通过环境影响评价进行基础判断后，才能确定是否继续编制环境影响报告书；如果认定不需要编制的，那就必须发表"无重大影响认定书"。反之，如果认定需编制，则必须公布后接受公众、私人团体等方面的审查。法律规定，在编制影响报告书的全过程中，都必须充分听取公众的意见，并接受公众的监督。目前，美国的环境影响评价制度已成为各国环境影响评价的立法蓝本。为了强化公众参与和社会监督的效率，欧盟于2004年颁布了一项新法令，该法令把对公众意见的咨询放在政府每项重大决策之前，要求政府在制定涉及国土、农业、水资源、能源等产业与领域的发展计划时，需要对环境、生态以及公众健康等可能带来的影响做出预测和评估，并提交给公众讨论，使政府决策更加符合公众意愿。德国的《环境信息法》更确保了公众知情权。该法规定："人人有权了解政府机关所拥有的环境信息。"该法还规定："联邦政府每四年要公布一次联邦德国的环境状态，以使各级政府、企业和公民对本国的环境状况有一个全面

① 夏光、李丽平、高颖楠:《国外生态环境保护经验与启示》，社会科学文献出版社，2017，第150页。

的了解。"①

（三）参与环境执法

我国学者肖晓春认为，民间环保组织可以提起公益诉讼的方式促进环境法律的实施和配套制度的完善，它们作为一种有一定凝聚力的社会力量，可以更大限度地参与到环境决策中进行意见表达，对政府环境决策起到一定的制约和辅助作用，同时可以协调政府和民众在某些事件点上的微妙关系，缓和矛盾冲突。②公民知情权同样属于环境危机下的社会心理范畴，是公众参与的前提。美国作为世界上政府信息公开制度比较完备的国家，以《信息自由法》为核心的美国政府信息公开制度已成为世界各国效仿的对象。1946 年诞生的《联邦行政程序法》明确规定了公众有权获得政府信息，但政府如果为了公共利益或其他正当理由，仍有权拒绝向公众公开信息。1967 年颁布的《信息自由法》为信息公开制度的最终确立提供了立法依据，该法不但规定了联邦政府各机构公开信息的具体程序，还明确提出"政府信息面前人人平等"和"政府信息公开为原则，不公开为例外"的基本原则。《信息自由法》的颁布施行，是美国关于信息公开制度的立法突破，至此，公众有权向政府机关索取任何材料或信息，政府机关须依据公众参与的社会心理请求做出决定。即使拒绝向公众提供信息或材料，也必须说明理由。公众可以对政府拒绝提供的决定提起复议或者司法审查。加拿大在 1999 年公布的《环境保护法》中也明确规定："任何年满 18 周岁的加拿大居民有权报告任何环境违法行为，并享有要求环境部长对该环境违法行为进行调查的请求权。如果环境部长未进行调查或者未做出合理的反应，或者由此导致出现了重大的环境损害，报告者可以向法院提起环境诉讼。"③

（四）参与宣传教育及科研等相关事务

公众的参与权不仅贯穿于环境立法和执法过程，公众还被赋予一定的监

---

①③ 刘洪涛：《国外环境保护公众参与和社会监督法规现状、特征及其作用研究》，《环境科学与管理》2014 年第 12 期。

② 刘婷：《我国环境保护的公众参与研究》，硕士学位论文，合肥工业大学，2018，第 10 页。

督权,使得环境立法和执法一直处于公众的监督之下,为环境执法奠定了良好基础,并提高了行政效率。此外,公众通过组成环保 NGO 普及、宣传环保相关知识,推动和促进环境保护意识,对环境保护提供重要资助,积极参与环境保护的国际交流活动等。公众通过组成环保 NGO,在资源信息的收集和传播方面表现同样突出,如世界资源研究所、国际可持续发展研究所等定期或不定期发布有关全球性资源问题的评估和研究报告,为各国提供了大量重要资源信息。环保 NGO 通过提供某一环境问题的科学信息、宣传其危害性,使各国加深对该问题的认识。有些重大环境问题还被列入国际环境谈判的议题,进而推动各国在此基础上形成共同利益,对国际环境的机制形成做出贡献。如曾在南太平洋公海从事流网捕鱼对海洋资源造成巨大破坏引起了国际生态保护组织的关注,南太平洋论坛渔业组织于 1988 年召开一系列会议,把流网视为“海上死亡之墙”,并采取行动、签订协议,甚至提交联合国大会讨论等方式要求禁止流网捕鱼,其声势之浩大,已经形成了巨大的国际舆论。联合国也因此于 1991 年7 月 1 日通过决议,禁止在南太平洋使用流网捕鱼,1992 年 7 月 1 日起,在全球范围内禁止在公海使用流网。①

四、公众参与的方式

公众参与环境保护,一直以来,是一股十分巨大的社会心理潮流,它也随着工业化进程的推进而不断增强。20 世纪,西方国家陆续爆发了大规模的环境保护运动。公众参与环境保护最初主要采取集会、游行、抗议、请愿等方式。最早的公众参与环境管理模式是以行为参与的模式出现在 20 世纪五六十年代的企业中,企业想通过给予工作人员管理权的办法,来提高员工们的工作热情,从而达到更好地为企业效力的目的。自 20 世纪 70 年代以后,公众参与形成政治力量,并逐渐法律化、制度化。学术界普遍认为公众参与制度化是以美国的《环境法》为标志,该法律之后也被各国所推崇,成为环境立法制度的重要参照。此法的颁布如同分水岭,把环境保护公众参与分为制度内和制度外两个

---

① 王珊珊、戴玉才:《环境 NGO 保护国际公有资源的作用》,《环境与可持续发展》2006年第 6 期。

方面。制度外的参与主要是环境抗议活动,制度内的参与就是人们日常所说的公众参与制度。其中以公众参与制度为主流。

欧盟作为一个集政治实体和经济实体于一身、具有重要影响的区域一体化组织,在环境保护领域也走在世界前列。但由于其特殊性质,即超越国家性的区域主权特点,客观上使其更多的是关注诸如环境、就业与教育等方面政策的制定,而具体技术层面的问题则交由成员国政府解决。因此,欧盟所做的更多的是其内部决策信息公开与发布、各国行动的协调与咨询、各国环境保护工作的促进与监督等工作,为各成员国提供丰富的信息和行动纲领。欧盟及其成员国公众参与的形式呈多元化状态,其公众参与方式主要包括:公告、非正式小型聚会、公开说明会、社区组织说明会、意见咨询会、公众审查委员会、听证会、发行手册简讯、邮寄名单、小组研究、民意调查、全民表决、设立公众通讯站、记者会邀请意见、发信邀请意见、回答公众提问及座谈会等。①

在我国,听证会、座谈会、问卷调查、信访、公益诉讼等平台,被公众越来越多地运用于环境保护的立法、决策、执行等环节。传统媒体与新兴网络媒体的共同发力,不断创新着公众参与环境保护的形式,使公众能够借助媒体形成强大的公共舆论压力,进而影响政府的生态政策议程及行动框架。2018 年中国环境文化促进会所做调查表明,环境保护传播方式仍以电视广播为主,新媒体形式正在崛起。如图 4-2 所示,67.02%的受访者最喜欢电视、广播的科普形式;51.62%的受访者最喜欢互联网、手机短信等新媒体。就目前来说,选择科普展览、标语或宣传活动的比例不足三成。形象直观的科普方式受到广大公民的喜爱。公民参与生态环境保护活动越来越多地借助网络平台,线上线下互动,上网搜索、微信微博转发等主动传播、获取信息的公民占比明显较高,新媒体正在成为我国生态环境保护科普宣传最重要的方式之一。②

① 刘洪涛:《国外环境保护公众参与和社会监督法规现状、特征及其作用研究》,《环境科学与管理》2014 年第 12 期。

② 中国环境文化促进会:《公民环保行为调查报告》,《环境教育》2018 年。

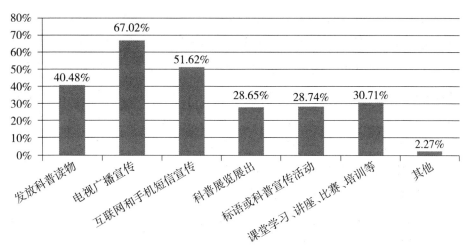

图4-2 公民最喜欢的科普形式

五、国外环境保护公众参与概述

（一）国外环境保护公众参与历程

20 世纪 30 至 50 年代，环境公害事件引发的环境运动预示着公众参与环境保护的萌芽。公众参与式管理模式最早出现在企业管理的行为科学领域，随后很多学者更是放眼全球来考虑环境问题，环境保护越来越多地面临跨越国界和国家主权责任的挑战。20 世纪 60 至 70 年代，各国在公众的压力下，开始重视环境保护工作，并确立公众参与制度。在 1969 年美国的《国家环境政策法》中，公众参与作为环境保护的一项重要基本制度出现。该法提出在环境影响评价的过程中要充分听取受害者的意见，这部法律第一次明确提出了公众参与环境事务的权力。这一举措受到世界各国的效仿并得到发展。1972 年联合国在斯德哥尔摩召开了第一次环境与发展大会，自此也掀起了公众参与环境保护的第一次高潮，环境保护的公众参与在世界范围内得以初步发展。[①] 20 世纪 80 年代以来，环境保护非政府组织（NGO）的崛起，使得公众参与形成了"政治力量"。1992 年巴西里约热内卢召开的"联合国第二届环境与发展大会"，

---

① 夏光、李丽平、高颖楠：《国外生态环境保护经验与启示》，社会科学文献出版社，2017，第 137 页。

将公众参与上升到了战略高度。大会通过的《21世纪议程》将公众广泛参与决策作为实现可持续发展必不可少的条件,并指出"实现可持续发展,基本的先决条件之一是公众的广泛参与决策"。2002年,在南非约翰内斯堡召开的会议同样强调了公众参与对环境保护和可持续发展的重要作用。会议指出:"我们认为可持续发展需要长远的眼光和各个层面广泛地参与政策制定、决策和执行。作为社会伙伴我们将继续努力与各个主要群体形成稳定的伙伴关系,并尊重每个群体的独立性和重要作用"。[1]

(二)国外环境保护公众参与现状

在欧、美、日等环境保护领域法规比较完善的发达国家,其公众参与和社会监督的政策依据受到政府部门的高度重视,并以法律或法规的形式固定下来,这对公众参与积极性的提高是一个极大的促进,使公众提出监督和信息公开要求有法可依,有据可查;对于涉及环境风险的企业而言,也会因为法规的详细规定和限制,而打消钻法规空子的想法,从而使之按照程序和规定切实地做好环境保护工作,使企业的运行与治理情况时刻处于公众和全社会的监督之下。这种情况,客观上也强化了政府部门的监管效果,并从自律性角度提高了企业执行环保法规的自觉性。[2]

六、国内环境保护公众参与概述

(一)国内环境保护公众参与历程

1. 萌芽阶段

1972年,发生在北京的官厅水库污染事件,使国家意识到了重视生态环境保护的必要性,从此,环境保护中公众参与开始在我国登上了历史舞台。

1972年6月5日,人类首次环境会议在斯德哥尔摩召开,中国派代表参加了此次会议。会议结束之后,我国政府深受影响,随后国务院召开了我国的第一次环境保护的全国性会议。会议通过了《关于保护和改善环境的若干规定》,

---

[1] 卓光俊:《我国环境保护中的公众参与制度研究》,硕士学位论文,重庆大学,2012。

[2] 刘洪涛:《国外环境保护公众参与和社会监督法规现状、特征及其作用研究》,《环境科学与管理》2014年第12期。

确定了"全面规划、合理布局、综合利用、化害为利、依靠群众、大家动手、保护环境、造福人民"的32字方针。[①]

紧接着,我国制定的《环境保护法(试行)》中,又对"公众如何参与环境保护"做了进一步规定:"对于污染和破坏环境的任何组织或是个人,公民都对这种不良行径具有检举、揭发、控告的权利,而且法律保护公民不会被检举的单位和个人进行报复活动;文化宣传部门要承担起宣传环境知识和教育的义务;教育部门要在教育教学大纲中增加关于环境保护知识方面的课程并增加学生的实践活动课程。[②]

2. 初步发展阶段

20世纪90年代以来,我国的公众参与环境保护进入到初步发展阶段,较之于20世纪70年代,此时公众参与环保事业的广度和深度都得到了极大提升,参与主体更加多元、参与的形式更加多样、参与效果也更为显著,取得了很大的阶段性的进展。[③]

1982年出台的《海洋环境保护法》、1984年出台的《国务院关于环境保护工作的决定》中都对公众参与环境保护的具体内容做了规定。[④]

1992年在巴西里约热内卢召开的"联合国第二届环境与发展大会",是继1972年斯德哥尔摩"联合国第一届环境与发展大会"之后,规模最大、级别最高的一次国际会议。这次会议对公众参与环境保护的认识更加深化,将之放在了更高地位,并配套以更加丰富的行动策略。我国为了贯彻落实世界环境与发展大会的会议内容也编制了《中国21世纪议程——中国21世纪人口、环境与发展白皮书》,经国务院讨论之后通过。此文件对参与公众的类型做了更加细化的规定:"文件根据不同的主体和地区设计了不同的计划方案,方案的内容包括行动的依据、行动的具体内容以及行动最终所要达到的结果。"具有很强的理论指导性和实践意义。

---

① 李静:《我国环境保护公众参与研究》,硕士学位论文,西北大学,2015。

②④ 刘婷:《我国环境保护的公众参与研究》,硕士学位论文,合肥工业大学,2018,第17页。

③ 卡逊:《寂静的春天》,北京理工大学出版社,2015。

3.持续发展阶段

进入 21 世纪以来,随着我国经济水平的迅速提高,人们开始将目光更多地从经济领域转移到精神领域,在此阶段,党的执政能力的提升、法治建设的深入以及公民自身权利意识的觉醒,形成了一股势力强大的公众力量,公众参与环保意识不断增强,公众参与环保机制不断完善。[1]

我国的执政党对公众参与环境保护采取了更加开明的态度,在各大公众场合均体现出了向公众开放的开明态度和欢迎公众共同建设的积极姿态。[2]如:2004 年,北京西北地区因铺设高压输电线而隐藏巨大安全隐患的事件,当时百旺家苑的居民自发形成维权团体,组成维权委员会并参与了听证会,之后,事情得以圆满解决。此次事件是一个里程碑式的标志,不仅充分展现了公众参与环境保护的意识水平很高,也标志着政府接触民意的意识在不断增强。

《环境影响评价法》和《环境影响评价公众参与暂行办法》的颁布,为我国公众参与环境影响评价方面提供了立法保障。此外,我国环境法律制度体系也在不断完善。《水污染防治法》《大气污染防治法》《固体废物污染环境防治法》《海洋环境保护法》等主要的环境法律得到重新修订;《环境影响评价法》《清洁生产促进法》《循环经济促进法》等新的环境法律法规也相继出台。

参与主体呈现多元化趋势,环保 NGO 逐步发展壮大。2005 年,经过国务院的批准、民政部注册、环保部主管,由各类热心的环保人士自愿组成的非营利性的社会组织——中华环保联合会成立。公众参与的事项范围也不断扩展,从单纯的宣传教育、特定物种的保护发展到更为多样的具体环境事务,并且逐渐扩及立法、决策、执法、司法等公共行政领域。更重要的是,公众作为“第三方力量”已经开始介入环境问题的治理过程之中,相比以往流于表面的参与方式,现在已经扩展到了对生态问题背后的正义问题、公平问题有了更深刻的认识。[3]

① 刘婷:《我国环境保护的公众参与研究》,硕士学位论文,合肥工业大学,2018,第 17、18 页。

② 马彩华、游奎:《环境管理的公众参与——途径与机制保障》,中国海洋出版社,2008。

③ 卡逊:《寂静的春天》,北京理工大学出版社,2015。

（二）国内环境保护公众参与现状

总体而言,我国公众对环境权益的诉求呈增长趋势,公众参与和社会监督已在多项环境事件中体现出一定作用,环保公众参与取得积极进展。[①]具体如下:法律法规逐步建立和完善。建立了环境信息公开制度,如:2008 年《政府信息公开条例》和《环境信息公开办法(试行)》、2015 年起施行的新《环境保护法》、2018 年初发布的《排污许可管理办法》等,极大地促进了环境信息公开;逐步建立并完善环保公众参与法律法规,为公众有序、理性参与环保事务提供了制度保障,如:2006 年国内环保领域第一部公众参与的规范性文件《环境影响评价公众参与暂行办法》发布,2018 年修订并发布了《环境影响评价公众参与办法》,全面规定和细化了公众参与的内容、程序、方式方法和渠道等;不断建立社会组织相关制度,为管理、培育和引导社会组织参与环境保护工作提供了重要依据及平台。2010 年,原环境保护部发布的《关于培育引导环保社会组织有序发展的指导意见》,提出培育引导环保社会组织有序发展的原则、目标和路径。2013 年后,我国先后修订或制定了社会组织发展的一系列规制文件,在国家和地方层面,逐渐建立了推动环保公众参与的相关机构,特别是以环境宣传教育为主体的机构体系。环境严重恶化的现实也促使公众环保参与意识不断增强,环保宣传教育内容日益系统和丰富,环保宣传教育平台更加多元;公众参与环境决策的机会不断增加,目前,我国在环保方面的主要法律法规、规划、政策等的制定和修改也基本采用公开征求公众意见的方式,促使公众参与到相关法律法规的制定和修改中,公众参与环境管理正趋于合理化和制度化;公众参与环境监督和管理的机制不断完善,特别是投诉和举报制度被认为是中国现阶段环境管理的有效补充手段,同时,环保 NGO 在环境监督和管理方面也发挥了很好的作用。

但与发达国家相比,我国环境保护系统仍存在较大差距。例如,在生活垃圾的处理处置上,我国公众参与仍处于尝试性和探索性阶段,公众话语权较弱,环境立法时,易忽视公众参与决策的权利;与国外环境体系发达国家相比,

---

[①] 郭红艳:《我国环境保护公众参与现状、问题及对策》,《环境科学与管理》2018 年第 5 期。

公众的参与积极性不高,参与方式和渠道有限;环境信息公开制度亟待补充和完善;而在社会监督上,中国仍处于体系建设的起步阶段,相关法规性政策缺位现象明显,国内其他行业领域也缺少可供借鉴的经验。①

第三节 企业环保驱动机制及环保行为

一、企业环境污染及突发性事件

企业是社会经济发展非常重要的支柱,企业以生产或服务,满足人们物质和精神上的享受,它与人们的消费相辅相成、相互促进,良好的企业经济利益和所发挥的社会效益对社会经济的发展具有重要的促进作用。世界上几乎一半的顶尖经济体都是私营企业。如埃克森(Exxon)的收益超过了澳大利亚的国民生产总值,大众汽车的收益超过了巴基斯坦的国民生产总值,哥斯达黎加的国民生产总值甚至比不上劳氏。然而,在社会经济不断发展的同时,工业化进程的快速推进也给人类生存环境带来了十分严重的污染与破坏,人们承受着环境不断恶化所造成的危害与痛苦。1984年12月3日,印度中央邦首府博帕尔联合碳化物公司农药厂发生异氰酸甲酯泄漏,造成2500人中毒死亡,约200000人深受其害,成为世界工业史上绝无仅有的大惨案。英国北海海域帕尔波·阿尔法平台爆炸事故是世界海洋石油工业史上最大的一次事故。事发于1988年7月6日22时,英国北海阿尔法平台天然气生产平台发生爆炸,10分钟后气体立管爆裂再次引发更大的爆炸,其后又连续爆炸数次,致使整个平台结构坍塌,陷入海中。当时平台上共226人,其中165人死亡,61人生还,造成了巨大的人员伤亡和经济损失。2010年4月20日夜间,位于墨西哥湾的"深水地平线"钻井平台发生爆炸并引发大火,大约36小时后沉入墨西哥湾,11名工作人员死亡。其后钻井平台底部油井自2010年4月24日起漏油不止,事

---

① 刘洪涛:《国外环境保护公众参与和社会监督法规现状、特征及其作用研究》,《环境科学与管理》2014年第12期。

发半月后各种补救措施仍未见明显成效,沉没的钻井平台每天漏油达到5000桶,并且海上浮油面积在2010年4月30日统计的9900平方千米基础上进一步扩散。此次漏油事件造成了巨大的环境和经济损失,同时,也给美国及北极近海油田带来巨大变数。

国内企业环境污染及突发事件也频频发生。1997年6月27日21时26分,北京东方化工厂储运分厂油品车间储罐区发生特大爆炸火灾事故,事故造成9人死亡,39人受伤,直接经济损失1.17亿元。2005年11月24日11时左右,重庆垫江县英特化工公司一号车间发生爆炸,造成1人死亡,4人受伤,经环保部门检测,部分系苯物流入新民镇桂溪河中,造成了一定的水体和空气污染。垫江"11·24"爆炸事故引起国务院、国家环保总局及市委、市政府高度重视,要求环保部门加强检测,密切关注水质变化,确保下游用水安全,并将检测结果公之于众。2010年7月3日15时50分左右,福建省上杭县紫金矿业集团有限公司由于连续降雨造成厂区溶液池区底部黏土层掏空,污水池防渗膜多处开裂导致渗漏,致使9100立方米的污水顺着排洪涵洞流入汀江,导致汀江部分河段污染及大量网箱养鱼死亡。有关数据显示,我国80%以上的污染源于企业的生产经营活动,作为环境污染制造者的企业,更应当承担起环境保护与治理的社会责任。

二、企业环保驱动机制

企业作为一个国家经济发展的中坚力量,也是造成生态环境严重污染和破坏的主体,为了对生态环境进行保护,加强对企业环境行为的管理责无旁贷。然而从企业自身利益出发,其环保行为的实质则是寻求组织存在的合法性。[1]组织的合法性指迫使组织采纳具有合法性的组织结构和行为的观念力量。组织合法性对企业行为的影响主要有两个层次:一种是强意义。所谓的强意义就是组织的行为都是受到制度塑造的,组织本身没有自主选择权。在环保法律法规不断完善的制度环境下,强意义的合法性要求组织不得不采取被外

---

① 武剑锋:《企业环境信息披露的动机及其经济后果研究》,经济管理出版社,2019,第35页。

界环境认可的环保合法性行为，因此企业不得不加大环保投入，满足环保政策、法规的要求。另一种是弱意义。弱意义上的合法性是指制度通过影响资源或激励方式来影响组织或个人的行为。即通过投资者、债权人、消费者等利益相关者对企业环保投入行为的认同，来激励企业主动承担环境责任，进行污染控制、清洁生产等，从而获取利益相关者的激励，帮助企业获得更为重要的核心竞争力。[①]企业环保的驱动力主要来自政府规制及市场压力。此外，社会责任也是企业参与环保的有效驱动力。

（一）政府规制驱动

自20世纪50年代起，许多国家采取了行政强制措施来加强对环境的管理。如：颁布环境法律法规、环境影响评价制度、排污许可证制度等来实现对环境资源的合理配置，进而规范企业的环境管理行为。

瑞士既是世界上最富裕的国家之一，又是生态环境最好的地方，故享有"世界花园"之美誉。根据美国哥伦比亚大学和耶鲁大学定期对各国环境、空气污染、水质量、生物多样性、自然资源管理和气候变化等进行评估的结论，瑞士空气质量名列第一，其他指标也名列前茅。瑞士在环保方面能取得举世闻名的成就，与其细致严厉的法律规定密不可分。瑞士是世界上最早在宪法中规定环境保护的国家。其联邦颁布的《环保法》明确了污染者承担的责任，各州参照联邦法，制定解决城市发展中的征地、建筑、交通、卫生等问题的法规。瑞士各级政府和环保组织通过网络经常公布各类环保法律条例。在瑞士，谁伐一棵树就得种一棵树，乱砍滥伐者要受到法律制裁。不管是城市还是乡村，法律规定不允许有裸露的土地，即便是施工工地，也要临时用帆布围盖起来，不让尘土飞扬。在严格的污水集中处理措施下，瑞士境内70%的天然湖泊水依旧能够达到直接饮用标准。

环境影响评价制度是政府基于保护生态环境的目的，在进行工程活动之前，首先评价该工程项目可能对周边环境造成的影响并考虑如何采取措施来避免或者弥补对环境造成的破坏。如：1969年美国《国家环境政策法》首次提

①陶岚、刘波罗：《基于新制度理论的企业环保投入驱动因素分析——来自中国上市公司的经验证据》，《中国地质大学学报（社会科学版）》2013年第6期。

出了环境影响评价制度,目前该制度已在全球建立并普及。瑞士规定,对于能够造成污染的项目需要进行审批并进行环境影响的评价。我国1981年发布的《基本建设项目环境保护管理办法》专门对环境影响评价的基本内容和程序做了规定,在1986年颁布的《建设项目环境保护管理办法》中,进一步明确了环境影响评价的范围、内容、管理权限和责任。2016年第十二届全国人民代表大会常务委员会第二十一次会议对《环境影响评价法》又一次进行了修改,包括取消环境评价限期补办手续、未批先建罚款数额与建设项目总投资额挂钩等。此外,我国还独创了一项环境法律法规制度即"三同时"制度,所谓"三同时"是指进行新建、扩建、改建和技术改造项目时,防治污染的设施应当与主体工程同时设计、同时施工、同时投产使用。"三同时"制度分别明确了建设单位、主管部门和环境保护部门的职责,有利于具体管理和监督执法。

一些工业企业没有认真履行污染治理主体责任,未按要求设置污染防治设施、污染防治设施不正常运行、无证排污、批建不符等环境违法问题十分突出,对区域大气环境质量产生严重负面影响。排污许可证制度就是专门针对排污问题进行治理。企业如果需要排污,必须持有环保部门审批的许可证才能进行,必须在法律法规的制度下合法排污。该制度最早出现于美国。20世纪70年代美国颁布了《清洁水法》,其中规定任何单位只有得到排污许可证才能按照相应时刻和标准排放污水;英国也规定除了低污染风险的企业能得到豁免,其他企业必须在环保局等机构的监督下排放污水。在我国,排污许可证制度最早出现在上海、杭州等城市。环保部2015年制定并实行的《排污许可证管理暂行办法》明确规定,排污单位必须持有排污许可证才能够进行合法排污;2016年11月国务院办公厅印发了《控制污染物排放许可证实施方案》,标志着我国全面实施排污许可证制度,制度明确规定企事业单位需持证排污,即一个企业必须有一份排污许可证,不得无证排污。

（二）市场压力驱动

社会政治理论认为环境绩效不好意味着公司环境形象较差,社会有理由判定其在环境保护和治理方面努力不足,未来可能面临巨大的环境成本或收益损失,政府会强制要求企业服从整体社会福利,公众也会从道德层面谴责企业的失职行为,迫使企业披露更多的环境信息,以此来证明它在环保方面做出的努力,为自身的存在寻找合法性。在与企业生产经营行为关系最紧密的市场机制中,投资者、债权人、竞争者、社会公众等对企业环保的关注是市场压力的主要来源。[①]

就投资者而言,在所有权和经营权分离的情况下,企业投资者一般不参与企业的经营管理,但其会基于对资本安全性和收益的考虑,关注企业履行环境义务的情况,以此判断环境风险,同时衡量环境成本、环境负债在内的资产负债状况、盈利能力和偿债能力。

就债权人而言,主要关心企业是否能够按期还本付息。在为企业提供借贷前会考虑风险因素,包括可能的污染治理费用超过贷款价值、环境问题造成监管成本上升甚至无法清偿债务、环境事故导致债权人连带名誉损失。企业的环境政策、是否为清洁生产及产品是否环保安全等,则可能影响企业的市场占有率和销售收入情况。因此,债权人常常会要求企业出具完整的、真实的、未向社会公开的环境管理报告,以评估企业未来的环境风险。[②]

就竞争者而言,主要在与企业争夺资源及市场的过程中对企业造成环保压力。第一,竞争者通过提供绿色产品赢得更多消费者青睐和政府资源,企业为赢得市场竞争优势和资源,会效仿竞争对手开展绿色创新战略。[③]第二,良好的竞争环境使得企业能够转让绿色创新技术、知识进而增进收益、减少创新的外部性成本。李怡娜等基于新制度理论,进一步将规制压力分为强制性环境法律法规和激励性环境法律法规两种,并关注竞争者压力和客户压力的影响,表明强制性规制和竞争者压力能够有效促进企业实施绿色环保实践。[④]

就社会公众而言,企业的污染或环保行为反馈给社会公众,公众从中受益

① Lin, H., Zeng, S. X., Ma, H. Y., "Can Political Capital Drive Corporate Green Innovation? Lessons from China," *Journal of CleanerProduction*, 64, no.3(2014):63—72.

② 武剑锋:《企业环境信息披露的动机及其经济后果研究》,经济管理出版社,2019,第4页。

③ Menguc, B., Auh, S., Ozanne, L., "The Interactive Effect of Internal and External Factors on a Proactive Environmental Strategy and Its Influence on a Firm's Performance," *Journal of Business Ethics*, 94, no.2(2010): 279—298.

④ 李怡娜、叶飞:《制度压力、绿色环保创新实践与企业绩效关系——基于新制度主义理论和生态现代化理论视角》,《科学学研究》2011年第12期。

或受害,决定了他们对企业的认知,继而影响其消费行为,污染严重的企业甚至因此失去生存的土壤。企业经营方针的核心就是行销产品,凡是有利于产品销售的途径都将受到企业的重视。消费者的消费意识直接影响企业的环境管理。消费者绿色消费意识的提高,将会促使企业通过强化环境管理,改善环境形象,实施绿色战略的自约束管理驱动。①Arora 等的研究表明,高收入消费者愿意更多地购买环境友好型企业的产品,这可以激励企业积极降低污染,主动加大环保投入。

从这些利益相关者来看,其环保意识的不断加强与环保投资经济后果的权衡,使得企业的环境信息成为继财务信息之后各界了解企业的另一个重要信息。企业环保投资效率的高低对企业资金获得和声誉建设具有重要影响,进而会影响到企业业绩。

与经济绩效的显性和客观不同,环境绩效的指标相对隐性和主观,环境污染的外部性也导致其需要经过一个长期的治理过程才能收效,无法像固定资产投资等对经济发展起到立竿见影的效果。因此,企业的环保驱力主要来自政府规制及市场的外在压力。但若从内在驱力入手,社会责任也是推动企业投入环保的有效机制。

(三)社会责任驱动

最早提出公司社会责任的是美国的谢尔顿(Oliver Sheldon),他认为公司社会责任包含道德因素在内,"社区利益作为一项衡量尺度,远远高于公司的盈利"。20 世纪 70 年代,美国经济发展委员会发表的文章《商事公司社会责任》开创了历史先河。随即,英国在 1973 年加入欧洲共同体后又进一步强化了公司对社会责任的态度,并由英国贸易与产业部发表了《公司法改革》白皮书,强调公司对利害关系人利益的责任,并要求公司把社会责任视为公司决策过程中的一项重要内容。同期,日本正处于因公司引发的环境破坏问题而掀起的反企业运动之中,此时日本各界也强烈呼吁确立企业社会责任,以解决日趋严重的环境危机。因此,公害、环境破坏等问题同样成了日本公司社会责任研究的重点。②随着现代市场经济的不断发展,现代企业制度也在不断

①② 江莹:《企业环保行为的动力机制》,《南通大学学报(社会科学版)》2006 年第 11 期。

完善。当今社会,生态环境保护日益重要,在公众环保意识日益提高的情况下,保障消费者利益和保护生态环境是关系企业生存与发展的首要社会责任,也是塑造良好企业形象和实现企业内部经济性和外部经济性双重目标的关键所在。①

壳牌公司是荷兰的皇家石油和英国的壳牌两家公司于 1897 年合并而形成的,距今已经有上百年的历史,总部设在荷兰的海牙及英国的伦敦。它既是世界上重要的石油和天然气生产商,也是最大的燃油和润滑油零售商,在 2012 年世界 500 强排名中位居第一。壳牌公司对社会责任的观点是对企业利润的保证,必须以公众利益和保护地球环境为根本。这一目标,在公司的某次报告及其 CEO 的某次致辞中已明确谈到,即要将对发展可持续性的关注和企业的经营放在同一地位,这就足以说明壳牌公司是非常重视社会责任的。②

海尔集团的企业家们率先看到企业的未来发展方向,他们高瞻远瞩,抛弃了单纯追逐利润的经营目标,将企业“社会责任和利润”这一双赢目标,连同生态环境保护摆在公司发展首位,它也是我国率先强调企业社会责任的公司之一。在经营中,保障消费者和公众的利益,树立“口碑”,争取民心,抓住忠实消费群体,培育潜在消费群体,从而增加经营收益,积累发展资金,形成良性循环。海尔集团在全球有五大研发中心、21 个工业园、66 个贸易公司、143330 个销售网点,用户遍布全球 100 多个国家和地区。且在由睿富全球排行榜资讯集团与北京名牌资产评估有限公司共同研究并发布的中国最有价值品牌研究中,海尔集团自 2002 年起连续 11 年蝉联中国最有价值品牌。

不难看出,当代企业既承受了政府、媒体、消费者等外部的环保势力及利益相关者的压力,也面临声誉、市场方面的绿色形象和经济效果的吸引。因此,许多企业正在试图表明其在环保努力过程中的效果与动机。③

---

① 江莹:《企业环保行为的动力机制》,《南通大学学报(社会科学版)》2006 年第 11 期。

② 栾梦琦:《企业社会责任信息披露之中外比较——以壳牌与中石油为案例分析》,《经营与管理》2019 年第 11 期。

③ 唐国平、李龙会:《企业环保投资效率评价研究》,东北财经大学出版社,2017,第 2 页。

三、企业环保行为

(一)企业环境责任信息披露

环境信息披露又称环境信息公开,是一种新的环境管理手段。企业基于以投资者为主的企业外部利益集团,其投资决策和政府管理部门宏观资源配置及环境保护的信息需求相联系,披露的环境责任信息主要涉及企业生产经营过程中的投入、产出,生产经营过程对环境的影响方式,以及涉及其环境治理措施和效果等情况。具体说,它包括企业环境管理、资源消耗与节约、污染排放与减排以及环境会计[①]资料等内容。[②]

企业环境责任信息的披露,源自内外两方面的因素。一方面迫于法规强制、政府监管、媒体舆论和公众监督的外部压力。政府以法规形式要求其披露环境信息,属于硬性约束,它将给企业带来直接压力。如:环境保护部和中国证监会要求上市公司进行环境信息披露。重污染行业上市公司应当定期披露环境信息,发布年度环境报告。发生突发环境事件或受到重大环保处罚的,应发布临时环境报告等,即属于这种情况;而媒体的报道数量则有利于促进企业环境信息的披露,尤其是报道内容的倾向性会给企业造成一种合法性的压力,故它同样属于企业外部压力的有效方面;此外,社会公众通过舆论及市场的行为也会给企业造成无形压力,它也是构成企业外部压力的重要来源。不过,这些压力对提升企业形象、使之获取长远利益,以及基于外部环境信息的环境风险控制大有好处,它还将促进企业环境保护内部驱动力的形成。正如自愿信息披露理论所说,好的环境绩效可以防止逆向选择的发生,企业通过环境信息披露将自己与环境水平较差的企业区别开来,可以得到政策扶持、环境补贴、税收减免等好处,好的环境绩效也意味着未来发生环境危机的可能性将会减低,并减少潜在的环境成本和环境风险。总之,披露信息应该看作是对投资者利好的

[①] 环境会计,主要是指按类型计算的环境保护总支出和总投资,反映企业在环境保护中的实际资金支持力度,包括环境成本、环境负债、环境投资和环境收益。

[②] 毕茜、彭珏:《中国企业环境责任信息披露制度研究》,科学出版社,2014,第17—18页。

消息(Freedman 等,1990)。

　　在过去几十年里，环境信息披露被看作环境管理一个必不可少的手段。目前,全球已有超过 90 个国家和地区制定了政府信息公开的法律,20 多个国家建立了公开的污染物数据登记制度。多国实践证明,环境信息披露对于控制污染和促进减排产生了积极的推动作用。Burnett 等(2008)证实,美国空气净化法案出台后，电力企业整体环境管理水平和环境信息披露水平都在提高;Freedman 等(2005)以全球 120 个较大的化工、石油、天然气等能源类企业为研究对象,探讨了《京都议定书》对温室气体排放量的影响,结果发现,签订《京都议定书》的国家中企业披露了更多环境信息,而且规模越大,披露的环境信息越具体,同一跨国企业在未签订《京都议定书》的国家披露的环境信息质量显著低于签订议定书的国家,这说明,环境监管规定的出台,对环境透明度有重要影响,另外它也从侧面反映了政府的外部压力对环境信息披露的显著作用。

　　然而,更多的实证研究表明,企业环境信息披露看似自愿披露,实则更多的是迫于外部压力的不得已而为之。Bae(2014)通过对比 1995—2005 年国有和私营电力企业发现，私营企业将自愿进行环境信息披露作为抢占合法性和经济效益的途径,参加温室气体注册计划更主动,其消费者互动和应对市场压力的能力便更强,而国有企业披露环境信息和参与环境管理更多是出于国家强制性规则的驱动;Cheng 等(2010)以我国台湾上市公司为研究对象,发现以政府、债权人和消费者为代表的外部利益相关者,在很大程度上都影响环境信息披露质量,股东和雇员也给环境信息披露水平带来压力;王建明(2008)探讨了行业差异和外部制度压力对环境信息披露质量的影响,结果发现,受到更严格环境监管的企业披露的环境信息质量较高，为我国政府法规强制企业披露环境信息提供了有利依据;毕茜等(2012)以 2006—2010 年重污染行业上市公司为例，证实了环境相关法律法规的颁布和实施对环境信息披露水平有显著的正向促进作用。

　　企业环境信息以自愿披露为原则，也意味着企业可以选择性地披露对自己有利的正面环境信息和一部分无关痛痒的描述性信息。除非迫不得已,都会尽量避免披露对企业不利的负面环境信息，以迎合政府监管和社会大众的环保要求。因此,企业应以市场为主体,同时加强政府监管,结合相关政策,以推动其积极进行环境管理,引导自主性环境信息披露。

(二)环保投资

如果企业在社会责任报告中详细地披露了其采取的环保措施及其投入,我们就认为它所提供的信息比较完整。从行为金融学和心理学基础分析,提供比较完整的环保信息是因为企业的环保投资比较多。

环保投资是决定环境质量的重要因素(张平淡,2018),也是环保责任主体最显现的积极行为指标。早期企业的环保投入主要是在政府管制要求下的资金投入,为了从更深层次的角度解决环境问题,建立合理的产权制度,利用市场机制解决环境污染的外部性问题,使环保投资市场化,运用经济手段刺激企业的环保投入,从源头上减少资源的投入和污染物的排放,强调事前投入环保资金进行清洁生产,而不是污染之后再治理。[①]环保投资是符合可持续发展战略的,特别是对重污染行业,进行环保投资可以降低生产成本、减少违法罚款,还可以得到政府的补助、提高企业的社会声誉,能够更容易地进行筹资、提高产品的销量。[②]Minatti Ferreira D 等以巴西公司为样本研究发现,企业环保投入资金随着公司规模和利润的增加而增加。[③]Testa F 等基于在意大利进行的调查发现,外部压力和企业家的态度是小型和微型企业环境主动性最重要的预测因子,环境主动性与环保投资以及环境绩效之间存在正相关关系,环保投资对环境绩效有着强烈的影响。[④]陈琪基于我国 A 股上市公司 2008—2017 年的经验数据分析发现:企业环保投资规模与经济绩效呈显著的"U"型曲线关系,当环保投资规模较低时,环保投资与经济绩效负相关;当环保投资规模达到并

[①] 唐勇军、夏丽:《环保投入、环境信息披露质量与企业价值》,《科技管理研究》2019 年第 10 期。

[②] 刘青:《环保投资对社会责任披露质量、企业价值影响研究——以制药行业为例》,《现代商贸工业》2019 年第 2 期。

[③] Minatti F D,Borba J,Rover S,et al,"Explaining environmental investments:a study of Brazilian companies,"*Environmental Quality Management* 23,no.4(2014):71—86.

[④] Testa F,Gusmerottia N,Corsini F,et al:"Factors affecting environmental management by small and micro firms: the importance of entrepreneurs' attitudes and environmental investment," *Corporate Social Responsibility & Environmental Management* 23,no.6(2016):373—385.

超过"门槛"界限后,环保投资与经济绩效正相关。基于企业异质性的研究同时发现,这种关系在重污染行业和国有企业中更为显著;唐国平等发现从长期看,企业环保投入对企业价值产生显著的积极影响,且企业所属地的经济发展水平也加强了这种影响。[①]

然而为什么很多企业往往缺乏环境投入的主动性和积极性?这主要是因为环保投资与提高企业的经济效益存在一定的时滞性。从短期来看,环保投资不符合财务管理目标,经济效益最大,企业对环境治理和环境保护项目的投资,将迫使其增加人力、物力和财力,来用于污染防治,因此,它占用了其他经济项目的投资资金,增加了环境治理的成本,进而降低了企业的生产效率和竞争力,对企业的绩效产生了负面影响。但这种负面影响只是暂时的。Toshiyuki Sueyoshi 等研究发现,美国能源行业的环保投资对于提高其统一(运营和环境)绩效有积极影响,绿色投资使企业可以通过良好的企业形象提高其净收入,但是环保投资对提升企业价值的作用有限,不能立即提高它的价值,但从长远来说,并不意味着它不能给企业带来价值效率。比如,能源部门若有长远的眼光,便会通过投资技术创新来减少不良产出,从而实现高水平的企业价值。[②] Nakamura E 以日本公司为样本研究事前环保投资对公司业绩的影响,结果表明,短期内环保投资不会显著影响公司业绩,但从长远来看,环保投资能够显著增加公司业绩。[③]顾典等选取了 2012—2017 年沪深 A 股披露环保投入额的上市公司作为研究对象,探究企业环保投入与企业价值的关系。研究表明,环保投资对企业价值具有提升作用,且具有一定时间的延续效应。相较于非国有企业,国有企业环保投资对企业价值的提升效果更明显,环保投入对企业价值的提升作用仅在重污染行业显著。陈金雪通过研究全国 2000—2016 年环境保

---

① 唐国平、倪娟、何如桢:《地区经济发展、企业环保投资与企业价值——以湖北省上市公司为例》,《湖北社会科学》2018 年第 6 期。

② Sueyoshi T, Wang D, "Radial and non—radial approaches for environmental assessment by data envelopment analysis: corporate sustainability and effective investment for technology innovation," *Energy Economics* no. 45(2014):536—551.

③ Nzkzmura E, "Does environmental investment really contribute to firm performance? An empirical analysis using Japanese firms," *Eurasian Business Review.* no.2(2011):111.

护投资规模和结构，并从定性与定量两个角度就环境保护投资和经济增长数据进行分析，研究结果显示：从长期来看，环境保护投资对经济增长具有一定促进作用，环境保护投资、其他投资与经济增长之间存在长期的关系。[①]

可见，企业环保投资对企业价值的提升作用需要经过很长时间才能实现，短期内不会有显著效果，因此企业的环保投资决策需要从长远利益考虑。同时，有研究发现，投资者更重视环保投资的社会效益。[②]另有研究提出环保投资还存在一个最佳投资水平，当企业环保投资超过最优点之后，再增加环保投入会对经济表现造成不利影响。也就是说，对企业而言，有限的环保投资是有利可图的。[③]

（三）企业环境管理自组织机制

企业环境管理其实是一个系统工程，是企业系统的一个子系统。外部环境政策之所以难以取得预期效果，其原因在于企业环境污染的复杂性和模糊性。正如三鹿奶粉所引出的三聚氰胺事件，以及我国台湾发生的塑化剂事件表明，外部监管会因为信息不对称等多方面原因而难以有效。解铃还须系铃人，只有企业自身才掌握着解决问题所需最准确及最丰富的信息，因此，企业实施自我环境管理才是避免问题发生的关键。

所谓企业环境管理自组织机制是指：企业在非特定外界干预及外部环境互动影响的作用下，以社会可持续发展为宗旨，在其经营管理中树立生态环境保护理念，经过自主创新采取一系列改进措施，从生产、经营的各个环节来内化企业环境外部性问题的系统管理机制就是企业环境管理的自组织机制。企业环境管理的自组织机制，也是当前实现企业经济效益、社会效益和环境效益有机统一的管理模式和运行机理。

环境政策越发弹性化，就越给予企业较大的自我管理发展空间，就越为企业自主创新提供了平台。企业环境管理自组织机制的培育是企业环境管理系

[①] 陈金雪：《环境保护投资与经济增长的关系研究》，《经济研究》2019 年第 8 期。

[②] Martin P R，Moser D V，"Managers'green investment disclosures and investors' reaction," *Journal of Accounting and Economics* 61. no.1(2016):239—254.

[③] Pekovic S，Grolleau G，Mzoughi N，"Environmental investments:too much of a good thing," *International Journal of Production Economics* 3. no.197(2018):297—302.

统不断演化、创新、完善的过程。外部压力可能是企业考虑环境与生态因素的最初原因，但只有当对环境与生态因素的考虑逐渐融入企业自身的意识与行为中后，环境管理机制的转换才能真正实现，才可能使环境与生态因素成为企业的核心竞争优势。如芬欧汇川集团（简称 UPM）——一个拥有百年历史的欧洲最大的纸业公司，是世界领先的跨国森林工业集团，拥有雇员近 3 万人，年销售额超 100 亿欧元。其十分热衷环保，强调可持续发展。旗下子公司威凯包装纸业公司和卡亚尼公司自 1990 年以来通过了各项环境管理创新实践，经历了环境管理机制的转换过程，最终真正进入环境管理自组织阶段。威凯包装纸业公司因欧盟有关包装指南的规定，迫于压力，把所生产的波纹包装板改用循环纤维，从而减少固体废物总量。历经开始时期新理念的闯入，企业底层人员的不理解，生产成本增加，生产效率的暂时减低，到发展阶段旧理念解冻，员工开始意识到使用循环性纤维的积极意义，致使获得经验后成本急剧下降，且质量得到明显改善。威凯包装纸业公司的经验表明：在最后阶段，新旧理念将相互竞争，只有打破旧模式，形成新机制，才能使公司"外部经济"的适应性不断增强。威凯公司经历了一个不断学习与适应的过程后，环境管理最终实现了由他组织向自组织的转换，环境因素成为企业的核心竞争力。①

而卡亚尼公司也经历了同样类似的成长历程。其开始一直实行集中森林管理模式，此种模式严重破坏森林生物多样性，限制员工环境管理创新能力的发挥，环境管理他组织特征明显，而此时小规模森林管理新思想开始引入，使公司经营理念逐渐发生了变化。后来，因森林生物多样性议题成为全球关注焦点，迫使企业转变管理模式，加速了小规模森林管理方式的传播，并最终形成了以环境管理自组织为特征的小森林管理模式。这一模式的转换伴随的是卡亚尼公司环境管理由他组织向自组织机制的转换，最终提高了林场生物多样化，实现了企业环境、社会与经济的持续与协调发展。②

外部影响对于已经进入自组织环境管理机制的企业来说已经没有特定的直接作用，它们作用的发挥需要依靠企业内部组织与结构功能的变化来回应

---

①② 范阳东：《自组织理论视野下的企业环境管理研究》，中央编译出版社，2014，第75—79 页。

（Anton，Deltas，etc，2004），但对于尚未建立自组织环境管理机制的企业来说，政府的严格管制政策与其他环境政策仍然十分必要。

（四）环保产业与清洁技术

环保产业是保护环境、节约能源的重要保障，是当前世界各国大力发展的领域之一。在全球环境治理的大背景下，为了实现可持续发展的目标，包括环保技术创新在内的环保产业发展必将成为各国追求的重要经济增长点。[1] 进入 21 世纪以来，全球环保产业开始进入快速发展阶段，行业增长率远远超过全球经济增长率，成为各个国家十分重视的"朝阳产业"，也是许多国家在产业结构调整转型时期支撑经济增长、保障就业率的重要方式。目前美国、日本和欧盟的环保产业是全球环保市场的主要力量。[2]

我国环保产业虽然目前总体规模相对还很小，但是发展速度之快出人意料。由于其涵盖范围广，交叉学科多，应用能力强，环保产业的边界和内涵仍在不断延伸和丰富。随着我国社会经济发展模式的转变、产业结构的调整，我国环保产业对国民经济的直接贡献将由小变大，逐渐成为改善经济运行质量、促进经济增长、提高经济技术档次的产业。环保产业不仅服务于传统的污染防治和生态保护，而且正在成为清洁生产、资源节约、引领产业升级和各行业技术进步的重要物质技术手段，为我国环保事业的发展提供了重要的技术支持和物质保障。[3]

环保产业包含的范围广泛，既有属于第二产业的环保设备（产品）生产与经营、废弃资源的综合回收利用，也有属于第三产业的环境服务——主要为环境保护提供技术、管理与工程设计和施工等各种服务。因而环保产业从源头到产品，从预防到治理，将会形成以自然资源开发与保护、环保设备（产品）生产与经营、环境服务和资源综合利用型为主的四大环保产业。其中，环保技术和装备、环保产品以及环保服务被作为环保产业的重点领域。

而清洁技术则是改变企业未来的开端，包括使用可再生能源、从废弃物中

---

① 夏光、李丽平、高颖楠：《国外生态环境保护经验与启示》，社会科学文献出版社，2017，第 194 页。

②③ 黄民生：《节能环保产业》，上海科学技术文献出版社，2014，第 10—11 页。

提取资源、更高效地水处理方式、防止污染的有机物回收设施和促进写字楼内部更高效运作的信息技术，等等。其中，最明显的就是使用可再生能源而不是燃烧化石燃料来减少碳排放量。清洁技术早期时被环保产业广泛定义，后泛指新能源、清洁能源以及环保能源等相关的行业，比如：太阳能、氢能、风能、交通运输业以及节能减排等能效产业。清洁技术、环保节能领域是可持续发展的重要组成部分。从原来低端的治理水、废弃物、节能到新能源（包括风能、太阳能、地热和其他的能源形态、新材料，以及最近开始的生态农业、智能电网、可持续发展的交通），清洁技术展现了它的多面性，同时也走进了公众的生活，在未来几年里将发展成为主导市场的新兴技术。

　　当清洁技术企业变得更有效率和竞争力时，它们能吸引越来越多的投资并发展壮大。2007—2010 年，清洁技术占比以年均 11.8% 的速度增长；2011—2012 年，市场总值约为 5.5 万亿美元。清洁技术的使用和发展极大地带动了经济的增长，尤其是发展中国家的中小企业。据一项世界银行的研究估计，2014—2024 年，发展中国家的清洁技术将得到 6.4 万亿美元的投资，其中中小企业能得到 1.6 万亿。南美洲和非洲撒哈拉以南地区将成为发展中国家清洁技术发展的主要地区。不但如此，清洁技术的推广还促进了相关绿色岗位的增加。来自国际可再生能源机构的数据显示，2013 年绿色工作岗位新增了约 80万个，总量已达 650 万个。太阳能和液体生物燃料则是提供就业岗位最多的两个领域。①

---

① 托尼·朱尼珀：《环境的奥秘——地球发生了什么》，张静译，中国工信出版社、电子工业出版社，2019，第 198—199 页。

第五章 环境危机对整个人类社会心理和行为的影响

生态环境危机的影响已经引起人们越来越多的关注和焦虑。自然系统应付这些压力的方式,如温室气体排放引起的气候变化,或海岸生态系统遭受污染的后果等,同样会对社会、经济及其他自然系统造成危害。人们认识到依靠单个国家的力量根本不可能摆脱环境变化的影响,同时这也成为地缘政治与全球管理模式发生变化的基础。人是环境的产物,也是环境的塑造者。保护和改善环境,关系到人类的福祉和社会的发展,是各国人民的迫切愿望,也是各国政府的责任。人类改变环境的能力,如妥善地加以利用,可对人类带来福利;如运用不当,则会对人类造成不可估量的损失。

第一节 环境危机形成与人类过去行动回顾

生态危机是指生态系统处于失调状态,生态平衡被打破。作用于生态系统的外部力量可以从两方面来干扰破坏生态平衡,一是损坏生态系统的结构,导致系统的功能降低;二是引起生态系统的功能衰退,导致系统的结构解体。造成生态平衡失调的原因是多方面的,但归纳起来有两方面:一是自然因素造成的生态平衡失调;二是人为因素造成的生态平衡失调(曹凑贵,2006)。工业化革命以来,人的行为是造成生态平衡失调的主要原因。人类面临的环境问题,如环境退化、资源耗竭、生物多样性减少、环境污染等,在某种程度上都是人类活动产生的后果。人类的这些行为给地球生态系统造成极大的影响,使得地球生态系统潜伏着重重危机。

一、过去人类行为酿成环境危机

(1)土地与森林退化。由于人口增长过快,其增长速度超过粮食的增长速度,人类不断开垦农业用地,但又缺乏对土壤与水资源的管理,不合理的粮食轮作以及农业灌溉等造成土地严重退化。仅 1985—1995 年期间, 每年就有 1000 万公顷的灌溉土地遭到毁坏。与此同时,人类为了采伐自然资源用于工业用材、薪材与其他森林产品,大肆砍伐森林,过度使用重型机械以及发展畜牧业过度放牧等,导致森林大面积减少,自然植被被破坏。长久以来的森林砍伐导致许多森林已经被破坏。20 世纪 90 年代,全球林地面积净减少了约 9400 万公顷(相当于全部森林面积的 2.4%),期间每年采伐森林 1460 公顷,重新造林 520 万公顷,热带森林的采伐率为每年 1%。20 世纪 90 年代近 70%的森林砍伐区变成了永久的农业用地, 如超过 60%的亚洲红树林地区变成了农业用地。此外,贫困、人口增长、森林产品市场化以及宏观经济政策也是导致森林减少与退化的潜在因素。

(2)生物多样性减少。人类行为在几十年间,就已经挥霍掉地球成千上万年累积的天然遗产。严重恶化的生物多样性减少,是人类行为的累积作用及其产生增效的结果。由于土地转化、气候变化、污染、不可持续地开采自然资源以及不断引进外来物种等, 全球的生物多样性正以比自然灭绝快得多的速度减少。热带森林地区的土地转化现象最突出,北温带及北极地区则相对较少;北半球温带地区的大城市附近空气中的氮沉积最高;外来物种的引入则与人类活动方式有很大关联。生存空间骤减是导致生物多样性减少的直接原因。据悉,保护区只占总面积的 5%,与国际自然与自然资源保护联盟 10%的标准存在一定差距。而人口增长、不可持续的消费模式、垃圾与污染物的大量排放、城市发展与国际武装冲突等都是造成生物多样性减少的深层原因。物种减少与灭绝已经成为重要的问题。在过去几百年中,人类造成的物种灭绝的速度比地球历史上典型的参照速度增长了 1000 倍之多。在过去 100 年中,约有 100 种鸟类、哺乳动物和两栖动物被充分证明已经灭绝——是参照速度的 100 倍以上。若包括未得到充分印证但很可能已出现的灭绝事件,这一速度将高于参照速度 1000 多倍。实际上,地球上所有的生态系统由于人类的活动都发生了显著的转变。(世界资源研究所,2005)研究结果显示,大约有 24%(1130)的哺乳动物和 12%(1183)的鸟类被认为面临绝迹的险境。如亚洲和太平洋地区孤立的岛屿上大约 3/4 的已知或未知物种即将绝迹。

(3)海岸与海洋环境退化。人类对地球水体的需求,与水生动植物环境的运行之间有一种内在的联系,只要一方所占比例过大,势必严重破坏另一方。[1] 人口增长、城市化加速和海岸带旅游业发展是导致海岸环境压力增大的根源。污水排放是污染海洋环境的主要原因,20 世纪海岸污水排放量急剧增加。人类活动还导致了沉淀物的自然流动发生改变,并对海岸的栖息地构成了威胁,城市化和工业的发展导致居住区建设和工业基础设施建设不断加快,而这些自然会改变沉淀物的流动。随着陆地和海洋资源压力不断增加、废弃物的不断堆放致使海洋和海岸带不断退化。人类消费模式加剧了对海洋环境的影响,向海洋排放过多的氮导致海洋和海岸带出现了富营养化,有毒的或不受欢迎的浮游生物出现的频率越来越高,密度和地理分布面积也越来越大。在封闭的和半封闭的海域已出现严重的富营养化,包括黑海在内。同时,全球变暖对珊瑚礁产生严重影响,导致大量珊瑚礁死亡,破坏了海洋环境的生态平衡。如1997—1998 年,厄尔尼诺现象比较剧烈,引发全球珊瑚礁都出现了漂白现象,虽然之后一些地区的珊瑚礁恢复了,但在印度洋、东南亚、西太平洋和加勒比海的珊瑚礁则出现大量死亡。[2]

(4)淡水资源短缺。在过去一个世纪里,人口增长、工业发展和灌溉农业的扩张引起对淡水需求的大幅增长。对于世界上许多贫困人口的健康而言,持续饮用未经处理的水仍是最大的环境威胁之一, 这些人口大部分居住在非洲和亚洲。缺乏安全的水供给和卫生设施导致上亿人患上与污水有关的疾病,每年至少造成 500 万人死亡。尤其对发展中国家造成极其严重且难以估量的消极影响。此外,淡水管理的不规范也限制了水资源管理的效率。

---

① 吴建平:《人类自我认知与行为对生态环境的影响研究》,硕士学位论文,北京林业大学,2010,第 34 页。

② 联合国环境规划署(UNEP):《全球环境展望 3》,中国科学院地理科学与资源研究所译,中国环境科学出版社,2002。

(5)湿地造田、围湖造田。湿地的消失减少了有毒物质进入水体的一道天然屏障,同时使流域内的生物多样性下降,也降低了水体生态系统的自我维持和恢复能力。另外,在农业生产中坡地的过度开垦和不合理的耕作,会使天然植被遭到破坏,大大降低其防风固沙、蓄水保土、涵养水源、净化空气等生态功能,造成水土流失严重,尤其是在农业生产过程中大量使用的农药、化肥也随之流入河流,给河流水环境带来巨大的面源污染。与此同时,由于某些企业产业结构与布局不合理,设备陈旧、工艺落后,原材料及水资源利用率低,污染治理设施投入严重不足等因素,这些污染物种多、成分复杂、化学需氧量浓度高、可生化性差、毒性大的工业废水的大量排放直接造成水源污染。除此之外,旅游业的快速发展,虽极大地增加了当地的旅游收入,但旅游地区过度开发,大量设立酒店、饭店等,也增加了生活废水的排放量,水体污染程度随之加重。水体污染严重使得原本就匮乏的淡水资源更是雪上加霜。

(6)大气污染及温室效应。人类活动对大气造成污染主要来自三方面。①工业废气。工业是大气污染的一个重要来源。工业排放到大气中的污染物种类繁多,有烟尘、硫的氧化物、氮的氧化物、有机化合物、卤化物、碳化合物等。其中有的是烟尘,有的是气体。②生活燃烧。城市中大量民用生活炉灶和采暖锅炉需要消耗煤炭,煤炭在燃烧过程中要释放大量的灰尘、二氧化硫、一氧化碳等有害物质污染大气。特别是在冬季采暖时,往往使污染地区烟雾弥漫,呛得人咳嗽,这也是一种不容忽视的污染源。③交通运输。汽车、火车、飞机、轮船是当代的主要运输工具,它们烧煤或石油产生的废气也是重要的污染物。特别是城市中的汽车,量大而集中,排放的污染物能直接侵袭人的呼吸器官,对城市的空气造成严重污染,成为大城市空气的主要污染源之一。汽车排放的废气主要有一氧化碳、二氧化硫、氮氧化物和碳氢化合物等,前三种物质危害性很大。而由于大气污染严重造成的酸雨问题也引起广泛关注。尤其在欧洲及北美洲也包括中国在内,因为酸雨的侵袭,从1950年到1980年,斯堪的纳维亚成千上万个湖泊的鱼类大量减少。1980年欧洲森林的严重破坏使酸雨沉降发展为首要环境问题。

温室效应是由于大气层中一种重要的温室气体即二氧化碳的含量不断增高导致的,引发"全球变暖"。除了太阳总辐射的不稳定,地球内部热运动频繁、火山爆发、森林大火以及生态不平衡引起的环境变化等因素,还包括人类活动因素,其中人类活动对温室效应的发生是最主要的,影响包括两个方面:造成大量温室气体逐年增加和影响红外线辐射。地球表面向太空发射的热辐射主要是红外线,其中大气中的氮气、氨气对红外线的通透性相当好,但水汽、二氧化碳、甲烷、臭氧等气体对红外线的通透性则比较差,且大部分强烈吸收热辐射,故上述几种气体称为温室气体。在温室气体中危害最大的是二氧化碳。那么,人类对化石能源的开采利用,如煤炭、石油的开采,使大气中二氧化碳的浓度增加;同样,人口的增长,也加大了对能源的需求,产生更多的温室气体。植树造林及绿化工程能吸收温室气体,但乱砍伐以及对森林资源的破坏又使温室气体得不到控制。再比如,用来发电取暖以及因此而产生的废热,在大城市中尤为明显,热岛效应便是如此。[①]温室气体排放的国家和地区分布并不平衡,北美是全世界最大的温室气体排放地区, 经济合作与发展组织国家的二氧化碳排放量虽然从 1973 年以后减少了 11%, 但截至 1998 年仍占全球排放量的一半, 人均排放量为全球平均排放量的 3 倍。而臭氧层的耗竭已达创纪录水平, 尤其是南极和北极地区,2000 年 9 月南极的臭氧层空洞已超过 2800 万立方千米。

(7)自然与科技灾害频发。人口增长迅猛,人口密度不断增加、移民、无计划的城市化、环境退化和可能的全球环境变化,导致人类和环境不断受到自然灾害的侵袭。从 20 世纪 80 年代到 90 年代,水文气象灾害(干旱、暴风和洪水)的数量开始增加。20 世纪 90 年代在自然灾害死亡的人数中有 90%因受水文气象灾害而死亡,在自然灾害中,有 2/3 的受灾人数因洪水造成。2004 年的印度洋大地震和海啸是世界近 200 多年来死伤最惨重的海啸灾难, 矩震级达到9.3,引发的海啸高达 10 余米,造成 22.6 万人死亡。2005 年飓风卡特里娜在美国佛罗里达州以小型飓风强度登陆,后迅速增强为 5 级飓风,风暴潮对路易斯安那州等造成灾难性的破坏,导致新奥尔良市八成地方遭洪水淹没。造成的经济损失可能高达 2000 亿美元,至少有 1836 人在此次飓风中丧生,成为美国史上破坏最大的飓风。虽说对经济危害最严重的自然灾害是洪水、地震和暴风,

---

① 薛有为:《人类活动对温室效应的影响》,《渭南师范学院学报》2003 年第 10 期。

但干旱和饥荒对人类自身来说更具毁灭性,例如1876年至1878年干旱之后,5000万人死于饥荒。2018年华盛顿州立大学环境学院的助理教授迪普蒂·辛格(Deepti Singh)就此次干旱为研究依据,利用树木年轮数据、降雨记录和气候重建来描述导致大干旱的条件。并在《气候杂志》上发表论文称:"导致大干旱和全球饥荒的气候条件是由自然变化引起的。它们的重现——全球变暖加剧了水文影响——可能再次潜在地破坏全球粮食安全。"这篇论文发表之际,联合国发布了一份报告,预测全球气温上升最快将在2040年导致更频繁的食品短缺和野火。[1]

若说自然灾害还有受自然环境本身变化规律的因素影响,那么科技灾难的产生则完全是人类自食恶果。由于管理不善,特别是在运输、化学和核能源部门,一些化学和辐射物质在内的大型事故引发的剧烈污染引发了全球关注。此外,战争更是给人类社会带来了深重灾难。尤其是具有大规模杀伤力的终极武器——核武器的出现,如同一枚生态定时炸弹能在数分钟内摧毁地球上多个城市和国家,导致成千上万人丧生,而后残留的放射性物质会长期弥散于广阔空间,引发疾病导致生物物种的突变,甚至某些种群的绝迹,严重威胁地球上人类和众多生物的生存。

(8)城市环境退化及污染。快速城市化意味着失业和贫困不断增加、城市服务不足、现有基础设施超载,获得土地、财政支持和居住地的机会减少以及环境退化。贫困是导致城市环境退化的主要动因。城市贫困人口在面临资源短缺的困境时缺乏竞争力,在环境危机的情况下没有足够的能力保护自己免受伤害,受到城市化的负面影响最大。全球约有1/4的城市人口生活在贫困线以下。另外,城市垃圾收集和管理体系不完善是造成城市污染和健康灾害的主要原因,过时的对环境有害的生产技术及不完善的污水处理引发了一些环境危害。[2]

---

① 气候学家认为, 最严重的干旱和饥荒即将重演,https://www.jianshu.com/p/d623b125d9f3.

② 联合国环境规划署(UNEP):《全球环境展望3》,中国科学院地理科学与资源研究所译,中国环境科学出版社,2002。

从以上叙述中我们可以看到，环境危机的形成与过去人类行为之间是有必然关系的。当然环境危机并非某个单一因素导致的结果，引发环境危机的根源众多。国内外学者从技术根源、经济根源及社会根源等不同角度探讨了环境危机的根源。本章主要从心理学的视角来探讨环境危机。

二、从心理学视角解读环境危机

心理学认为，人类行为是有意识的行为。换句话说，人类行为是意志施行后转化为行动，是有目标的，是行为人对外界刺激和环境状况的有意识的反应，是行为人针对能够决定其生存的事物状态进行的有意识的调整。人们对生存环境的需求和意识不同，在生态系统中所扮演的角色不一样，那么对应的行为也不尽相同。一般而言，人在生态系统中具有双重角色——依附于自然资源的消费者角色与控制生态系统的操纵者角色。首先来说，人是地球生态系统中的一个物种，属于生态系统中的一部分。人类要在地球上生存，需要从自然界索取生存所必需的资源和空间，也享受着自然生态系统提供的服务功能。同时，人类也遵循自然生长规律，存在着与环境进行物质与能量交换、相互作用、相互影响的密切关系，受到一般生物学规律的制约，所以人类行为也应当遵循自然法则。在生物圈中，人类扮演着消费者的角色。

但人类不但有自然人的一面，也有社会人的一面。工业革命以前，人是自然生态系统的一部分，然而，随着化石燃料和核裂变的使用，以及城市增长和货币市场经济的增加，现代城市工业化社会不再仅影响和改造自然系统，而是由此产生了一个新的生态系统模型，即人类技术生态系统。与通过微生物、动物和植物对无机环境相互作用所形成的自然生态系统相比，人类技术生态系统是一种通过人类的技术发明建造出来的人类生存与发展的新型环境，具有强烈的非自然、技术化和机械性的色彩。在人类技术生态系统中，人是生态系统的操纵者。作为生态系统的操纵者，人类的社会经济生产活动不断地改变着环境。①

---

① 吴建平：《人类自我认知与行为对生态环境的影响研究》，硕士学位论文，北京林业大学，2010，第37—39页。

　　人的原始本性中,除了与自然界间存在的物理—化学联系外,还存有一种与自然界强烈的固有的情感联结,即生态潜意识。而在人类社会不断发展过程中,生态潜意识因种种原因被长期压抑。政治只是对自热无情地改造和索取,追逐阶层利益而非生态利益;经济发展则追求利润最大化和资本的无限积累,无视生态环境系统的有限性,甚至以牺牲生态利益为代价而优先选择保障经济利益。奥德姆(2009)指出:"为了满足自己的直接需要,人类比任何其他生物更多地企图改变物理环境,但是,在改变环境的过程中人类对自己生存所必需的生物成员的破坏性,甚至是毁灭性影响也越来越大。因为人类是异养性的和噬食性的,接近复杂的食物链末端,无论其技术怎样高超,对于自然环境的依赖性仍然保留着,从空气、水和食物等"生活资源"着眼,大城市仍然不过是生物圈的寄生者而已,城市越大,对周围地方的需求越大,对自然环境"宿主"的危害威胁也就越大。"人类沉迷于建造文明世界的同时,与自然的关系渐行渐远,在生态系统中扮演的两种角色也引发冲突,人类还试图以操纵者的角色替代消费者的角色,相信自己具有治理和控制大自然的能力,自认为是自然的认知者、使用者和支配者,认为自然处于人类的对立面,应当被认知、被支配、被使用。这样的认识对于构建人类社会与自然的和谐关系是有害处的。①由此产生的行为问题与生态危机存在着内在的联系。

　　当人类的这种不顾自己所作所为后果的倾向与人、自然相分离的观念结合到一起,造成了我们和周围世界的联系的真实危机。我们对自己的危险处境似乎有所感觉。由于丧失了与世界、与未来的联系,我们的精神似乎都焦躁不宁,但我们感到自己瘫软无力。我们纠缠在旧有的设想、旧有的思路里,不知道如何摆脱自己的困境。正如最早提出生态心理学的罗扎卡在其著作《生态心理学:恢复地球,愈合心灵》中所表明的,治愈地球与医治人的心灵是同一个过程。环境的危机即是人类心灵的危机。人类属于大生态系统的组成部分,人类心理的失衡会导致整个生态系统的失衡。而整个生态系统的失衡又会严重影响人类的生存状况进而引起人类心理的失衡,影响人类的心理健康。以罗扎卡为代表的生态心理学家们从环境和心理的互动关系出发,探究环境行为背后

　　---

　　① 朱建军、吴建平:《生态环境心理研究》,中央编译出版社,2009,第79页。

深层的心理根源,寻找解决环境危机的心理学途径。因此,该学派把心理健康与生态环境的问题及两者的关系作为研究对象,并把心理与环境的关系纳入心理健康的标准中,重新定义心理健康的概念。罗扎卡把生态理论与心理学有机结合提出了生态自我(ecological ego)和生态潜意识(ecological unconscious)的相关概念,认为解决生态危机的办法就是"解除对生态潜意识的抑制,建立生态自我"。[1]这种观点实则是从整体着眼,看到自然各部分是互相作用的,而这些互相作用的方式历久不衰,导向平衡。把地球和人类文明看作是不可分离的整体,我们自己也是这个整体的一部分,审视这个整体实际上也意味着审视我们自己。假如我们看不到自然的人类部分对自然整体的影响日益强大——我们自己其实也是一种自然力量,就像风和潮汐一样——那我们就不可能看到我们正在陷入颠覆地球平衡的危险之中。[2]

第二节 环境意识觉醒与人类社会发展的融合

当人与自然环境的冲突成为影响人类生存最重要的环境危机时,对环境的焦虑在全球弥散开来,带着这种焦虑,人们不得不从世界观的层面上来思考环境问题,并试图以正在确立和展开的新的世界观来缓解人与自然环境的冲突,从而展现人类在自然环境中新的生命景象。

在全球范围内对环境与人类生命之间平衡的关注始于 20 世纪 50 年代。这一时期,科技和工业发展的副作用日趋严重并到处显露出来,这才使人们变得冷静一些,开始认真思考在人与自然的关系问题上,人的行为所引起的新的矛盾。

美国海洋生物学家蕾切尔·卡逊(Rachel Carson)于 1962 年出版的《寂静的

---

[1] Theodore Roszak, *The Voice of the Earth:An Exploration of Ecopsychology* (2nd edition)(New York:Simon&Schuster2001)pp.14.

[2] 阿尔·戈尔:《濒临失衡的地球——生态与人类精神》,陈嘉映译,中央编译出版社,2012,第 2 页。

春天》(Silent Spring)一书被普遍认为是人类环境意识觉醒的萌芽。卡逊以生动而严肃的笔触,描写因过度使用化学药品和肥料而导致环境污染、生态破坏,最终给人类带来深重灾难。书中阐述了农药对环境的污染,用生态学的原理分析了这些化学杀虫剂对人类赖以生存的生态系统带来的危害,指出人类用自己制造的毒药来提高农业产量,无异于饮鸩止渴,倡导人类应另辟蹊径。此书首次揭露了美国农业、商业界为追逐利润而滥用农药的事实,对美国不分青红皂白地滥用杀虫剂而造成生物及人体受害的情况进行了抨击,使人们认识到农药污染的严重性。因此,《寂静的春天》的问世,敲响了人类将因为破坏环境而受到大自然惩罚的警示之钟。但是,同时也遭到了猛烈抨击,并引发了一场关于发展观问题的世界性大讨论。那些靠牺牲环境发财的人指责卡逊是"歇斯底里",是"煽情",是"危言耸听"。

然而,警醒的号角一旦吹响,沉睡的人们将陆续从睡梦中苏醒。紧接着在1968年的《科学》杂志上,加勒特·哈丁发表了论文《公用地悲剧》并提出了其著名的论断"公共资源的自由使用会毁灭所有的公共资源"。哈丁设想,古老的英国村庄有一片牧民可以自由放牧的公用地,每个牧民公用地大小取决于其放牧的牲畜数量,一旦牧民的放牧数超过草地的承受能力,就会导致草地逐渐耗尽,而牲畜因不能得到足够的食物就只能挤少量的奶,倘若更多的牲畜加入拥挤的草地上,结果便是草地毁坏,牧民无法从放牧中得到更高收益,这时便发生了"公用地悲剧"。①而防止悲剧的方法主要在于从制度上强制以及从道德上约束人们的行为。环境的恶化、拥挤的道路是现代版的"公用地悲剧"。

《寂静的春天》和《公用地悲剧》的发表刺激了一些国家和国际团体开展行动。以讨论人类目前和未来的处境而闻名于世的罗马俱乐部把第一个历史文献《增长的极限》投向世界。该文献通过对影响经济增长五个方面主要因素(人口增长、粮食供应、资本投资、环境污染和资源消耗)的综合分析和计算,得出了令人警醒的结论:1970年以后,人口和工业仍然维持指数增长,但迅速减少的资源将成为约束条件使工业不得不放慢发展速度,待工业化达到最高点后,

①公用地悲剧,https://baike.so.com/doc/517595-548001.html.

人口和污染还会继续增长,但由于食物和医药缺乏会引起死亡率上升,最后人口将停止增长,这样人类会在 2000 年到来之前崩溃。[①] 即使这一现象没有发生,人口和经济增长也将停滞。尽管《增长的极限》遭到了大量的批评,但它却首次提出了"外在极限"的概念,即发展受地球资源有限性制约的思想。[②]

70 年代以前,对环境问题的关注几乎都来自西方国家。对当时的发展中国家而言,所谓的环境问题不过是西方国家的"奢侈品"而已,其仍然以工业化的名义继续着环境的破坏。70 年代的世界是以多种方式强烈极化的时代,世界上的发达国家仍然处于冷战的相互隔离中,殖民时代尚未终结。然而就是在这样的时代背景下,联合国人类环境大会在瑞典斯德哥尔摩召开了,并产生了后来的"斯德哥尔摩精神"。在这一精神里,发达国家和发展中国家找到了解决它们之间强烈分歧观点的途径。

面对环境日益恶化的现实,人类终于意识到环境与人类存在着的休戚与共的关系,正是由于对自然环境的肆意破坏才导致了日益严重的全球性环境危机。人类环境保护意识开始觉醒,并从个人、团体组织扩展至部分国家,又由大部分西方国家扩展至整个世界。第一次国际性的环境大会的召开,使得环境问题成为全球关注的焦点,被纳入从全球到地方各层次的会议议程中。此次会议被誉为现代环境主义的重要里程碑,标志着现代环境主义的形成。自斯德哥尔摩大会以来的各种决策对各国行政管理、经济发展、国际环境公约的制定与实施、不同国家与地区之间的多边关系、各国人民的生活方式等都产生了巨大的影响。在此之后更是提出了可持续发展战略思想,并出台了实现可持续发展战略思想的行动指南《21 世纪议程》,把对生态环境的保护与社会经济的可持续发展融合在一起。

一、全球目标的一致达成

1972 年:联合国人类环境大会在斯德哥尔摩召开,使环境问题成为国际

---

① 阎孟伟:《环境危机及其根源》,《天津社会科学》2000 年第 6 期。

② 联合国环境规划署(UNEP):《全球环境展望 3》,中国科学院地理科学与资源研究所译,中国环境科学出版社,2002。

性重大问题。此次大会有 113 个国家或地区出席了该次会议,把发达国家和发展中国家集中到一起,中国也派出了代表团参加。此次会议上发表了著名的《人类环境宣言》。该宣言由 26 项基本原则和 109 条行动计划建议组成,设定了一些具体的目标——一个 10 年的商业捕鲸延期偿付计划,防止原油向大海的故意排放和 1975 年的能源利用报告,并向全球发出呼吁:已经到了这样的历史时刻,在决定世界各地的行动时,必须更加审慎地考虑它们对环境产生的后果。

发展中国家的环境问题多数由于发展迟缓而引起,因此它们应致力于发展,同时注意保护和改善环境。发达国家的环境问题则多由于工业和技术的发展而引起。人口不断增长也会引起环境问题。

1987 年:1983 年 3 月成立了世界环境与发展委员会(WCED),由挪威前首相布伦特兰(G. H. Brundland)夫人任主席,负责制定长期的环境对策,研究有效解决环境问题的途径,于 1987 年发表了《我们共同的未来》。该报告最早提出了可持续发展的概念,将其定义为"满足现代人的需求且不损害后代满足其需求的能力",是人类对环境与发展认识的重大飞跃。在此之后,环境与发展的种子由此播撒开来。很多新的组织成立了。在欧洲,绿党进入政界。基于环境保护的环境组织迅速壮大起来,如政府间气候变化专业委员会(IPCC)于 1989 年成立,它致力于对气候变化、环境与社会经济影响及响应策略的科学评估,预测人类在进入到新千年的最后十年可能面临的一系列挑战。尤其在对促进人们正确认识全球变暖危险性这一重要问题上做出了巨大贡献。

自 20 世纪 80 年代以来,75 个国家制定了国家、省(州)和地方级别的多层次战略。这些战略的目的在于解决土地退化、栖息地保护及森林砍伐、水污染与贫困等环境问题。

1992 年:联合国环境与发展大会(UNCED,又称地球首脑会议)在巴西里约热内卢举行,176 个国家、102 位国家元首、1400 个非政府组织、9000 名记者参加了此次会议。目前它仍然是同类会议中规模最大的。此次会议围绕环境与发展这一主题,在维护发展中国家主权和发展权、发达国家提供资金和技术等根本问题上进行了艰苦的谈判。大会通过了《关于环境与发展的里约热内卢宣言》(包含 27 项基本原则)、《关于森林问题的原则声明》以及作为全球实现可持续发展行动指南的《21 世纪议程》等 3 项主要文件。此次大会的举行成为人类发展史上又一座重要的里程碑，是向各国政府和人类发出的总动员，是人类迈向新的文明时代的关键性一步。

2000 年：联合国千年首脑会议（United Nations Millennium Summit）在纽约联合国总部举行，由时任联合国秘书长的安南主持，会议的主题是"21 世纪联合国的作用"，该会议对环境问题重要性的认识鼓舞人心。这次会议后，各国在达成会议目标的进程中已取得了显著成效。千年发展目标中包括消灭极端贫困、提高儿童受教育程度、促进性别平等和减少儿童死亡率等，在发展中国家，政府合作与国际救助在这些方面均取得了了不起的成就。[1]

2002 年：联合国可持续发展高峰会议在南非约翰内斯堡举行，总结了 10 年来实施可持续发展战略的成绩和问题。会议通过了《约翰内斯堡可持续发展承诺》的政治宣言和执行计划。其中，宣言承认 1992 年里约会议所确定的目标没有实现。

2005 年：在俄罗斯正式批准后，《京都议定书》正式施行。

2012 年：联合国可持续发展大会（里约 +20）在巴西里约热内卢举行。此次会议与 1992 年在里约热内卢召开的联合国环境和发展大会正好时隔 20 年，因此也被称为"里约 +20"峰会。有 120 个国家的元首和政府首脑出席这次大会，吸引数万名非政府组织领导、专家、媒体和其他关注环境和社会的各界代表，与会人数超过 5 万人。会议通过了《我们憧憬的未来》的声明，强调发展绿色经济是可持续发展的重要手段，明确提出要着力解决贫困问题。但本次会议没有制定具体的目标和实现目标的时间表，对于两大集团的责任还存在分歧。

2015 年：联合国大会通过了新的目标框架——可持续发展目标，目前已有 193 个国家或地区签署了此目标。该目标提出了要面对社会与环境的共同挑战，而不是以一方面为代价来维系另一方面的发展。确保在 2030 年前成功应对环境和发展挑战，为未来创建更良好的基础。

---

① 托尼·朱尼珀：《环境的奥秘——地球发生了什么》，张静译，中国工信出版社、电子工业出版社，2019，第 188—189 页。

二、多边环境协定的不断增加

在认识到只凭单个国家的力量很难解决当前众多环境问题的状况后,世界各国政府努力协商,并达成各种多边环境协定(MEAS)。在过去的一个世纪中,尤其是在 20 世纪 70 至 90 年代,环境领域中国际合作条约、草案和其他协议的数量大幅度增长。

在联合国人类环境大会前后很多国家政府或投资机构通过签订多边环境协议加强了对野生生物的保护。1971 年《拉姆萨尔公约》,关于特别是水禽栖息地的国家重要湿地公约;1972 年《世界遗产公约》,关于保护世界文化和自然遗产公约;1973 年《濒危野生动植物物种国际贸易公约》(CITES);1979 年《保护野生动物迁徙栖物种公约》(CMS);等等。

20 世纪 80 年代同样签订了许多多边环境协议,主要包括针对核发处理海洋问题的《联合国海洋法公约》(UNCLOS),针对臭氧层耗竭物质的《蒙特利尔议定书》以及控制危险废物越境转移及其处置的《巴塞尔公约》。

20 世纪 90 年代这一时期还签订了针对限定温室气体排放的《联合国气候变化框架公约》(UNFCCC)、《生物多样性公约》(CBD)、《防止荒漠化公约》(CCD)以及《全面禁止核试验条约》(CTBT)。并于 1992 年 12 月建立了可持续发展委员会。此外,90 年代还召开了很多国际会议,都强调了可持续发展原则,其中最为有名便是里约 5 年。此次会议是在 UNCED 召开 5 年后举办的,是由国际团体在纽约召集的一个回顾性首脑会议,主要探讨《21 世纪议程》执行缓慢的情况。同时,企业也介入了可持续发展的活动中。民间团体也相当活跃,不仅致力于撰写《地球宪章》,还在世界各地针对明显的全球化威胁等开展大规模的示威行动。

在过去的一个世纪中产生的国际环境协议可达上百种,其中大多数是对已有计划的技术性修正,其余则是一些全新的协议。在这些协议中,部分协议成功地促进了人类社会共同面对挑战,但更多协议的目标却难以达成,且在实施过程中更多的进步表现在社会目标而非环境目标上。这其中缘由或与各国自身利益不无关系,显示出各国对各协议的支持力度也不尽相同。当部分协议还在寻求关注时,一些其他协议则已经取得了相当大的进展。如当一些国家意识到自己在面临严重的自然多样性丧失的风险和威胁时，对生物多样性公约的支持就会增加。①

三、自然空间的显著提升

自然保护区和国家公园占地球陆地表面积的 15%。在过去 50 年中，国家公园、自然保护区和其他保护区数目都得到了显著增长。1864 年，时任美国总统的亚伯拉罕·林肯签署了相关法案，建立了世界上第一个现代保护区——约塞米蒂国家公园；1872 年世界上最大的国家公园黄石公园建成，它是世界上唯一一座保留了完整的温带生态系统的国家公园；1948 年，国际自然保护联盟成立；1958 年，国际自然保护联盟成立了国家公园临时委员会；1962 年，第一届世界公园大会在美国西雅图召开，这是一场关于保护区的全球论坛；1972 年，联合国环境保护署成立，《世界遗产公约》通过；1982 年，第三届世界公园大会聚焦于保护区的可持续发展；1992 年，《联合国生物多样性公约》通过；2010 年，《联合国生物多样性公约》提出了爱知生物多样性目标来遏制生物多样性丧失；2015 年，联合国可持续发展目标通过，其中包括保护自然的目标。自 1962 年以来，全球保护区的数目增长了 20 多倍，保护区面积增加了近 14倍；2014 年保护区的数目超过了 209000 个，覆盖面积约为 3300 万平方公里，其中包括 15%的全陆地面积和 3%的全球海洋面积。然而，最近一项调查发现仅有 24%的保护区处于"管理健全"状态。事实上，单靠建立保护区是远远不够的，如可持续发展农业、反偷猎法、污染治理和有效应对气候变化等各种手段对维护自然空间都至关重要。②

四、环保资金的大量投入

首脑会议后，《21 世纪议程》被当作一种金融机制期望能够配置资源。它

---

① 托尼·朱尼珀：《环境的奥秘——地球发生了什么》，张静译，中国工信出版社、电子工业出版社，2019，第 186—187 页。

② 托尼·朱尼珀：《环境的奥秘——地球发生了什么》，张静译，中国工信出版社、电子工业出版社，2019，第 190—191 页。

帮助资助区域、国家和全球级的发展项目,使世界环境从气候变化、生物多样性、臭氧层和全球水资源及当地社会经济四个方面中获益。其中,全球环境基金(GEF)于1991年建立,是一个由183个国家和地区组成的国际合作机构,其宗旨是与国际机构、社会团体及私营部门合作,协力解决环境问题。联合国开发计划署、联合国环境规划署和世界银行是全球环境基金计划的最初执行机构。自1991年以来,全球环境基金已为165个发展中国家的3690个项目提供了125亿美元的赠款,并撬动了580亿美元的联合融资。23年来,发达国家和发展中国家利用这些资金支持相关项目和规划实施过程中与生物多样性、气候变化、国际水域、土地退化、化学品和废弃物有关的环境保护活动。

五、国际民间组织的积极参与

1972年:罗马俱乐部(The Club of Rome)于1968年成立,10个国家30位科学家、教育家、经济学家和实业家参加,关注、探讨与研究人类面临的共同问题。1972年发表了第一份研究报告《增长的极限》。该报告中提道:"地球的支撑力将会由于人口增长、粮食短缺、资源消耗和环境污染等因素在某个时期达到极限,使经济发生不可控制的衰退。为了避免超越地球资源极限而导致的世界崩溃,最好的方法是限制增长。"该报告对人类前途的忧虑促使人们密切关注人口、资源和环境问题,为孕育可持续发展的观点提供了土壤,做好了准备。然而,这种反对增长的观点也受到了尖锐的批评和责难。

1980年:国际自然资源保护同盟受联合国环境规划署的委托,起草并经有关国际组织审定,于1980年3月5日在世界大多数国家首都同时公布了一项保护世界生物资源的纲领性文件即《世界自然保护大纲》。目的在于使广大公众认识到人类在谋求经济发展和享受自然财富的过程中,自然资源和生态系统的支持能力是有限的,必须考虑到子孙后代的需要。

同时,企业也介入了可持续发展的活动中。民间团体也相当活跃,不仅致力于撰写"地球宪章",还在世界各地针对明显的全球化威胁等开展大规模的示威行动。

随着环境意识的增强,人们投入大量的人力财力探索环境问题,并在复杂的生态过程中取得了前瞻性研究成果,也已经开始通过政策来解决重要的问题,许多领域也确定了具体的目标与行动。

土地:1992 年地球高峰会议上将关注土地资源的问题向前推进了一步。它要求每个国家必须履行《21 世纪议程》,为制定土地资源政策奠定了基础;联合国千年首脑会议上重申了土地问题的重要性,并且强调土地资源问题的日益严重将会威胁到未来全球的粮食安全。

森林:斯德哥尔摩大会把森林定义为生态系统中最大、最复杂且能够永久自我更新的部分,并且强调制定合理的土地与森林使用政策,监控世界的森林状况,采用不同的森林资源管理计划。当然,斯德哥尔摩大会关于森林提出的建议有些难以实施,原因在于管理森林要面对环境保护与经济发展的利益冲突。

生物多样性:非社会组织网络已经成为主要的推动力。与保护行动有关的利益相关集团的参与不断增加,非政府组织、政府和私营部门之间的伙伴关系也逐渐出现。接连产生有关保护濒危物种的国际公约,如 1973 年的《濒危野生动植物物种国际贸易公约》(CITES),1979 年的《保护野生动物迁徙物种公约》(CMS),1990 年制定、批准并实施的《生物多样性公约》(CBD)。

淡水:联合国秘书长科菲·安南在其千年报告中指出:"要减少发展中国家的疾病,拯救生命,任何措施都比不上使所有人得到安全的水和合格的卫生条件。"政策制定者已由供应管理转向需求管理,突出强调利用综合的管理方法确保不同的部门都能得到充足的水源供应,包括提高水资源利用效率、价格政策和私有化。也强调水资源的集成管理,在水计划制定和管理中充分考虑所有不同利益相关集团的利益。许多国家通过制定有关水资源的政策来管理稀缺的水资源,不断增加淡水供应和加强保护,并引进高效率的灌溉措施。

海岸与海洋环境:少数发达国家对海岸和海洋环境的某些问题进行保护,然而从整体来看,海岸与海洋环境的退化仍在继续且有恶化的趋势。

大气:20 世纪 70 年代后,由于制定和实施了消除污染的政策,许多发达国家的空气废物排放量已经减少或逐步稳定。1980 年,开始制定针对消除污染的机制政策,主要靠在环境保护成本和经济增长之间达到一种妥协。发达国家严格的环境法则促进企业采用清洁技术并不断提升技术,尤其大力运用于电力和运输行业。经过国际社会不断持续的努力才使得消耗臭氧的物质消费急剧下降。

城市环境:用可持续的方法管理城市环境。人口密集但规划完美的居住地可以减少对土地保护的需求,为能源保护提供机会,使循环利用的成本效率更高。

迄今为止,人类在努力阻止环境破坏方面已取得不少进展,但仍然有许多环境问题没有得到解决或收效甚微,全球环境局势依然十分严峻:因涉及各国自身利益,许多会议与协议商议达成的目标或执行的方案难以完成或实施困难,许多复杂的环境问题还没有得到足够的重视,包括有毒物质排放量的增加、化学物质与危险废物没有得到安全有效的处理、非点状污染物、跨界河流的管理与水源共享,以及氮排放量过高等;发展中国家、地区仍然缺少充足的清洁水与医疗设施、良好的空气、清洁能源与垃圾处理装置。这些都会继续引发自然资源的退化,威胁人类健康及应对环境灾害的困难程度。气候变化必然会引发中长期的危害。人们试图将气候变化控制在可接受的风险范围之内,然而到目前为止,我们采取的行动几乎尚未触及皮毛;公共财产(如水、空气、土地、森林与海洋)的所有权和管理之间存在着矛盾冲突;[①]生产和消费方式正在导致环境破坏、资源枯竭和物种大量灭绝;发展的好处未能被公平分享,贫富之间的差距日益扩大,不公平、贫困、无知和暴力冲突比比皆是,造成人类的巨大痛苦;前所未有的人口增长使生态和社会系统不堪重负;全球安全的基础受到威胁(摘自《地球宪章》)。这些趋势是危险的——但并非不可避免,选择权在我们自己手中。

第三节　未来发展及行动选择

如果人类想要建造一个更安全的未来,就必须停止并逆转数百年来的环境破坏。对于我们这个时代而言,最关键的问题在于哪个复杂系统先达到临界点,是生态系统,还是人类的应对系统?这是一场高风险的终极比赛。生态系统

---

① 联合国环境规划署(UNEP):《全球环境展望3》,中国科学院地理科学与资源研究所译,中国环境科学出版社,2002。

已经抢占先机,获得了足够的动力,它能非常容易地达到临界点,那时,我们无法阻止悲剧甚至有可能根本就意识不到悲剧就发生了。但是,人类的应对系统也有着迎头赶上的巨大潜力。前提是我们能够克服整个社会层面的惰性、政治上的恐惧和隐藏在经济说辞下的利益纠葛。①

　　然而世界似乎尚未做好这样的准备,一方面是因为这些信息太过负面、太可怕、太有挑衅性了,对未知的恐惧会引发人们潜意识地产生抗拒和逃避。以气候变暖问题为例,倘若我们试图将气候变化控制在可接受的风险范围之内,那么面临的局势则非常严峻。即使我们从现在开始就采取严厉措施,气候变暖趋势仍然会持续数十年。倘若我们等着大气问题倒逼我们进入应急模式,那将付出极为高昂的代价且为时晚矣。迄今为止,我们采取的行动几乎尚未触及该问题的皮毛。政策制定者并不清楚具体的实施措施,也不知道错过机会可能面临何种危险,公民也缺乏紧迫性没有给政府施加压力。

　　另一方面,生态环境虽然处于危机中,将给人类社会带来巨大风险,但仍然在供养人类。因此,在意识层面人们面对生态环境危机并没有迫在眉睫的紧张感,没有如临大敌的紧迫性。草原依然为我们喂养牲畜,森林依然为我们贮存并净化着水源。海洋每年为人类提供约9000万吨鱼类,每天为几十亿人提供养料。整个生物界,上至大型食肉动物,下到微生物,无时无刻不在制造氧气,创造表层土,分解水中的化学污染物,抵御水土流失,控制害虫数量,调节气候。②人类仍然享受着各种"生态服务",人们的日常生活依旧在继续,似乎并没有受到太大影响。又如生物多样性减少的问题。地球上到底有多少物种,最近一项研究认为,保守估计地球上生活着870万种细胞生物,其中87%还未被发现。吸引人的物种往往是体型较大、分布广泛、数量庞大的,而那些体积小、只分布在特定区域、不太为人所知的物种难以被人们所发现。坦白来说,很多物种即便灭绝了,也不会影响人们的生活。③这正如"铆钉假说"所认为的,

_____

① 迈克·伯纳斯—李,邓肯·克拉克:《燃烧的问题》,张卫华、张红美译,山西经济出版社,2016,第256页。

② 詹姆斯·B.麦金农:《永恒的世界》,胡荣鑫、魏绍金译,新世界出版社,2015,第147页。

③ 詹姆斯·B.麦金农:《永恒的世界》,胡荣鑫、魏绍金译,新世界出版社,2015,第145页。

生态系统中的每个部分都像是飞机上的铆钉，也许起初卸掉很多都不会发生什么，直到达到一定数量后，灾难才会发生，可惜为时晚矣。

试想下，若人类面对环境危机问题能像当年各国投入大量资源去开发坦克和飞机那样，必定可以快速见效。人类社会是一个非常复杂的系统，每个人都是其中的要素之一，人与人之间会相互发生影响和作用。环境保护并不仅仅是领导阶层或专家团队或商业集团的事，而是全社会每个人守护我们赖以生存的家园而应尽的职责。投资者可以进行资产组合，不再要求化石能源企业致力于扩张储量；有钱人可以资助环保运动团体；家庭可以减少自己的碳足迹；商业领袖可以勇于出头，要求政治变化，或称将气候变化议程以合适的方式融入自己的机构之中，让其对自己的商业模式有实实在在的影响……虽然个体或个别群体的努力看似微不足道，但个体会影响其他个体，个体会影响群体，群体又会影响其他群体，如此一来便可产生强大的"涟漪效应"，推动整个人类社会环境保护的进程。

在经济全球化已成为当今世界主要发展趋势的背景下，全球范围内的环境治理与可持续发展已成为国际社会的共识。为确保可持续发展的成功，在全球的各个层次上的重点领域已被确定。其中最重要的是消除贫困和债务、减少过度消费、确保有效的环境管理以及提供充足的环境治理资金。

对于发展中国家来说，消除贫困是首要任务。联合国环境规划署在《拯救我们的地球》报告中尖锐地指出："贫穷是对环境最大的威胁之一，发展中国家做出损害环境的选择，是由于目前生存的迫切需要，而不是对前途的漠不关心。""贫困是全球环境问题的一大主要原因和结果。如果不高瞻远瞩，看不到造成世界贫困和全球不平等的那些因素，想解决环境问题是徒劳的。"极度的不发达往往是动乱和战争的温床，从而间接成为破坏生态的罪恶渊源。不减少贫困、不缩小贫富分化就不可能有一个和平稳定的社会环境，也就不可能解决生态环境的问题。[1]此外，消除债务，特别是贫困国家高昂的债务，同样是一个重要因素。负债国家的外汇收入通常不够用来还债，而债台高筑会迫使负债国

---

[1] 李嘉欣：《走向绿色未来——全球环境治理观念的产生与发展》，《南方论刊》2007 年第 3 期。

家过度开发环境资源。

过度消费同样会对环境造成潜在影响。只要世界上最富裕的20%人口还占据着86%的私人消费支出总量,可持续发展就不可能实现。处于全球食物阶梯最顶层的消费群体,他们大量食用的是肉类,精细加工和过分包装的食品以及在用过即扔的容器里的饮料。食品和饮料的加工、包装、运输和储藏全都会加重地球的负担。北欧人吃着从希腊运来的莴苣;日本人大量地食用着澳大利亚的鸵鸟肉和空运来的美国樱桃;美国人食用的葡萄,1/4来自7000千米以外。不少食品的运输成本是它种植成本的数倍。这些食品因长距离运输,不仅消耗大量的能源,它的全球供给线也在它们所到之处对地球生态系统留下了持久的痕迹。此外,出行方式同样对环境造成很大影响,步行和骑自行车对生态环境没有任何影响,公共汽车和火车会造成轻微影响,而富人喜好选择驾驶轿车或坐飞机的出行方式,轿车排放的尾气会造成空气污染,轿车所需的燃料会耗费大量资源,据悉轿车燃料占世界石油消费量的1/4以上,而开采这些燃料会对生态系统造成威胁。[①]人类要阻止大自然遭到破坏,更要看着它慢慢恢复到旺盛、持续的状态。要实现这一切,需要人类采取一种更贴近大自然的生活方式。要改变人们的消费观念,需要让他们逐步接受对环境和社会影响承担责任,并建立起自身的道德规范。

确保有效的环境管理,一方面是改革、简化并加强环境管理机构,另一方面是制定、调整环境管理政策并加强执行力度。不仅在制度与国家层面上,而且在全球层面上也是如此。在政策制定过程中最为重要的是为可持续发展选择协调的手段。从环境角度来讲,这意味着环境要从不受重视的边缘地位转变为发展的核心。行动可选择的领域包括:

* 为了适应新的角色及协作关系以实现当前的职责和应对即将出现的环境挑战,需要对环境制度进行重新思考。

* 加强政策更新,以使其变得更加严密、系统、综合,以使其更好地适应特定的地区和情况。

* 提供一个完善的国际政策框架,在克服破碎性的同时,保留目前体系的

① 丁显有:《浅谈消费方式对环境的影响》,《现代经济信息》2015年第21期。

特性。利用贸易自由化所带来的机遇,提高贸易的效率以有利于可持续发展。

　　* 利用技术整治环境及控制相关的危险,将新技术的潜力发挥到最大化以使环境和社会获得收益。

　　* 调整和协调政策措施,包括各种法律框架以及比如对环境产品和服务的评价在内的方式,以确保市场在可持续发展中发挥作用,提高志愿者行动,发展适当的包装以保护环境。

　　* 对政策绩效进行监督,目的是提高政策的实施和执行水平。

　　* 对地方的、区域的和全球水平的责任进行重新定义和分配,为在各个层次上处理复杂多变的情况提供有效的解决方案。①

　　以上内容节选自《全球环境展望3》

　　为环境项目提供充足的资金也是非常关键的因素。虽然目前设立了全球环境基金,也资助了许多环境项目,然而资金仍旧不足,也因此《21世纪议程》执行的效果不尽如人意。生态环境保护与开发是一项大工程,需要大量资金,单靠政府的投入还远远不够,必须创新投融资机制,充分发挥政府投资的引导、放大作用,扩大公共财政覆盖范围,为社会力量参与生态环境保护与开发建立一种间接、集合式的投资渠道,吸引大量的社会资本以加快生态环保事业的发展。社会资本的引入不仅能解决环境保护与开发中资金不足的问题,更重要的是,在它的带动下,有助于引入现代科技和经营理念,引入市场机制并建立长效机制。盘活生态环境资源,变资源为资本,形成社会资本引入的有利条件,发挥市场配置的基础性作用,建立新的有助于生态环境保护与开发的长效机制。

　　印度圣雄甘地曾说过:"地球所提供的足以满足每个人的需要,但不足以填满每个人的欲望。"在这个人类已生存数百万年的星球上,人类还能生存多长时间,很大程度上取决于人类自身的行为。人类只有一个地球,与自然和谐相处是人类能够在地球上持续繁衍下去的唯一途径。始终坚持可持续发展理念,消除贫困和债务,缩小贫富差距;提高人们的环保意识,增强环境伦理,改

---

　　① 联合国环境规划署(UNEP):《全球环境展望》,中国科学院地理科学与资源研究所译,中国环境科学出版社,2002。

变生活方式；全面加强政府职能，完善环境保护与治理机制，增加环境资金投入，加强环境产业的优化升级，并在稳定、公平的国际政治经济新秩序中进一步提高国际合作层次和效率，最终实现全球公众对环境保护的普遍性参与才是人类发展的正确道路。

第六章 促进公众参与环保行为的举措

生态文明建设是中国特色社会主义事业的重要内容,关系人民福祉,关乎民族未来,关乎"两个一百年"奋斗目标和中华民族伟大复兴中国梦的实现。党中央、国务院高度重视生态文明建设,先后出台了一系列重大决策部署,推动生态文明建设取得了重大进展和积极成效。联合国关于环境与发展的《里约热内卢宣言》中提到环境问题需要公众参与,中国政府也提出了"全民参与、共同治理"的环境保护理念,习近平同志在党的十九大报告的建设美丽中国中更是明确指出解决环境问题要全民共治。因此,促进公众参与环保对改善环境问题具有非常重要的意义。

2015 年 3 月 24 日,中共中央政治局审议通过了《关于加快推进生态文明建设的意见》,提出"坚持把培育生态文化作为重要支撑""要充分发挥人民群众的积极性、主动性、创造性,凝聚民心、集中民智、汇集民力,实现生活方式绿色化",表达了要推进生态文明建设、提升公民环保意识、促进公民环保行为的决心。这其中,首先要对公民做好生态道德教育。

第一节 心理学维度下的探索

一、自我意识层面:重构自我概念,促进生态自我的实现

(一)自我的概念

最早提出自我这个概念的是美国心理学家威廉·詹姆斯（William James）,他将自我(self)视为自己对自己的存在状态、特点等的观察和认识,是一种意识和心理过程。詹姆斯的自我理论,实质上是一种人格理论。因为他是在相同

意义上使用人格和自我这两个概念的。根据自我在心理生活中的地位与表现，詹姆斯将其划分为纯粹的自我与经验的自我两个方面，并对这两个方面的自我进行了分析和说明。他认为，所谓纯粹自我，也可以称之为能动我或主动我，指的是一个知晓一切（其中也包括自我）的思想者、认识者，同时经验的我是由主动我派生出来的。所谓经验的自我，就它的最广泛的含义上来说，指的是一切一个人要呼之为"我"（me）的或"我的"（mine）的东西的总和。它是一种被知的东西，也可以叫做被知的我或被动我。其成分有三种：物质自我、社会自我、精神自我。物质自我指的是真实的物体、人或者地点；社会自我是我们被他人如何看待和承认，即对自己的亲友、敌人、荣誉和人际关系等的感知；精神自我指的是我们所感知到的内部心理品质，它代表我们对于我们自己的主观体验，我们的个人目标、抱负、信念等。

精神分析的鼻祖弗洛伊德（Freud）提出了人格结构理论，把人格分为本我（id）、自我（ego）和超我（superego），并指出本我代表原始的需要、冲动等，构成成分是人类的基本需求，如饥、渴、性三者均属之。本我中之需求产生时，个体要求立即满足，因此本我按照快乐原则行事，寻求即刻的满足。超我则是在人格结构中居于管制地位的最高部分，是由于个休在生活中接受社会文化道德规范的教养而逐渐形成的。超我有两个重要部分：一为自我理想，是要求自己行为符合自己理想的标准；二为良心，是规定自己行为免于犯错的限制。因此，超我是人格结构中的道德部分。从支配人性的原则看，支配超我的是完美原则；自我是个体出生后，在现实环境中由本我中分化发展而产生，是由本我而来的各种需求，如不能在现实中立即获得满足，他就必须迁就现实的限制，并学习到如何在现实中获得满足。由此可知，支配自我的是现实原则。此外，自我介于本我与超我之间，对本我的冲动与超我的管制具有缓冲与调节的功能。

人本主义的代表卡尔·罗杰斯（Carl Ransom Rogers）指出自我包括个体对自身机体的整个知觉，他能体验到其他所有知觉，体验到这些知觉与所处环境中的其他知觉以及与整个外部世界发生关系的方式，即个体对个人的特性、人际关系及其价值规范的知觉。罗杰斯还认为人格由"经验"和"自我概念"构成，当自我概念与知觉的、内藏的经验呈现协调一致的状态时，他便是整合的、真实而适应的人，反之他就会经历或体验到人格的不协调状态。自我概念有两种：一种是真实的自我，是较符合现实的自我形象；另一种是理想的自我，是一个人期望实现的自我形象。这两种自我是否和谐与趋近，直接影响心理健康的质量。罗杰斯认为刚出生的婴儿并没有自我的概念，随着他（她）与他人、环境的相互作用，他（她）开始慢慢地把自己与非自己区分开来，形成最初的自我概念，并在随后自我实现的驱动下产生出各种经验并不断与自我概念进行协调。因此罗杰斯以人为中心的治疗目标是将原本不属于自己的、经内化而成的自我部分去除掉，找回属于他自己的思想情感和行为模式，用罗杰斯的话说是"变回自己""从面具后面走出来"，只有这样的人才能充分发挥个人的机能，这也是其自我理论的实践体现。

美国精神病学家艾瑞克·埃里克森（Erik H Erikson）认为自我会执行许多的建构功能，是人格中有力且独立的部分，是一种有意识的心理过程，是过去和现在经验的综合体，并能综合进化过程中的两种力量，因此自我是具有整合功能的。埃里克森还把个体自我意识的形成与发展划分为八个相互联系的阶段，每个阶段都存在危机，而能否处理好危机关乎自我的健康发展。

从以上关于自我的论述中我们可以看到，自我是影响人们行为非常重要的精神现实，正如现象学所指出的，行为并不是由真实的世界所指引，而是由真实世界在人们心中的反映所指引。2017 年 8 月 25 日《中国矿业报》特约评论员张维宸发表了《迷失的"自我"才是生态破坏的"元凶"》，文中指出"不仅仅是监管者个人失去了'自我'，更为可怕的是整个社会处于一种盲目的'自我'状态"。这种自我状态导致人类在与自然相处的过程中，自我意识极度膨胀，并且形成强烈的自我控制意识而无视自然界本身的存在，认为人类可以无限制地对自然进行开发和掠夺，进而导致人与自然关系的紧张。因此从环保行为的角度思考，当自我关注到了人与自然的整合性，即形成生态自我时，环保行为也会呈现自然发生的状态。

（二）从自我到生态自我的转变

深层生态学的奠基人阿伦·奈斯（Arne Naess）认为西方传统观念中的孤立的、与对象分离的"自我"是狭隘的"小我"，是小写的"self"，这种"自我"导致了人类与自然的分离。生态角度的"自我实现"中的"自我"是具有生态意识的"自我"，是大写的"Self"。事实上，生态自我的概念正是由奈斯提出的。奈斯认为自我的成熟需要经过三个阶段,即从本我到社会自我,从社会自我到形而上学的自我(生态自我)。"生态自我可以被看作是我们在自然中最初的形成阶段。社会与人际关系很重要,但我们自身各种物质的组成关系更加丰富,这些关系不仅包括他人与人类共同体之间,还包含了我们与其他生物的关系。"

奈斯认为自我的构成非常丰富,它应该超越社会自我的层面向自然延伸,使自然成为自我的一部分。在他看来,生物有机体是生物圈网络或者内在联系场中的节点,人只是生物圈这一系统中的一部分。人类的自我一开始是在自然中形成与发展的,是与自然紧密相关的,因此自我应该是一个生态的自我。奈斯认为一个人的生态自我就是个体的认同,因此我们需要从认同的过程之中去理解生态自我。奈斯主要利用了斯宾诺莎的思想来实现这一转变。在斯宾诺莎看来,至善是人生最高的完善,而追求至善必须充分了解自然以及自己周围的环境和世界,获得心灵与整个自然相一致的知识。要实现这一点,人们必须打破欲望和无知对人的束缚,把自我升华为更高层次的大我,而对大我的理解与对自然/上帝的理解关系密切。因为"只有当人们依靠理智的直觉把握了作为自然/上帝的自我展现的、相互联系的世界的必然性后,才能获得自由"。在斯宾诺莎的思想中,作为自然的一部分的人,可以通过理性认识自然进而达到心灵与自然相一致的境界。奈斯对斯宾诺莎的这一观点极为认同,他曾说,"斯宾诺莎关于上帝与自然的认同的外展、延伸、参照程度(而不是概念或内涵程度),意味着重新赋予自然以完美、价值和圣洁。显然,斯宾诺莎摈弃了一些同时代人贬低自然的想法和做法"。①因此,奈斯相信,在对至善的追求中,人们能够达到心灵与整个自然的一致并将自我上升为"大我"。奈斯所倡导的自我是社会自我向自然扩展的生态自我,是自然成为自我一部分的"大我",而生态自我是一个人的认同过程。自我实现的过程也是从"小我"到"大我"的一种转变,随着自我认同范围的不断扩大,"自我"会逐渐缩小和自然的距离,成为生态中的一个部分,和生态具有了整合性,呈现出"生态自我"。

---

① Naess A,"Spinoza and Attitudes Toward Nature,"in *The Selected Works of Arne Naess*: *Volume X*(Netherlands:Springer,2005).

（三）促进生态自我的实现

美国生态学家福科斯指出：“最好的阻止人们破坏自然世界的方法是鼓励他们培养自己的‘生态自我’，并将他们自身体验为自然的一部分。”①现代社会人们深刻地认识到人是自然整体的一部分，我们和地球上的所有其他生命一起共享着这一世界。以奈斯为代表的深层生态学家主张“自我实现”，以促进人的潜能的充分发挥，自我成熟和实现的过程就是人们不断扩展自我认同的对象的范围，使得自我得到扩展与深化的过程。随着自我的逐渐扩展，当今人类将会超越自身而达到对生态系统乃至整个地球的认同。如何更好地加强生态自我、促进生态自我的实现，笔者认为可以从以下几方面入手。

1. 加强生态认同：万物皆平等

生态认同是在认知层面对生态自我的构建，也是人对其他生命形式存在的认同。生态自我是让人们体验到人既不在自然界之上，也不在自然界之外，而是身处于自然界之中，是自然界这个生命系统的一部分。以这种方式思考人与自然的关系，就会将对自然的破坏感知为对自我的破坏，将人类的同情、尊重他人的范围从人类共同体扩展到人类社会乃至整个生态系统。正如英国著名历史学家汤因比所述：“宇宙全体，还有其中的万物都有尊严性……就是说，自然界的无生物和无机物也都有尊严性。大地、空气、水、岩石、山泉、河流、大海这一切都有尊严性。”万物都有尊严性，人类不能肆无忌惮地侵犯。著名作家梭罗在《瓦尔登湖》中就旗帜鲜明地表现出了生态自我的观点，在《瓦尔登湖》中，我们看到，和人一样，动物们有着自己的语言，松鼠和田鼠会因坚果而“争吵”。在梭罗笔下，不仅动物有着人类的情感和性格，无生命的自然物如岩石、山脉、河流、湖泊等也同样如此。深层生态学家梅西和斯德提出了“全生命委员会”的体验性组织，在这个组织里会进行“角色扮演”等活动让参与者深刻体验“万物皆平等”的理念；福科斯也曾提出“禅修”等的技术，利用传统文化及宗教中的平等理念促进个体的生态认同。

---

① Fox. W., "*Towered a transpersonal ecology: developing new foundations for environmentalism* (New York: State University of New York Press, 1995).

2. 提升生态体验:熟悉我们的生态圈

生态体验是在情感层面对生态自我的构建,是人与其他形式的情感共鸣,通过生态体验达到与其他人、其他生物、生物圈的情感共鸣。深层生态学家们认为,个体可能现象上"变为"其他生命,通过其他生命的感官来体会现实的事物,就好像是心理学意义上的"共情",因此一些学者主张通过冥想、仪式、萨满旅程等体验方式来改变意识状态以达到与其他生命认同的体验。

普罗夏思基(H.M.Proshansky)提出了场所认同的概念。场所认同理论显示出,人们对自己的生活环境会产生场所认同,意识到他居住的地方也是自己的一部分, 他与周围的环境已产生了深深的认同——类似于人类地理学研究中提出的"地方归属感"。而场所认同这个概念也向我们显示了人与环境的关系本身就是"人的一部分",因此鼓励个体去探索自我所在的生态圈,熟悉周围的环境。促进场所认同,也必定会加深个体的生态体验,进而促进个体的亲环境行为。比如如果你深深热爱自己的家乡,并与周围的环境关系非常亲密,你必定无法容忍对它的污染和破坏。

3. 促进生态实践:回归简单生活方式

生态实践是在行为层面对生态自我的构建,是生态自我的行动化。生态实践倡导人们返回到简单的生活方式,即用最少的资源去生活。正如奈斯所说:"人类无权削弱自然界的丰富性和多样性,除非是为了满足其最低限度的生存需要。"按照生态系统的原理,地球生态与人类是一个整体的系统,人类所有的行为都会对地球生态造成影响,但作为人类个体,并不能真正意识到个体行为与生态环境的关系。

很多时候,人类个体只是认为自己仅仅是努力过好自己的生活,为自己及家人提供更舒适的生活, 却没有意识到无论是怎样的行为都会给地球的生态系统带来压力。因此在生态实践层面,倡导人类回归简单的生活方式显得异常重要。

戴维尔(Devall)提议:"我尽我所能的尝试以我自己生物区生产的产品为基础生活。我在当地的乳制品店买牛奶和奶酪,在当地的水域买当季的鲑鱼和海鲜,从当地的啤酒厂购买啤酒,家具是由当地的工匠和艺术家制造。丰富的经验并不一定昂贵。"

戴维尔提倡的这种生态价值观,批判了物质主义价值观,向人们展示了简单的生活:只从自然获取最基本的需求,留下最小的生态足迹,实现小我和大我的统一。正如生态学家德韦尔和赛欣斯对自我实现过程的概括:"除非大家都能获救,否则谁都不能得救。"

二、社会认知层面:环境知识的普及,促进环保认知的提升

环境知识是指消费者具有的与环境保护相关的知识,包括自然环境知识、环境问题知识和环境行动知识。环境知识的普及是培育和增强公民环保伦理观的第一步,正如党的十八届四中全会所指出的,要通过对社会大众进行资源教育、环境教育、国情教育以及生态价值观等方面的教育,培育和增强社会公民的环保意识和生态理念。环境知识的普及目标就是为了让公民真正理解什么是环保,为什么要环保以及如何才能做到环保等。

根据以往普及环境知识的经验,我们可以看到,一般而言对公民进行环境知识普及的最核心的途径是在日常生活当中去消除人对环境理解的种种偏差。比如必须首先得让公众了解并认识到自己会因为污染而遭到损失,更为重要的不是让他们了解污染对他们造成了多大的影响,而是要明确污染给他们造成了多大的损失。即在认知层面,让公民对健康和污染的经济影响认识达到一个新的水平。这种认知水平的提高可能非常迅速,比如通过某个具体发生的污染事件。在我国,最为著名的是厦门市当地人民反对二甲苯化工厂的建造计划而发起的抗议,伴随着预期工厂污染有害影响的出版物、专家意见等文字信息迅速传播。也可能是持续几十年,才能促使公民对环境危机有足够的认知,比如湖北省艾堤村,持续 5 年多时间,一大批村民纷纷患上癌症并死亡。市医院的医生告诉他们这和饮用水受污染有关,村民们才把健康问题和生态污染联系起来。不难发现,在日常生活中让公民去经历这些真实的事件的确能够极大促进、提升他们对环境知识的理解,但是同时带来的生态危害也是惨重的。

环境知识普及更好的做法是在学校教学教育过程中为学生提供间接的环境知识,或者可以称作环境教育。生活在地球上的每一代人对环境的理解都不同,从根本上源于在早期社会化过程之中所形成的环境观念,为了更好地促进形成环境保护意识,使环保理念成为新时代下公民的价值观,就需要在儿童形

成价值观的过程之中,充分让其接受丰富的环境知识教育,形成对自然的认同感,进而促进儿童和大自然的联系。在世界上有很多国家都有这方面的尝试,最早的是丹麦,早在20世纪60年代,就有森林幼儿园的尝试。森林幼儿园这一概念的提出是源自一位全职的丹麦妈妈艾拉·法拉陶。这位妈妈每天都带着自己两个学龄前的孩子,还偶尔和邻居的孩子一起到森林中散步,就在每天的散步过程中妈妈们发现天天在户外活动的孩子们要比一般的孩子更乐于互动交流,身心平衡,而且体能也较佳,较少生病。于是在20世纪50年代初这群父母就联合起来成立了世界第一所森林幼儿园。此后,森林幼儿园在斯堪的纳维亚半岛受到广泛重视,并在全球范围内迅速得到传播和发展。德国、日本等国家也相继开设了森林幼儿园,在森林幼儿园里,儿童进行的是和普通幼儿园一样的游戏、制作、学习等活动,但是他们与自然接触得更直接,在自然的笼罩之中学习生活,也在不知不觉中与大自然有更亲近的感觉,既能更好地促进对自然的理解,也能培养热爱自然、尊重自然的价值观。事实上环境教育不仅是在幼儿园阶段,更需要在中小学阶段、大学阶段去设置“环境教育课程”。这些课程既可以是单独设置的,也可以是渗透在主干科目之中的,要让环境教育成为教育中的重要一环。美国环境伦理学家霍尔姆斯·罗尔斯顿曾说,“大自然启示给人类最重要的教训就是:只有适应地球才能分享地球上的一切。只有最适应地球的人,才能其乐融融地生存于环境中。”未来的教育中,培养适应地球环境的人、最善待自然的人是教育的主要任务。

在针对中国消费者环境行为的研究中,宗计川等(2014)[1]认为,因中国目前的环保体系由政府主导, 消费者往往会将环保行为看作是制度监管下的结果,故而其虽对环境问题可能持积极态度,并可能拥有较丰富的环境知识,但却并不一定会产生正向的环境行为,有时甚至还会产生负向的环境行为。

除此之外,环境教育要能融合个体在环保方面的“知情意行”,即首先是在知识层面,向公民宣讲和普及环境基本知识;同时在普及环境知识时要注意去引发个体相应的情感共鸣,比如当我们看到因河湖污染,水生生物失去生存家

---

① 宗计川、吕源、唐方方:《环境态度、支付意愿与产品环境溢价——实验室研究证据》,《南开管理评论》2014年第2期。

园而"颠沛流离""尸横遍野"时,就会产生的同情感;看到在优美的自然环境中,绿叶红花相互映衬,听到鸟儿放声歌唱时,就会产生的愉悦感。这些真实的体验与感受会激发个体的意志,只有在情感共鸣中才能真正激发个体对大自然的尊重与热爱,才能保证在日常行为中有坚定的环保意志,最终形成牢固的环境伦理观。

三、社会态度层面:倡导绿色消费,培育环境伦理观

当前我国的生态形势依旧十分严峻,党的十九大报告明确指出要"构建政府为主导,企业为主体,社会组织和公众共同参与的环境治理体系",只有这样才能共享"生态红利"和"绿色福利"。如何才能促进公众参与环保,其中非常重要的一点即要唤醒全民的生态意识,倡导绿色消费,培育环境伦理观。

绿色消费是注重可持续发展的新型消费行为,是指消费者在商品购买、使用和用后处理过程中努力保护生态环境并使消费对环境的负面影响最小化的亲环境消费行为。绿色消费既可以满足消费者追求"有益健康和保护生态环境"的愿望,形成绿色生活方式和消费模式,还可以通过消费升级引领产业升级,倒逼企业进行供给侧结构性改革,形成绿色生产方式。倡导绿色消费,不仅可以规范消费者的消费意识、习惯和行为方式,还可以在全社会普遍树立起尊重自然、顺应自然、保护自然的环境伦理观,将生态伦理内化为人们普遍的道德规范和行为准则。因此绿色消费是顺应新时代发展阶段的理性选择,是实现生态文明的基本路径,也是加快生态文明体制改革和建设美丽中国的现实要求。

在环境心理学、生态学等学科中对于绿色消费的研究非常深入。首先是消费行为理论认为个体的消费行为是在各种刺激因素的作用下,经过一个复杂的购买决策过程形成的,并且指出这一购买决策是和三个因素息息相关的。其一是消费者本身的因素,即消费者的个体特征,通常来说受教育程度、经济水平、家庭规模等和是否会选择绿色产品有紧密关联。其二是消费者的心理机制,具体包括消费者本身具有的环境知识、环境态度,以及消费产品的创新性,比如研究发现,部分消费者展现出比其他消费者更加愿意接受新产品的特性,Midgley 和 Dowling(1978)称之为消费者创新性(consumer innovativeness)。Adjei

和 Clark(2010)[1]认为消费者的行为基本上取决于消费者创新性。其三是消费的决策过程,其中,理性主义观点、行为主义观点和经验主义观点各自描述了消费者做出购买决策的有效途径,解释了消费者购买绿色产品的决策规则。[2]

理性主义观点认为,消费者在绿色购买过程中会尽可能多地搜集信息,做出合理的决策,然而在实际购买过程中,消费者并不是每一次都进行这种复杂的、精细的信息搜集,可能不具有这种逻辑性购买思维。行为主义观点认为消费者自身拥有一套策略技能, 在绿色购买过程中会事先估计某一特定需求所需要的努力,再为该努力水平匹配一个合适的策略。然而在消费者高度介入的绿色购买情境下,行为主义观点缺乏解释力。经验主义观点认为,消费者是基于对绿色产品或服务的整体情感偏好而做出购买决策行为的, 注重的是情感因素对绿色购买决策的影响,淡化了个人理性对绿色购买决策的支配作用,因此对消费者而言,与其"晓之以理",不如"动之以情"。

其次是环境心理学指出环境责任感、环境关心等多个因素也会对绿色消费行为产生驱动。即通常来说环境责任感、环境关心对于促进公众参与绿色消费行为是有正向作用的。最后还有学者从心理归因视角引入心理控制源概念去分析消费者绿色消费的心理特征。盛光华、解芳(2019)指出内控型心理控制源对绿色购买意愿和绿色购买态度均有显著正向影响;绿色购买态度对绿色购买意愿有显著正向影响;绿色购买态度在内控型心理控制源与绿色购买意愿之间起完全中介作用;绿色信任在内控型心理控制源与绿色购买态度之间起正向调节作用。[3]

鉴于前人的研究,笔者认为倡导绿色消费、培育环境伦理观可以从以下角度入手:

首先是要提升公众对绿色产品和绿色消费的了解。绿色产品是对产品的

---

① Adjei M T,Clark M N, "Relationship marketing in a B2C context: the moderating role of personality traits," *Journal of Retailing and Consumer Services* 17. no.1 (2010): 73—79.

② Parascgos M, "Investing Factors Influencing Consumer Decision-Making While Choosing Green Products," *Journal of Cleaner Production* no. 20 (2016).

③ 盛光华、解芳:《中国消费者绿色购买行为的心理特征研究》,《社会科学战线》2019 年第 3 期。

环境性能的一种带有公证性质的鉴定,是对产品全面环境质量的评价。绿色产品的生产使用及处理过程均符合环境保护的要求,不危害人体健康,其垃圾无害或危害极小,有利于资源再生和回收利用。应通过媒体宣传、学校教育、法律法规等多维度系统化的工作,增强公众对绿色产品的购买信心,使之形成绿色消费的习惯。

其次要促进公众的绿色消费行为。观念的培育和价值的塑造意在引导其落实正确的行为,绿色消费观念的培育是引导其践行绿色消费行为的思想铺垫。因此应引导公众从身边小事做起,比如把绿色消费观念运用于日常生活中,不使用一次性用品,在选择就餐时少订或不订外卖,在买物品时不买劣质品等;养成垃圾分类回收的好习惯,对垃圾进行分类投放,加大可回收物品的循环利用率,为节约资源奉献出自己应尽的力量;从公共设施入手,坚持节能减排,坚持践行绿色饮食、绿色办公、绿色出行等,不浪费水电、不破坏公共设施、鼓励骑行共享单车和搭乘公共交通工具出行等,在全社会营造绿色消费的浓厚氛围,让绿色消费观念深入大众内心。

最后还要促进企业对绿色产品的创新改革。对企业而言,绿色产品是企业获得政府支持、获得消费者信任、顺利开展绿色营销的主要保证。高键、盛光华、周蕾(2016)指出:"消费者创新性对绿色产品购买意向具有正向影响,即消费者创新性越强,对绿色产品购买意向的影响越强。绿色产品的新颖性能够激活消费者创新性这一心理特质,进而对绿色产品产生购买意向。"[①] 在生态文明建设的新时代要促进企业加大对绿色产品的改革与创新,企业也需要在对消费者群体进行细分的过程中注重绿色产品的营销,以促进部分消费者首先使用绿色产品进而带动其他消费者。

四、社会促进层面:行为干预与亲环境行为的促进

(一)行为分析

环境态度对环境行为是有影响的,在前文中对公众增强环保知识的教育、

---

① 高键、盛光华、周蕾:《绿色产品购买意向的影响机制:基于消费者创新性视角》,《广东财经大学学报》2016 年第 2 期。

培育环保价值观等都是为了形成正向的环保态度,促进正向环境行为。但是在现实中,态度和行为常常出现不一致的情况。比如人们都会赞成要保护环境,但是个体未必都能做出环保行为。态度因为具有内隐性常常无法准确评估,但环保行为是外显的,因此可以通过对环保行为的分析去增进环保态度和环保行为的一致性。

个体本身所具有的很多特征都会对环保行为产生影响,比如年龄、性别、受教育水平、收入水平、所属区域等。很多研究证实:人的环保意识会随着年龄的增加而变弱。巴特尔(Buttel,1979)提出:随着年龄的增长,人会越好地融入社会,但同时会趋于更加保守,对新学说更加迟疑,如环境保护理论。另外一种解释是:年长的人之所以对环境问题不那么敏感,是因为在他们社会化的过程中,历史背景与现在有很大不同,环境问题也没有现在如此凸显。性别因素主要表现为女性会比男性更容易有亲环境行为,在伊格雷(Eagly,1987)、吉利根(Gilligan,1982)等学者的研究中指出:男女之间亲环境行为的差异源自彼此固有的社会角色,女性被培养的更重视他人的需求,从而让女性对环境更为敏感。另外一般而言受教育水平越高的人,由于对环境知识了解得更多,所以也更容易做出亲环境行为。在收入水平上,收入因素和废弃物再利用之间存在很大的联系,瓦伊宁和厄布瑞(Vining and Ebreo,1990)的研究证实:收入越高的人越注意废品的重复利用,从而促进了环保行为。

(二)增强信息反馈

研究表明增强信息反馈尤其是双重信息反馈可以促进亲环境行为,格拉汉姆、古和威尔森(Graham,Koo and Wilson,2011)在2011年做了一个研究,主题是鼓励大学生减少私家车的使用。他们建立了一个网站,当参与人员登录进去时,可以收到两方面的即时信息反馈,一方面是减少了多少开支,另一方面是控制了哪些污染物的排放。研究表明,收到双重信息反馈的大学生们都极大地降低了自己的私家车使用频次。行为主义的强化理论认为:反馈可以让个体及时知道行为的结果,而及时告知行为结果有利于控制另一个行为。因此,在号召节约资源的同时,更需要明确反馈给民众节约资源的双重优点,即从个体角度节约了多少成本,从环保角度减少了多少污染。

世界多个国家都积极组织将民众参与环保的成果进行展示,这样的成果展示促进了环保信息的反馈,能够有效激发公众参与环保的热情。在我国也有很多类似的尝试,比如山东省在 2013 年率先举办"环保开放日"活动。2013 年 7 月,原山东省环保厅率先行动,积极部署环保设施开放工作,组织"环保开放日"活动,邀请社会公众参观省厅大院内的省环境监控大厅、"治用保"小流域综合治理科普教育基地、青少年环保绘画长廊等环保设施。每年六五环境日或其他环保纪念日还结合相关主题组织开放活动。目前,该活动已连续组织 60 余期,有 4000 余名社会公众参加。2018 年山东省第一批全国环保设施和城市污水垃圾处理设施向公众开放,共组织开放活动 116 批次,共有 5487 名社会公众积极参与,这一系列的活动对于加强环保教育、促进公众参与环保起到了很大的推动作用。

(三)奖励与惩罚

行为主义认为如果要强化某种行为,可以从两个角度入手,即正强化和负强化。从环保行为来说,强化的手段可以分成两个维度,即对环保行为予以奖励,对非环保行为予以惩罚。

比如在日本,政府为了普及太阳能发电,不仅对于普通家庭安装使用太阳能电池板给予补助,还鼓励民众将自家太阳能发电的剩余电能卖给电力公司,这些举措直接提高了日本太阳能发电的使用率,使日本成为全球范围内太阳能使用率仅次于德国的国家,同时太阳能技术也在全球排名前列。可见,这种正强化的奖励的方式可以极大促进民众的亲环境行为。

新加坡政府为了促进公众的环保行为,对个体的行为进行严格控制,制定了非常具体的行为代价措施,比如对乱吐口香糖的个体,会给予罚款。2006 年实施了更严格的禁烟制度,乱丢烟头会被处 500 新元罚款;在禁烟区吸烟,第一次罚款 250 新元,第二次 500 新元,第三次 1000 新元,屡教不改者要做义工甚至接受最高一年的有期徒刑。正是因为处罚制度严苛,新加坡的城市环境非常优美。参考新加坡的成功经验,我们可以制定更严格的《环境保护法》,对破坏环境的行为予以严惩,用增加行为代价的方式去促进环保行为。

(四)促进榜样的作用

新行为主义的代表人物阿尔伯特·班杜拉(Albert)提出了社会学习理论,把观察学习过程分为注意、保持、动作复现、动机四个阶段。简单地说就是观察学习须先注意榜样的行为,然后将其记在脑子里,经过练习,最后在适当动机出现的时候再一次表现出来。社会学习理论充分证实了人的行为不仅和自我特征有关,也常常受控于他人的行为。在环保行为领域,你很容易体验到以下场景:当你周围非常干净整洁,你就会很有维护这种整洁的冲动;与之相反,当你周围遍布垃圾,你也很难抗拒继续丢弃垃圾的冲动。这正是示范性规范产生的作用。

在环保领域,需要有意识地去树立榜样,促进大众对榜样的模仿,正如在前面第二章中提到米勒与多拉德指出被模仿者必须具有威信,并且发现四种人最易成为人们的模仿对象或示范者。即年龄较大的人,智力高、能力强的人,社会地位、等级较高的人,任一领域中的权威、专家。在树立环保榜样时,从以上维度去考虑人选,会极大促进公众的环保行为。

五、群体心理层面:注重群体功能的发展

人类学家玛格丽特·米德曾说:"毫无疑问,一小群有思想、有责任感的公民能够改变整个世界。"可见,在环保参与这件事上,群体功能的作用是非常重要的。群体动力学家肖(Shaw,1981)将群体定义为"两个或者更多互动并相互影响的人"。群体的存在既是为了满足归属的需要,也同时为群体成员提供了信息、促进了目标的实现、起到互相扶助等作用。群体动力学理论认为:群体发生作用往往会有三种效应,即社会助长作用、社会懈怠和去个性化。

(一)社会助长作用

社会助长作用可以被理解为当他人在场时,会提高当事人工作效率的作用,即人们会因为他人在场而被唤起或者激活优势反应。社会心理学家们一直将他人在场问题视为社会心理学领域最基础的研究之一,并通过不断的研究,尤其是扎伊翁茨的实验心理学定律把这些研究融合起来,最终说明:他人在场的确可以唤起优势反应。而被唤起的最根本的原因在于评价顾忌,即个体会去在意他人的评价。从这个维度去促进公众参与环保,即要引起参与者注重被他人评价的感受。他人如何评价?或以什么样的维度或者标准去评价?为了更好地发挥群体的功能,就需要设定明晰的社会规范。心理学领域中的规范焦点理论认为,可以将社会规范区分为"描述性规范"和"命令性规范"。描述性规范指

大多数人的典型做法,是社会规范的"实然(is)"层面;命令性规范指某文化下大多数人赞成或反对的行为标准,是社会规范的"应然(ought)"层面。描述性规范对行为的影响类似于从众行为的产生,大多数人怎么做,我就怎么做。这种行为的发生往往出于对周围情境的适应。命令性规范对行为的影响往往与社会评价联系在一起,人们倾向于对符合规范的行为给予认可或奖励,对不符合规范的行为给予否定或惩罚。因此,个体遵从命令性规范时会更多地考虑他人和社会的评价。

不难看出,描述性规范对行为的影响常常是无意识的,人们不自觉地受到大多数人行为的影响,而不管这个行为是好是坏;命令性规范则更注重引导个体做出好的行为,减少坏的行为。因此为了更好地引导社会成员做出环保行为,就需要更明确的命令性规范,比如尝试给出"禁止乱丢垃圾"等类似的话语。但事实上,单纯使用命令性规范起到的环保示警作用十分有限,这一点每个人都在日常生活中有所感受。规范焦点理论指出不管是何种类型的规范,若要发生作用,必须在行为发生的当时成为注意的焦点。比如在一个充满垃圾的环境中,如果看到一个人乱丢垃圾,可以令其他个体更加注意到环境中到处都是垃圾,从而导致"很多人乱丢垃圾"的描述性规范成为注意的焦点。在一个相对整洁的环境中,如果看到一个人捡起地上的垃圾,可以令个体更加注意到环境的整洁,使"不应乱丢垃圾"的命令性规范成为注意的焦点。从这个角度我们认为描述性规范所产生的影响必须是在同等环境中才更具有适应意义,而命令性规范涉及对行为的社会评价,具有社会评价的导向性,能对行为产生跨情境的广泛影响,所以其所产生的影响更具有普遍意义。因此促进命令性规范成为个体环保行为当时注意的焦点可以极大地促进环保行为,比如在使用社会规范信息干预个体的行为时,采用否定的陈述比肯定的陈述更容易使相应的规范成为注意的焦点,如使用明确的禁止性词语等。

(二)社会懈怠

社会懈怠亦称"搭便车",指个体作为群体中的一员进行群体活动时,会降低自己的努力和表现水平,个人所付出的努力比单独完成时偏少的现象。社会懈怠在一些需要共同完成的任务,比如拔河比赛、歌唱朗诵、呼喊鼓掌等活动中是普遍存在的,因为这些工作的完成并不需要去评价个体的努力程度。社会

心理学家的研究表明,造成社会懈怠的原因往往有以下三种:

首先是个体不会被单独评价,导致个体的工作压力减轻从而动力降低。其次是个体的自我认知的偏差,尤其是群体目标没有特别突出的吸引力,又不十分需要每个个体都努力时,就更会导致个体认为自己努力与否都与目标完成关系不大,就会出现明显的懈怠现象。再次是在群体工作任务中,个体的努力很难被衡量,个体认为群体绩效与自身绩效没有明确链接关系,也会出现懈怠现象。

要促进个体在环保层面少出现社会懈怠现象,以提升环保动力、促进环保行为的产生,可以从以下方面入手:

首先是要强化环保目标。明确环保目标价值的重要性,并凸显出环保目标的完成需要每个个体的努力,从而提高个体对环保目标的认知,并提高个体对完成任务自我努力的肯定性,即促使个体认为:为了完成这个环保目标,我需要付出足够多的努力,否则这一任务就是无法完成的。比如在垃圾回收分类行为中,一是要大范围重点宣传垃圾分类的重要性,让社会成员认识到垃圾分类是一个具有挑战性的、具有吸引力的重大任务;二是要让社会成员看到,只有每个个体都能参与垃圾分类,这个任务才可以完成,即个体的努力必不可少,同时还需要将垃圾分类的任务进行群体化,即将居民居住的小区作为一个团体去评价,因为当群体被当作一个“团队”被评价的时候,个体成员会为了团队目标加强个体努力的程度。

(三)去个性化

去个性化是指群体中个人丧失其同一性和责任感的一种现象,导致个人做出在正常单独条件下不会做的事情。也就是说群体情境可能会使人失去自我觉知能力,导致个体丧失自我和自我约束。

社会心理学家津巴多曾经以“匿名性效应”为研究核心展开了一系列的实验,其中包括著名的匿名点击实验。在实验中津巴多让纽约大学的女学生穿上一样的白色衣服和帽兜,然后让她们按键对一个女性实施电击,结果发现与那些可以看见对方并且身上贴着很大名字标签的女生相比,这些匿名电击者按钮的时间长了一倍。从这个实验中,不难看出“匿名性”有可能导致的群体影响。

社会心理学家曼(Mann,1981)对 21 起人群围观跳楼或跳桥事件做出研究分析,发现人群规模小且曝光于日光之下的话,人们通常不会诱劝当事人往下跳;但如果人群规模很大或夜晚赋予围观群众"匿名"身份的话,人群中就会有很多人诱劝当事人往下跳。这就是典型的"无个性化"现象。这种事件让我们看到了去个性化带来的危害,尤其是在今天网络信息十分便利和发达的时代,网络更是为群体提供了匿名的便利性。

如何才能避免出现"去个性化",首先个体得加强自我觉察。当个体有清晰的自我觉察时,就能保持一种相对稳定的自我意识和自我认知,就不会在群体中因为他人不理智的声音或者引导而产生与自我价值观相违背的行为。在环保行为中,促进个体少产生"去个性化",需要在环保事件中标注清晰而明确的道德责任,并且加强群体的正向从众行为。以节约用水为例,既要让个体清晰地认识到节约用水是个体的责任和有利的选择,比如强化节约用水的信息反馈,让个体看到节约是为个体本身带来了经济效益的;也需要去明确个体身份,比如可以用社区"节约明星"排行榜等类似的方式让个体明确身份,以促进从众效应。

第二节 经济驱动

一、促进循环经济的推广

循环经济的起源可以追溯到 20 世纪 60 年代,当时美国有一个叫做鲍尔丁的著名学者,他提出了一个关于要改变经济增长模式的理论,即"宇宙飞船经济"理论。他关于这个理论构想的核心是将"消耗型"转变为"生态型",将"开环式"转变为"闭环式",由此,便有了"循环经济"。后来在皮尔斯所作的《自然资源和环境经济学》一书中提到,具有实践性意义的"循环经济"一词于 1994 年出现在德国制定的《循环经济和废物管理法》中。其后"循环经济"一词在世界各国被广泛传开。一般认为循环经济有广义和狭义两种概念。广义层面的循环经济侧重于对资源的高效利用和对环境的友好保护,主张要将传统的经济增长模式做出改变,转向可持续式的经济发展模式;而狭义层面的循环经济则是侧重于对废弃物的再循环和再利用,是一种相对传统的理解。不难看出,循环经济本身强调的是对资源的高效、循环利用,这就从节约资源的角度对环境产生了一定程度的有效保护。

目前我国政府对于循环经济的发展关注较多,并在政策支持层面上对其有很大倾斜。然而一些企业由于受到利益的驱使,在自我生产中通过虚假事实的构建,骗取了政府的优惠政策以及财政的支持。因此在促进循环经济发展的过程之中,一定要加强政府管理,并需要构建相关的专业管理部门或者工作小组对管理中的细节进行关注。同时,还要构建相关的法律法规,为循环经济的发展提供法律支持,在完善法律制度的过程中,必须明确循环经济主体的责任。首先,明确政府的责任,即制定相应的法律法规,将环境作为政府公共管理的资源,为环境稳定提供保障,同时促进资源的公平应用以及公平分配。另外,需要强调明确企业责任,特别是强调企业在污染物排放方面的责任。明确企业在废物处理、资源回收和环境保护方面的责任,这一方面需要企业从自身的角度对法理进行关注并予以理解,同时要从不同的角度对自身不同生产阶段的责任进行关注,从法律的角度对此进行严格的限制。最后,明确社会公众的责任,明确公众的知情权和监督权。公民有权知道自己是否生活在一个健康的生活环境中,如果发现问题,他们可以通过起诉污染公司来保证他们的合法利益,同时需要关注政府的相关责任群体与社会公民之间的畅通联系。

另外从学界研究的情况来看,社会民众对于循环经济了解得并不够深入,这直接加大了循环经济实施的难度。因此,第一步首先是得加强民众对于循环经济的认知。一方面是针对生产企业及个人,要让企业主能深刻认识到循环经济可以最大化地利用资源,减少资源浪费并同时产生更好经济效益;另一方面是针对消费者,鼓励消费者优先选择循环经济下生产出来的产品,提升消费者对循环经济可以促进环境正向影响的认知。

目前我国很多地区都在探索有益的循环经济模式,2010 年 12 月国务院正式批复了《甘肃省循环经济总体规划》,提出把甘肃省建成国家循环经济示范区。甘肃省循环经济示范区是我国首个国家级循环经济示范区,截至目前甘肃省已经建成覆盖全省的七大循环经济专业基地。然而由于不同企业以及地区的生产之间存在着差异，不能够照搬其他企业的以及地区中的循环经济发展模式，因此就需要结合不同企业、不同地区各自的特点，探索适合当地企业的本土化的模式。循环经济的发展与目前的社会需求，尤其是与环境保护理念相吻合，因此需要各地政府对于社会公众以及企业进行多方面的引导，使得循环经济的应用得到社会广泛的认识，同时促进企业对于循环经济发展模式的探索，使得企业在应用循环经济的模式中能够具有更强的能力，促进我国经济具有更大的发展活力，更好地对环境资源加以利用，获得持续化的发展。

二、大力发展可持续贸易

1. 传统贸易模式的缺陷

贸易活动是将生产和消费连接起来的纽带，正如所有的经济活动都是基于资源的稀缺性和资源有效配置而实现成本最小和利润最大化，公平合理的贸易活动能够促进资源的优化配置，提高资源利用率。传统贸易理论认为更为开放的、自由的贸易是对进出口贸易的双方都是有益的，同时更推崇根据资源禀赋优势进行更好的资源配置。

然而这种基于资源的模式对于环境成本几乎是不予考虑的，因此不可避免地会出现以下情况：首先是发达地区依靠先进的技术和资金，廉价购买落后地区的资源以及初级产品，再高价向其出售附加值较高的产品，导致发达地区和落后地区的差距日益扩大，而落后地区为了缩小（实际上并不能缩小）这种差距，就会加大对资源的开发利用强度。其次是发达地区为了维持这种分工格局，会将比较先进的加工技术和设备向落后地区进行限制，而落后地区为了摆脱发达地区的控制，也会对资源进行多次加工，但是由于其加工技术比较落后，资源利用率较低，会造成严重的资源浪费和环境污染。最后是发达地区采取同落后地区联合开发资源的方式，在落后地区对资源进行加工，核心技术由自己掌握，落后地区则提供场地、资源和劳动力，最后将产品输出到其他地区，把废弃物留在落后地区，这就是说环境成本以及社会成本最终都由落后地区承担。

不难看出，无论是哪一种资源开发的情况，对于环境的影响，尤其是对落后地区环境的影响都是非常巨大的，从全球范围来看，传统的贸易模式会带来全球化的环境危机已是不争的事实。

2. 可持续贸易模式能更有效地促进环境保护

可持续贸易模式指的是能够产生社会、经济、环境正面效益的贸易发展战略。一般来说，可持续贸易模式遵循的基本原则包括以下几方面：

第一，跨国经营要以减少贸易物流成本、提高东道国资源利用率为前提。货物贸易是国际贸易的初级形式，物流成本是最高的。随着国际贸易的发展，货物贸易逐渐减少并被被跨国直接投资等形式所代替。但是，当前一些跨国公司为了降低自己的生产成本，不惜牺牲发展中国家的环境利益——这并不是可持续贸易模式所推崇的。可持续贸易模式要求必须不断提升科学技术水平，真正提高东道国的资源利用率，从而将全球化环境问题纳入一个整体的思维角度。

第二，要大力促进服务贸易、信息贸易的发展。这些无形贸易都是低能耗低污染的贸易活动，同时作为国际贸易的服务手段可以减少物流成本。如通过电子商务就可以大大减少经销人员奔波于各地批发零售场所，及时了解生产和消费的供求情况，减少产品的库存、中转仓储以及因时差而导致变质浪费的现象。

第三，通过人才流动和技术合作，实现同其他生产要素的有机结合。人才、资金、资源、生产设备等都是生产要素，在这些生产要素中，人才、资金的流动成本比较小，而资源和生产设备的流动成本较高。因此，尽量通过人才的流动实现同静态资源与生产设备的结合，对于减少物流成本、保护环境具有重要作用。比如我国有色金属矿藏比较丰富，国内市场需求量也比较大，就是高水平的技术人员比较缺乏。我们就可以重金聘请国外专家，帮助我们进行技术革新和改造，同时引进世界上先进的新能源技术、新材料技术、绿色环保技术等。

不难看出，可持续贸易模式是旨在对资源实现优化配置的基础上，克服目前存在的不合理的贸易规则，建立起公平、公正利用和配置资源的贸易模式；同时更强调要在可持续发展理论的基础之上去协调环境与贸易的发展，并强调要将环境成本纳入市场价格之中，使对外贸易可以满足社会经济发展对自然资源、环境舒适以及废弃物处理能力的需要。因此，鼓励和发展可持续贸易对于全球环境问题的解决大有裨益。

三、充分发挥市场作用、促进环保产业发展

(一)环境产品的概念及作用

1992 年 OECD 和欧洲统计局共同给出了环境产品的具体定义:"可以检测、预防、控制、降低或者消灭对水、空气、土地、污染、噪声以及生态系统造成环境危害的相关产品"[①];APEC 认为环境产品是"以根治、减轻和预防环境问题为目的相关产品";联合国贸易与发展会议(UNCTAD)则进一步将环境更可取产品定义为"在其生命周期的某个环节(生产、加工、使用及处理)中对环境产生的危害低于其可替代产品,对环境保护有明显贡献作用的产品"[②]。通常来说,环境产品可以分为两类:一类是用于提供环境服务的初级工业品和加工工业品,比如污水处理、固体废弃物处理、大气污染控制方面等。另一类是相对于能提供相似功效的替代商品,生产和处理时能对环境减少负面影响或存在潜在正面影响的工业和生活消费品,该类产品又称为"环境上更可取"产品(EPPs)(UNCTAD,1995)。从对环境产品的界定不难看出,环境产品的广泛生产和使用是解决全球化环境危机、促进可持续发展的有效途径。

(二)充分发挥市场作用,促进环境产品及环保产业的发展

市场作用,即以发挥市场的调节功能为核心,通过市场交换功能和市场反馈功能实现资源配置,以组织现实的生产力。发挥市场作用可以有效地弥补政府作用的不足,充分调动生产力。传统的环保企业,比如在做污水处理时等,一般都由政府立项投资管理,这种模式引发的弊端非常突出,比如很多污染治理设施单位出现经营管理机制不合理、资源浪费等现象。因此要促进环境产品及环保产业的发展就不能仅仅依赖于政府政策,还需要充分发挥市场作用。

发挥市场作用必须依赖比较完善的市场体系,即市场主体和市场关系。市场主体是指以生产和出售商品为目的的各商品生产者。环保企业正是环保市

---

① OECD/Eurostat, "The Environmental Goods and Services Industry:on Data Collection and Analysis,"(Paris,1999).

② International Trade Centre (ITC), "Trade in Environmental Goods and Services: Opportunities and Challenges,"(Geneva: ITC, 2014).

场的市场主体,要鼓励环保企业引入现代企业制度,实现产权股份化,使环保投资经营活动符合现代产业发展的需要和要求。市场关系指的是市场主体之间买和卖的交换关系,本质上是各商品生产者之间互换其劳动的活动。商品生产者以价值量为基础,进行商品交换。环境产品的内在价值是远远高于普通商品的,因此要做好媒体宣传、提升企业及民众对环境产品的认知,促进环境产品在市场竞争中的良性流动。

四、有效利用经济刺激手段

经济刺激手段指的是采取一些足以刺激到经济当事人对可选择行动的成本进行评估的手段。在环保领域使用经济刺激手段,促进经济主体可以选择更有利于环境改善的行为是非常有必要的。经济刺激手段可以分为创建市场和利用市场两种,即科斯手段和庇古手段。具体来说,科斯手段包括产权/分散权力、可交易的许可证、国际补偿制度;庇古手段包括补贴/减少补贴,环境税、排污收费、专项补贴等。[1]

经济刺激手段的原理都是以"外部不经济和市场失灵"为前提的,科斯手段侧重的是通过"看不见的手"即市场机制来起效,而庇古手段侧重的是通过"看得见的手"即政府干预来起效。事实上,无论是哪种手段,都需要满足以下三点才能更好刺激经济主体:

首先是足够的刺激,即刺激到经济主体必须在不同的方案之间做出选择。在环境改善领域,世界上有很多实施效果不错的方案可供我们借鉴,比如爱尔兰的"按量计收垃圾清理费",即倒垃圾的人必须按照实际的垃圾量(重量或者体积)来缴纳清理费,这个政策极大地促进了人们回收使用物品的意识,减少了垃圾的倾倒量。显然,爱尔兰的这个政策是将个体倾倒垃圾与经济利益相关联,促进经济主体选择能够使自己获得更大利益的方案。

其次是需要政府和市场的规范。一方面要保证政府能够扮演好市场秩序的维护者、企业的监督者和服务者;另一方面也需要市场自我发育成熟,能够对自身信号的变化有清晰的认识。在美国各州都制定了针对本地区的有效利用水资

---

① 汉密尔顿等:《里约后十年:环境政策的创新》,中国环境科学出版社,1998,第11页。

源的计划,华盛顿区在盛夏缺水时,会禁止人们在某一时间段内给自家草坪浇水,一旦发现会被立即罚款。各个城镇与社区都有水资源管理协会、环保组织等非营利机构,定期举办各种节水活动,并且宣传节水知识等。

最后是需要有良好的监测技术。比如在税收差异方面,因为税收差异本身是比较好实施和监测的方式,所以这种经济刺激手段使用的比较多。

目前在我国已经实施的经济刺激手段与政策包括排污收费制度、环境税政策、绿色贸易、绿色贷款、生态环境补偿、废物回收押金等。这些手段中排污收费制度对于污水处理以及固体废物的处理是非常突出的成功手段,但其缺陷在于忽略了对大气污染物、噪声污染等方面的处理。整体而言,我国在环保领域的经济刺激手段的使用尚比较局限,究其原因可能与三方面有关:首先是政府的政策,我国在环保领域占主导的控制手段是政府干预而非经济手段,从政府干预到经济手段的转型尚有很长的路;其次与政府的环境管理机制有关,一些环境刺激手段可能会引起一些利益集团的抵抗;再次与民众对经济刺激手段的认知有关,因为改善环境的长期利益不易被察觉,但公众为此付出的经济成本却非常明确而现实。而经济刺激手段是一项更能够刺激技术革新和促进生态激励的方式,加强它的使用,使其设计得更合理更科学以改善环境、促进环保。

第三节 政策保障

2017 年的《国家环境与健康行动计划(2007—2015)》提出了一系列的目标,以建立一个节约能源、环境友好的社会,解决危害国民健康的环境问题。行动计划呼吁在 2007—2010 年全面建立环境与健康工作协作机制,制定促进环境与健康工作协调开展的相关制度和环境污染健康危害风险评估制度;完成对现有环境与健康相关法律法规及标准的综合评估,提出法律法规及标准体系建设的需求;完成国家环境和健康现状调查及对环境与健康监测网络实施方案的研究论证;加强环境污染与健康安全评估科学研究。2010—2015 年:开展环境与健康相关法律法规的研究、制定和修订工作,完善环境与健康标准体系;充实环境与健康管理队伍和实验室技术能力,基本建成环境与健康监测网络和信息共享系统, 有效实现环境因素与健康影响监测的整合以及监测信息共享;完善环境与健康风险评估和风险预测、预警工作,实现环境污染突发公共事件的多部门协同应急处置; 基本实现社会各方面参与环境与健康工作的良好局面。总之,在日益严重的环境危机面前,只有依靠制度、依靠法治才能更好地解决环境问题。

一、环境保护的法制建设

从 1979 年 2 月全国人大常委会颁布我国第一部有关环境保护的法律——《中华人民共和国森林法(试行)》到 2018 年修正实施的《中华人民共和国环境保护税法》,历经 1979—2019 年,我国的环境立法有了迅速的发展与长足的进步, 也充分说明了政府和民众对环境保护的认识与理解进入了更为深刻的阶段。

(一)环境立法的现状

我国目前的环境法律规范比较偏重发挥单行法的规范功能, 在污染防治领域,我国形成了以《中华人民共和国大气污染防治法》《中华人民共和国水污染防治法》《中华人民共和国固体废物污染防治法》《中华人民共和国环境噪声污染防治法》《中华人民共和国放射性污染防治法》等法律为主体的污染防治法律子系统;在自然资源保护领域,我国形成了以《中华人民共和国土地管理法》《中华人民共和国水法》《中华人民共和国矿产资源法》《中华人民共和国草原法》《中华人民共和国森林法》等法律为主体的法律子系统;在生态保护领域,我国形成了以《中华人民共和国野生动物保护法》《中华人民共和国水土保持法》《中华人民共和国防沙治沙法》等法律为主体的法律子系统。[1]从整个法律系统来看,将环境立法切割为污染防治、自然资源开发保护、生态保护等三大版块,并将环境要素、资源要素、生态要素细化分开做精准立法予以保护,是非常具体和科学的。但由于在环境立法方面,我国的立法经验并不是很足,全球范围内可借鉴的经验也比较少,导致我国的环境立法依旧存在以

---

[1] 徐以祥:《论我国环境法律的体系化》,《现代法学》2019 年第 3 期。

下一些问题：

其一，立法空白和立法短板现象依旧存在，主要体现在生态保护领域，目前主要的法律和法规包括《中华人民共和国野生动物保护法》《中华人民共和国防沙治沙法》《中华人民共和国水土保持法》等单一问题应对为主的法律，但还没有一部整体性的生态系统保护的法律。其二，法律条文重复和法律制度重叠现象依旧存在，比如在《中华人民共和国环境保护法》和《中华人民共和国大气污染防治法》《中华人民共和国水污染防治法》《中华人民共和国固体废物污染防治法》等之间，在排污许可、排放标准、设备义务等方面，都存在大量的条文重叠现象。①其三，存在一些法律制度重叠现象，比如我国在大气污染、流动水污染中适用的生态损害赔偿制度，运用虚拟治理成本方法计算出生态损害的赔偿数额，由违法行为人承担。当行为人违法时，往往在支付环境罚款、环境罚金的同时，还需要承担并非用于生态修复的、以虚拟治理成本计算的生态损害赔偿费用。实际上，在大气污染、流动水污染等无法进行生态修复时适用生态环境损害赔偿制度，其主要目的是对违法行为人的违法行为进行惩罚，并通过这种惩罚来预防未来违法行为。因此其承担的功能和环境罚款、刑事罚金是重叠的。其四，以保护要素细分的法律体系容易导致各自为政，我国环境保护向来都有"九龙治水"的模式，直到 2014 年修订的《中华人民共和国环境保护法》的出台才改善了这种模式。但是以保护要素细分的法律模式依旧存在一些缺陷，比如部分企业会去比较要素保护法规的严格程度，为了获取经济利益而故意将某种污染转换成另一种污染，如废水处理厂有可能成为空气污染源。其五，不同环境资源法律法规之间存在不协调现象，由于我国不同的环境资源法律法规往往是在不同部门、不同背景下制定的，不可避免地会出现一些不协调现象，比如我国《中华人民共和国环境保护法》第 5 条规定："环境保护坚持保护优先、预防为主、综合治理、公众参与、损害担责的原则"。《中华人民共和国环境保护法》确立的"保护优先"的原则，应当在各个具体的环境资源立法中得到贯彻和落实。但是，在新《中华人民共和国环境保护法》修改两年后修改的《中华人民共和国水法》，却有多个条款明显与《中华人民共和

---

① 吕忠梅：《将环境法典纳入十三届全国人大立法计划》，《前进论坛》2017 年第 4 期。

国环境保护法》第 5 条规定的"保护优先"原则相冲突。《中华人民共和国水法》第 26 条规定："国家鼓励开发、利用水能资源。在水能丰富的河流,应当有计划地进行多目标梯级开发。"在这一条中,明确把多目标梯级开发水资源作为一种鼓励性的方式进行规定。而梯级开发是一种对河流生态系统完整性有着破坏力的开发方式,应当谨慎进行。这一条的规定与《中华人民共和国环境保护法》第 4 条和第 5 条所规定的"保护优先""经济社会发展要与环境保护相协调"是相冲突的。

(二)完善环境立法

1. 加强环境立法的体系化构建

加强环境立法的体系化构建目的在于通过立法、法律解释等手段,使相关法律规范成为具有内在逻辑联系、内在价值融通的有机整体,这样就可以避免出现法律条文重复、空白甚至不相协调的局面。环境法律作为一个以应对和解决环境问题为中心的法律领域,决定了其需要遵循生态理性的要求,即要遵循生态环境这一领域的特殊规律,追求实质性的效果,而生态环境问题的系统性和整体性又决定了其需要遵循系统整体的理念和方法。[①] 从这个角度而言就需要对现有的将污染防治、自然资源开发保护和生态保护的三大划分版块进行整合,秉持"山水林田湖草是一个生命共同体"生态环境系统性的原则,对生态系统进行整体性的保护规划。当前,我国主要采取基本法——单行法整合模式,但这种模式的优势并不明显,比如《中华人民共和国环境保护法》并未承担起生态环境保护总则的功能,并且存在大量具体的污染防治条款与污染防治的单行立法完全重合等问题。建议可以参考法典化的模式来整合环境法律,从生态环境一体化的视角制定具有总则性、功能性的法律。

2. 提升环境立法的操作性

由于目前生态环境立法规定得太过原则,而这种过于原则的立法事实上与立法空白差别不大,从而导致执法过程实际上处于无法可依的地步。[②] 以新

---

① 柯坚:《中国环境与资源保护法体系的若干基本问题——系统论方法的分析与检视》,《重庆大学学报(社会科学版)》2012 年第 1 期。

② 陈德敏:《规则创新——环境资源法与小康社会建设》,科学出版社,2011,第 25 页。

《中华人民共和国环境保护法》为例,虽然相关部门为了提升环境基本法的可操作性颁布了《环境保护主管部门实施按日连续处罚办法》《环境保护主管部门实施查封、扣押办法》《环境保护主管部门实施限制生产、停产整治办法》《企业事业单位环境信息公开办法》《突发环境事件应急管理办法》等实施细则,但是这些具体的操作指导相比于新《中华人民共和国环境保护法》规定的数十种法律制度而言仍属于杯水车薪,难以完全全面贯彻与实施环境基本法。因此提升环境立法的操作性迫在眉睫。结合法律界提出的很多提升环境立法可操作性的建议,笔者认为需要从以下几个方面:

(1)参考他国成功经验

全球范围内美国、日本、新加坡、德国等多个国家的环境立法经验都比较成熟,借鉴他国成功经验有利于促进我国环境法律立法更快成熟。美国的环境法律明确指出将提高公众健康水平作为目标,并把健康目标纳入具体的设置标准之中,比如《清洁空气法》是美国空气保护规范体系的基本规范,其确立了美国颗粒物污染法制体系的基础。该法将颗粒物作为 6 个重点控制的空气污染物之一,并要求美国环保局制定相应的环境空气质量标准,对颗粒物的浓度限值做出明确规定。其中,能见度管理、州执行计划以及区域霾条例是其特色制度。《清洁空气法》设定了具体的国家能见度目标;第 110 条规定各州对本州的空气质量负责,并应向美国环保局提交本州执行计划;1999 年,美国环保局颁布了《区域霾条例》,强调在区域范围开展颗粒物污染控制,鼓励各州之间展开合作,采取措施共同减少 PM2.5 和其他降低能见度的污染物的排放。不难看出,美国环境法律的实施细则非常具体化,并且特别强调环境立法与地方环境保护实践环节的适应性。

(2)促进具体区域结合当地实际进行立法

我国目前环境立法与地方环境保护实践存在一定的脱节,现有环境立法虽然可以对全国范围内的相关环境行为进行引导和规范,但在应对具体环境问题时仍缺乏足够的灵活性与适用性。因此可以在符合国家层面立法规定的前提下,加强省辖市环境立法工作的建设,针对本区域的环境保护事项进行具体规定,从而解决目前我国环境立法对地方环境保护工作指导不足的问题。

（3）构建立法后评估体系

环境立法后评估指的是在法律法规实施一段时间后，评估主体依据社会经济发展的情况，运用多种科学性的评估方法，遵照多项原则、标准和详细程序，对相关法规或规章的合法性、实效性、可操作性、制度设计、存在问题、条文表述等进行全面而详细的评价，得出修改完善地方性法规或规章的建议，最后形成一份科学的评估报告的专业性工作。这是一项十分重要且有必要的工作，现行环境立法评估机制已经启动，但在体系化层面仍待加强，尤其是在地方性环境保护法规层面的评估更需加强。

（三）提升环境执法效度

我国环境执法的效度在不断提升，但仍存在一些问题有待改进，包括执法手段有限，主要使用"限期整改""罚款"等方式，"罚款"金额不具有威慑力，导致执法不能达到惩罚和整改目标；执法不规范，部分执法人员在执法过程之中，存在地方保护倾向，对外严格执法，对内缺少制约；缺少执法监督机制，突出表现为环境行政执法责任制和内部行政执法监督制约机制落实不到位，环境执法稽查制度执行不力，对违反环境保护法律法规行为的行政处分和纪律处分机制不完善，公众监督渠道不畅通。因此提升环境执法的效度势在必行。

首先要提升执法人员的综合素质。强化政治素质、法律素质和业务素质建设，其中，法律素质是关键。以提高环保执法人员的依法行政自觉性和严格执法的能力为目的，建立健全环保部门法律知识培训和考核制度，做到学习法律知识和解决环境法律问题相结合，增强执法人员法治意识和提高依法行政能力相结合，推进环保部门依法行政和严格执法，为加强环境监督管理创造良好的法治条件。

其次要建立环境执法长效监督机制。针对基层不作为和管理不力及执法中存在的推诿、拖延、应付现象，强化环境执法稽查。改变以往大规模的执法检查形式，把开展环境执法稽查作为工作重点和重要监督手段，采取明察暗访抓反面典型的形式，突出重大信访案件、重大环境违法案件的处理。每年应制订执法稽查方案，在内容上有不同侧重，对有关责任人要严肃处理。建立本地区重大环境违法案件挂牌督办和环境信访被动单位进行重点管理与诫勉谈话等制度。通过上述措施，建立起环境执法监督的长效机制。

最后要创新执法模式、执法手段。鼓励和激励执法人员执法的积极性,促进执法创新。比如可以运用现代化手段,改进监管方法。用现代化、科技化管理手段强化环境管理等,努力实现执法方式创新化、执法装备现代化、执法队伍专业化。

(四)促进环境守法

环境守法,也即环境法的遵守,通常是指一切国家机关、社会组织和个人都必须严格地遵守国家环境法规定,不能有超越法律的特权,其活动必须符合现行环境法的要求,依照法律的规定办事。近年来,我国守法主体的环境守法意识得到了很大的提高,环境主体利用环境法来维护自己利益的案例也越来越多,但还存在一些漏洞。首先表现在企业对于环境法律法规的重视和遵守程度不够,部分企业为了自己的短期利益,不遵守环境影响评价制度,对于环境保护中的"预防为主"原则比较漠视;还有一些企业不遵守清洁生产制度,极大地增加了环境污染的压力;甚至有部分企业会故意选择违反环境法。其次表现为公民环境守法的被动性。随着环保制度的不断完善,公众对于环境保护的认知越来越成熟,但整体而言,我国公民对于环境权益的认知是不够的,在环境资源利用权、环境状况知情权、环境侵害请求权、国家的环境管理权和公众对国家环境管理权的监督权、环境参与权等这些层面的认知都比较匮乏,在现实的环境司法实践中,公民提起环境诉讼的案例也特别少。

促进企业及公民在环境法律层面守法,首先得要加强立法,包括完善环境刑事责任方面的立法。环境刑事责任是不遵守环境法规定最严厉的一种责任承担方式。完善环境民事责任方面的立法,尤其是加大惩罚力度,使环境法律有更强的威慑性,以避免企业为了经济利益而选择故意违法。其次要加强对公民环境法律法规的宣传教育。环境法律知识非常系统且复杂,需要及时地向公民传播相关规定以及未来的发展动态,使公民能够有渠道了解现行的环境法律和环境法律在未来的发展和变化,尤其要加强青少年的普法教育。另外,在普法教育的同时要注意普法教育的广泛性和针对性的问题,最好是能够分门别类,针对不同群体对环境法律的不同需求进行不同的普法教育,比如对农民可以有针对性地集中式地进行《土壤污染防治法》《农用地土壤环境管理办法》的教育,针对社区群众可以有针对性地开展《生活垃圾分类制度实施方案》的教育等。

二、环境保护管理体制

环境保护管理体制是指环境管理系统的结构和组成方式，即采用怎样的组织形式及如何将这些组织结合成为一个合理的有机系统，并以怎样的手段和方法来实现环境管理的任务[①]。

我国设置了国家、省、县(市)三级政府的环境保护行政管理部门,省级环保局实行人民政府与环境保护部的双重领导。环境保护部是国务院直属的环境保护最高行政部门,统管全国的环境保护工作。另外设有五大区域督察中心,受环保部委托在所辖区域内监督地方对国家环境政策、法规、标准的执行情况,承办重大污染与生态破坏案件的查办等。地方人民政府对本地的环境质量负责,制定地方环境质量标准、定期发布环境质量公报,对管辖区环境状况进行检查等。除此之外,我国还根据不同环境介质对应不同分管部门,比如在水环境保护方面,对应环保、水利建设、农业海洋等;大气环境保护方面,对应环保、发展改革、气象等。

在环境科学领域,环保专家们提出了理想化的环境保护机制,具体来说即政府通过命令控制、经济刺激、劝说鼓励等手段规范企业的排污行为,同时通过道德宣传、环保教育、技能培训等方式鼓励公众的环境友好行为。公众出于保护自身享受环境权利的角度自发督促企业的环境行为、积极参与政府的相关决策、对环境保护政策实施进行监督。企业一方面可以引导消费者使用清洁、环保产品;另一方面主动承担环保责任,履行环保政策。

对比理想化的环境保护机制,我国目前的环境保护机制需要在以下方面进行改进:

首先需要调整权责划分体系。目前我国大部分的环境保护责任都在地方,而环境危害又往往呈现跨区域性,如果将环保责任简单地交给地方,而地方政府对于优先发展经济的理念很难转变,缺乏环境保护的主动性,就很难实现环境区域性保护。因此需要调整权责划分体系,构建环境保护机制中合适的政府

---

① 宋国君等:《环境政策分析》,化学工业出版社,2008,第81页。

级别。以环境的外部性影响、波及空间领域等为核心去划定管理级别,如果某种环境影响的范围很大, 就需要一个可以代表相关利益的高级别政府机构进行管理。

其次需要构建完备的环境信息管理体系。当前我国的环境统计系统尚不完善,统计信息数量缺乏且质量相对不高,不同部门之间的数据很难核实。整体来说可运用于环境管理的资源有限,如何充分利用环境管理资源?就要有完备的信息储备,包括对环境重要性的优先识别、对相关管理过程公开的信息平台等。

再次需要提升环境管理决策的公开与透明程度。近些年我国在环境管理决策上的公开与透明程度有所加强,但在公开的范围上仍比较窄,在透明的程度上仍比较浅。比如公开的范围比较局限于网络、报纸和环境期刊等,环保部门网站上公开的往往更多是审批结果,而对审批流程不予公开。事实上公开透明的流程更有利于促进环保目标的实现,提升环保工作的效率和公平。

另外还要加强执行能力与决策的匹配度。当前我国环保系统的执行人员无论是人员素质还是员工数量等多方面都有待提升, 人员素质整体水平不高和员工数量整体较少都限制了环保政策的执行。加强执行能力需要多方面的培育,包括政府资金的支持、人员法治素质和执法素质的培养等。

最后需要设置有力的问责机制。当前我国的问责主要采取自愿式,整体属于劝说鼓励手段,缺乏强硬手段。设置有力的问责机制就是要"有错必纠、过罚相称",对执法及决策的过程进行详细记录,并及时回应及时反馈及时评估。

三、生态环保技术政策

科学技术是一把"双刃剑",一方面推动了人类社会的发展与进步,另一方面也造成了资源短缺、环境破坏等生态问题。因此科学技术的发展需要向生态化的方向转变,即科学技术的开发与使用要首先考虑其对自然的影响,考虑其是否可以促进人与自然、社会的协调发展,从而将生态价值融入科学技术的发展和使用之中。当前生态环境问题愈演愈烈,因此要加强生态环保技术政策的建构,促进生态环保技术的发展。

目前,在环境科学领域,被认为要着力发展的生态环保技术主要包括污染处理技术、废物再利用技术、清洁技术三个层面。全球范围内的生态环保技术的发展与使用带给我们很多启发。

(一)以色列的牛粪发电

以色列的牛粪发电厂是第一家利用动物粪便来发电的供电厂。由于以色列禁止在公共领域倾倒动物粪便,而自身的牛奶业又非常发达,养殖奶牛的农户非常多。为了解决这个冲突,以色列政府创新性地发明了用牛粪发电的废物再利用技术。

当地电力公司每天都会从当地55个奶牛养殖场去收集接近600吨的粪便,最终这些粪便以燃烧沼气的原理进行发电。

(二)德国的"土豆粉"一次性餐具盒

一次性餐具盒被认为是21世纪最大的污染源,由此德国人发明了一种新技术,是利用土豆粉制作一次性餐具盒。这些土豆餐具盒首先具有和普通一次性餐具一样的完美使用功能,并且在生产流程上也和普通一次性餐具一样,从而降低了企业的转换成本;另外这些土豆餐具具有非常好的安全性,比塑料餐具更健康;更为重要的是它们在使用后可以很容易被再回收利用,即经过杀菌处理后就可以直接作为动物的饲料。

(三)英国"绵羊尿"的清洁大招

英国一家公共汽车公司在自己每辆公共汽车上都放置了一个水箱,里面装的不是水,而是"绵羊尿"。该公司将"绵羊尿"装在这里的原因是为了净化汽车的尾气。据说尾气中主要的成分一氧化二氮经过与尿素中的氨水发生化学作用,可以将有害物质转变为氮气和水。而这些"绵羊尿"事实上是经过当地一家化肥厂加工处理过并形成的一种新的环保装置。

第四节　环保组织在行动

ENGO(environmental non-govermental organization)是伴随着 NGO(非政府组织)产生的缩略词,意谓非政府环保组织。非政府环保组织是非政府组织的子系统,其主要目标着眼于环境的保护与治理。在全世界范围内有50个以上的非政府环保组织,这些非政府环保组织极大地促进了人们的环保意识提高,并鼓励社会成员践行环保理念与活动。本文选择了部分非政府环保组织,通过对这些组织的发展历史、工作理念、环保思维等的深入梳理,来更好地宣传环保理念。

一、世界自然基金会

世界自然基金会,原名世界野生动物基金会,是世界上享有盛誉的。最大的独立性非政府环境保护组织之一。创立于 1961 年的世界自然基金会,总部设在瑞士, 在全世界拥有接近 520 万个支持者和一个在 100 多个国家活跃着的网络。截止到今天,世界自然基金会已经在六大洲的 153 个国家发起或是完成了大约 12000 个环保项目,并一直将"遏止地球自然环境恶化,创造人类与自然和谐相处的美好未来"当作使命,致力于保护世界生物多样性及生物的生存环境,其所有的努力都是在减少人类对这些生物及其生存环境的影响。

(一)世界自然基金会的发展历史

1946 年巴黎和平大会胜利召开,会议地点位于当时的联合国教科文组织总部,英国人朱利安·赫胥黎(Julian Huxley)当选第一任总干事。1960 年,赫胥黎前往东非,作为联合国教科文组织在该地区野生动物保护活动的顾问。在那里,他被自己的所见所闻惊呆了。回到伦敦后,他在《观察家报》上发表了三篇文章以警告英国公众。他在文章里指出,如果我们人类以如此的速度去破坏动物栖息地,捕杀野生动物,那么该地区的野生物种在 20 年内就会毁灭。

赫胥黎的文章在英国引起了轰动。公众们开始认识到自然保护是一个严峻的问题,赫胥黎收到了许多公众的来信,其中包括一位名为维克多·斯托兰(Victor Stolan)的商人。他在信中指出创立一个国际组织来筹集保护自然的资金是多么的必要。但斯托兰认为自己的身份不适合亲自创办这样的组织,于是赫胥黎联系了鸟类学家尼克尔森一起着手实行这个计划。最终,世界自然基金会在 1961 年 9 月 11 日正式作为慈善团体登记注册,从此一场为拯救地球的集资活动开始了。但很快,世界自然基金会就意识到人们捐款的目的是为了保护自然,并不期望捐款被用作机构运行,在 1970 年荷兰伯恩哈特王子为该组织建构了牢固的经济基础。世界自然基金会也设立了 1000 万美元的基金,被称为"1001:自然信用基金",为此有1001个人捐出了1万美元,并用这个款项的利息作为机构管理的开支。

(二)世界自然基金会的资助项目

世界自然基金会在全世界范围内发起或完成了超过12000个环保项目,本节以时间为轴列举出各个时间段上的典型项目,以展示其环保思维和环保理念。

1. 20世纪60—70年代

1962年,世界自然基金会为印度阿萨姆邦西隆高原地区的佩济先生资助131美元,以保证其能够前往卡奇沼泽地区去调查印度野驴的现有数目。佩济找到了870只。到1975年,这种野驴的数目降到了400只,并面临着灭绝的危险。于是世界自然基金会在该地区设立了野驴保护区,到80年代中期,野驴的数目已超过2000只。1969年,世界自然基金会与西班牙政府联手购买了瓜达尔基维尔河三角洲的沼泽地带,并建立了科托多纳国家公园。

1975年,世界自然基金会开始了保护热带雨林的活动。筹集资金并帮助在中非、西非、东南亚和拉丁美洲几十个热带雨林地区建立起国家公园或自然保护区。1976年,另一项"海洋必须活着"的保护海洋计划展开了。世界自然基金会为鲸、海豚、海豹这些海洋动物设立了海洋保护区,并看护海龟的繁殖地。70年代末,世界自然基金会又开展了"拯救犀牛"的活动,其很快筹集了100多万美元的款项来对付犀牛偷猎活动。与此同时,由于认识到动植物以及诸如象牙、犀牛角的买卖活动会使相关动植物面临灭绝的危险,世界自然保护联盟创建了一个控制野生动物交易的机构。这个名为TRAFFIC(野生动植物贸易调查委员会)的组织是于1976年在英国首先设立的。1979年一位不愿透露姓名的捐助者为世界自然基金会提供了一处现代化的办公楼,它位于日内瓦和洛桑中间地带、日内瓦湖畔的格朗。

2. 80年代

80年代初,世界自然基金会与世界自然保护联盟、联合国环境规划署共同发表了《世界自然保护战略》。这项由联合国秘书长签署的战略在世界34个国家的首都同时展开。它意味着人类走向自然保护的新阶段,并显示持续利用自然资源的重要性。自从这一战略开始,50多个国家已经制定出各自的国家战略。一个通俗的版本《如何拯救我们的世界》也已用多种语言发表出来。1981
年,当爱丁堡公爵代替约翰·劳通担任世界自然基金会主席时,该组织已在世
界各地拥有 100 万长期支持者。1983 年,随着自然保护邮票收集活动的展开,
捐款数额迅速增加。

　　1985 年,该组织促使国际社会延缓捕鲸行动,并积极争取在南极洲为鲸鱼
建立一个海洋保护区域。1986 年,世界自然基金会认识到它原有的名称"世界
野生动物基金会"已无法再反映该组织的活动范围,于是将名称改为"世界自
然基金会"以表示其活动范围的扩大,目前只有美国和加拿大的分支机构仍然
沿用旧名。

　　3. 90 年代

　　从 90 年代开始,世界自然基金会重新制定了战略计划。扩大之后的战略
重申了自己保护自然的主题,并规划为三个独立的部分:生物多样性的保护、
促进对自然资源和持续发展利用的观念以及减少浪费性消费和污染。在此期
间,其加强了与当地居民的合作。

　　1990 年, 世界自然基金会成功地开展了限制象牙交易的国际活动。1992
年, 它与其他组织共同促使各国政府在巴西里约热内卢召开的联合国环境与
发展大会上签署了《生物多样化和气候公约》。世界自然基金会同时还与其他
各民间环保团体保持着联系。它尤其重视与当地居民合作,解决各地迫切的自
然保护问题。在赞比亚卡富埃平原地区,世界自然基金会帮助当地政府成功地
解决了发展和保护之间的关系。当地居民接受训练成为保护野生沼泽羚羊的
一支力量,他们看护并报告这种不断锐减的羚羊的数量。由于当地居民保护措
施得力,羚羊的数目如今不断增多,并可以通过捕猎淘汰一些弱者,向打猎爱
好者收取费用再重新用于社区发展和野生动物保护方面上。[①]

　　(三)世界自然基金会在中国的项目

　　作为第一个受中国政府邀请来华开展保护工作的国际非政府组织, 世界
自然基金会从 20 世纪 80 年代就进入中国开始开展大熊猫及其栖息地保护工

---

　　① 姜忠喆、李慕南主编:《与环保同行—环保组织大集合》,吉林出版集团,2012,第
106—111 页。

作,到后续开展的一系列物种保护、淡水与海洋、森林保护等项目,总数已逾百种,累计投入总金额高达 3 亿元人民币,为中国的生物多样化保护工作、自然环境保护工作等做出了重要的贡献。

从 1980 年美国科学家乔治·夏勒博士受邀到中国开展对大熊猫的研究工作, 到 1985 年至 1988 年期间国家林业局和世界自然基金会共同组织的针对全国范围内大熊猫以及栖息地的调查工作,再到 1992 年启动的大熊猫及其栖息地管理计划,以及到 1995 年卧龙熊猫繁育中心的建立、卧龙保护区五一棚区域的每月监测工作等。世界自然基金会支持了一系列我国对熊猫及其栖息地的保护工作,并且提供了技术与资金的支持。

除此之外,世界自然基金会还在中国开展了关于大型猫科动物保护的工作, 这些工作主要集中于黑龙江流域东北虎保护和制止西藏的野生动物皮毛制品的非法贸易。2002 年,世界自然基金会在黑龙江流域生态区开展了针对森林自然保护区的项目,帮助当地政府新建或升级了五个保护区,面积达 90 万公顷;2005 年世界自然基金会联合野生动物贸易研究组织在拉萨和那曲地区开展了动物毛皮的市场和消费调查, 并于 8 月在拉萨举办了关于制止非洲大型猫科动物非法贸易的研讨和项目规划。

另外世界自然基金会还在中国开展了其他一系列项目,包括淡水项目,比如 1999 年启动的"携手保护生命之河"长江项目、世界自然基金会——汇丰银行"气候与伙伴同行"中国项目等,还包括森林项目、教育与能力建设项目、能源与气候变化项目等。

二、湿地国际

(一)湿地国际的概况

湿地国际是一个独立的非营利全球性组织,总部在荷兰,创建于 1995 年, 是由亚洲湿地局(简称 AWB)、国际水禽和湿地研究局(简称 WB)和美洲湿地组织(简称 WA)三个国际组织合并组成的,在非洲、美洲、亚洲、欧洲和大洋洲设立了 18 个办事处,下属有 3 个联系松散的区域机构,即湿地国际非洲、欧洲和中东组织、湿地国际亚太组织和湿地国际美洲组织。湿地国际在全球区域和国家开展工作,其宗旨是维持和恢复湿地,保护湿地资源和生物多样性,造福子孙后代。湿地国际认为人类美好的精神、物质、文化和经济生活都离不开全球湿地的保护与恢复,因此其致力于湿地保护与合理利用,实现可持续发展,以期使湿地和水资源的全方位价值与服务都得到保护和管理,以利于生物多样性和造福人类。[①]

湿地国际由其成员大会管理。成员大会是湿地国际的最高决策机构,每三年召开一次大会,商定战略,审议工作计划,批准会费额度,决定预算和任命董事会成员。同时湿地国际通过开发工具、提供信息来协助各国政府制定和实施相关的政策、公约和条约,以满足湿地保护的需求。

目前湿地国际已正式通过四个长期全球战略目标,分别是:①使有关利益方和决策者充分了解湿地的现状和趋势及其生物多样性、社会经济价值和行动的优先领域。②认识到湿地所拥有的价值和能提供服务,并把它们综合到可持续发展中。③通过综合的水资源和海岸带管理实现湿地保护与合理利用。④通过大范围的、跨界的湿地物种和关键湿地栖息地动议改善湿地生物多样性保护现状。

(二)湿地国际在中国

湿地国际是第一个通过国家林业局与中国政府达成谅解备忘录而成功在中国建立办事处的国际环境保护非政府组织,1996 年 6 月 26 日湿地组织——中国办事处在北京正式成立。湿地与海洋、森林一起并称为地球三大生态系统,具有强大的生态净化作用,被喻为"地球之肾"。在中国,有大约 600 万公顷山地湿地,这些湿地是很多濒临灭绝动物的栖息地,急需人类的保护。湿地国际拥有非常成熟的湿地保护相关技术及全面的湿地信息等,其对于中国的湿地保护起到了非常重要的作用,所做工作包括为中国培育了湿地保护的专家、提升了湿地保护的技术,促进了国家湿地保护行动计划的编制与实施,支持开展了中国湿地调查与编目,支持建立了湿地网络监督系统,开展了湿地保护与合理利用研究示范等。

湿地组织在中国支持并参与的重要项目包括"中欧生物多样性若尔盖——

---

① 门丽霞等主编:《绿色行动——世界各国的环保组织》,中国出版集团,2012,第 47——58 页。

阿尔泰"项目,这个项目极大地提高了若尔盖湿地的保护管理水平,为制作山地湿地管理和恢复手册提供了基础资料。在此项目的支持下,国家高原湿地研究中心的湿地专家收集整理了中国高原湿地保护管理信息,并完成了《中国高原湿地概况及其保护管理》报告。除此之外,湿地组织在中国还开展了各种各样的水鸟保护活动、环境教育活动等,为中国的生物多样性及环境保护做出了重要的贡献。

三、野生动植物保护国际

(一)野生动物保护国际的概况

野生动物保护国际(FFI)创立于 1903 年,是世界上历史最悠久的国际非营利性保护组织之一。1903 年,由当时几位英美博物学家创立(其原名是皇家野生动物护协会),其目标是保护南非大型的野生哺乳动物。野生动物保护国际的工作原则是在项目当地通过合作伙伴开展工作,更多地去发挥催化剂的作用,努力保障在科学的基础上计划保护的实行。通过与地方机构建立伙伴关系,支持和发挥这些机构的保护能力来实现保护需求。

野生动物保护国际创建者们的初衷是为了保护南非大型的野生哺乳动物,可是因为过度的狩猎和人类居住地的扩张,导致当时南非丰富的野生动物数量急剧下降。FFI 的创建者与当地土地的所有者、社会活动家和政府合作,开创性地在野生动物集中分布区建立起了保护区域,并且建立起了相关的法律条款。在十年之后促成了克鲁格(Kruger)和塞伦盖提(Serengeti)国家公园的建立。而这两个国家公园的建立也成为自然保护的重要示范,公园的建立还积极地证实了经济、社会、环境之间的关系并不是绝对排斥的。1903 年的时候,FFI 创办了一本杂志,它是自然保护学术期刊《羚羊》的前身。在早年的时候,FFI 还参与和促成了一些全球性的保护机构的创立,其中包括 IUCN、WWF、TRAFFIC、CITES 等。

生物的多样性,地球上形形色色的生物体,在驱动着地球上包括人类在内的所有物种所依赖的生态系统。然而生物的多样性正面临着无数的而且是日渐增加的威胁。全世界生态系统正在遭到破坏和退化,有许多物种都被推向了灭绝的边缘。在过去的 150 年里,有大约 80% 的原始森林已经支离破碎或者退化甚至消失了。科学界最乐观的推测:目前物种灭绝的速度是地球历史上通常速度的 10 倍,目前地球上 50%的生命形式可能最终都会消失。而野生动植物保护国际正在参与解决这些威胁地球生命的问题。FFI 致力于在科学的基础上,充分考虑到人类的需求,选择可持续的解决方法以保护全球的濒危物种和生态系统。希望在全球获得支持,寄希望于与自然为邻的人们能有效地保护生物多样性,成就一个能够持续下去的未来。FFI 支持创新性的保护活动,并致力于让所有利益相关的群体——从政府企业到社区都参与到保护中来,采取有效的行动保护濒危物种和生态系统。

(二)野生动物保护国际在中国

野生动物保护国际于 1999 年在中国开展保护项目,最早启动的保护项目是对青藏高原生态系统的方案,随后又在四川和当地政府一起组织和制定了自然保护综合规划野生动植物保护项目,目前主要在广西、四川、青海、贵州、云南、重庆和海南等地开展,并完成了以下具体目标。首先是对受威胁物种的评估与救援工作,这些物种包括黑叶猴、黔金丝猴、西部黑冠长臂猿、海南长臂猿、东部黑冠长臂猿等,也包括一些濒危的树种,包括崖柏、华盖木、大果木莲、凹叶木兰、显脉木兰、西畴含笑等。其次是对中国的喀斯特地区生物的多样性进行了调查,促进了我国生物多样性的保护,尤其是对广西地区生物多样性的保护。另外野生动物保护国际还对高原野生动物进行了调查,并和当地政府一起制订了野生动物保护计划,尤其是对青藏高原藏羚羊的保护,起到了非常重要的推进作用。

四、中国民间环保组织

中国民间环保组织自 1978 年开始起步,已经过 40 个春秋,其职能和作用在社会发展中表现得日渐重要。目前,中国环保民间组织已经形成了一个完整的系统体系,成为推动中国和全球环境保护事业发展与进步的重要力量。

中国环保民间组织主要经历了 3 个阶段:

诞生和兴起阶段。1978 年 5 月,中国环境科学学会成立,这是最早由政府部门发起成立的环保民间组织。随后,1991 年辽宁省盘锦市黑嘴鸥保护协会注册成立,1994 年"自然之友"在北京成立,从此,我国环保民间组织相继开始成立。

　　发展阶段。1995 年,"自然之友"组织发起了保护滇金丝猴和藏羚羊的行动,这是我国环保民间组织发展的第一次高潮。这一时期,环保民间组织从公众关心的物种的保护入手,发起了一系列的宣传活动,树立了环保民间组织良好的公众形象。1999 年,"北京地球村"与北京市政府合作,成功进行了绿色社区试点工作,由此中国环保民间组织开始走进社区,把环保工作向基层延伸,逐步为社会公众所了解和接受。

　　成熟阶段。2003 年的"怒江水电之争"和 2005 年的"26 度空调"行动,让多家环保民间组织开始联合起来,为实现环境与经济发展目标一致而行动。中国环保民间组织已由初期的单个组织行动进入相互合作的时代。活动领域也从早期的环境宣传及特定物种保护等,逐步发展到组织公众参与环保、为国家环保事业建言献策、开展社会监督、维护公众环境权益、推动可持续发展等诸多领域。

　　目前,中国环保民间组织大约超过 2000 多家,其中著名的包括中国环境文化促进会、中华环境保护基金会、中华环保联合会、自然之友、北京地球村、绿色江河、绿色营、绿色之友、绿色汉江、绿色流域、绿家园志愿者、绿色骆驼志愿者组织、阿拉善 SEE 生态协会、三江源生态环境保护协会等。

　　这些环境保护民间组织快速发展,已成为政府与企业之外的第三方力量。民间组织中最活跃的环保民间组织,已成为推动中国和全球环境保护事业发展与进步的重要力量。

参考文献

[1] LIN,H. ,ZENG,S. X. ,MA,H. Y. . Can Political Capital Drive Corporate Green Innovation? Lessons from China [J]. Journal of CleanerProduction,2014,64 (3).

[2] MENGUC,B. ,AUH,S. ,OZANNE,L. . The Interactive Effect of Internal and External Factors on a Proactive Environmental Strategy and Its Influence on a Firm's Performance [J]. Journal of Business Ethics,2010,94(2).

[3] HOJNIK,J. ,RUZZIER,M. . The Driving Forces of Process Eco-Innovation and Its Impact on Performance:Insights from Slovenia [J]. Journal of Cleaner Production,2016,133(24).

[4] MINATTI F D,BORBA J,ROVER S,et al. Explaining environmental investments:a study of Brazilian companies[J]. Environmental Quality Management, 2014,23(4).

[5] TESTA F,GUSMEROTTIA N,CORSINI F,et al. Factors affecting environmental management by small and micro firms:the importance of entrepreneurs' attitudes and environmental investment [J]. Corporate Social Responsibility & Environmental Management,2016,23(6).

[6] SUEYOSHI T,WANG D.Radial and non —radial approaches for environmental assessment by data envelopment analysis:corporat sustainability and effective investment for technology innovation[J]. Energy Economics,2014(45).

[7] NAKAMURA E. Does environmental investment really contribute to firm performance? An empirical analysis using Japanese firms [J]. Eurasian Business Review,2011,1(2).

[8] MARTIN P R,MOSER D V.Managers' green investment disclosures and investors'reaction[J]. Journal of Accounting and Economics,2016,61(1).

［9］PEKOVIC S,GROLLEAU G,MZOUGHI N. Environmental investments：too much of a good thing［J］. International Journal of Production Economics,2018,3（197）.

［10］THEODORE ROSZAK. The Voice of the Earth:An Exploration of Ecopsychology（2nd edition）［M］. New York:Simon&Schuster,2001.

［11］DEVALL. Ecology of Wisdom［M］. Berkeley,CA:Counter-point,2008.

［12］NAESS A. Spinoza and Attitudes Toward Nature ［M］// HAROLD GLASSER,ALAN DRENGSON. The Selected Works of Arne Naess:Volume X. Netherlands:Springer,2005.

［13］FOX W. Towered a transpersonal ecology:developing new foundations for en-vironmentalism［J］. State University of New York Press,1995.

［14］DEVALL B. Simple in means,rich in ends:practising deep ecology［M］. London:Green Print,1990.

［15］MIDLEY D F,Dowling G R.Innovativeness:the concept and its measurement ［J］. Journal of Consumer Research,1978,4（4）.

［16］ADJEI M T,CLARK M N.Relationship marketing in a B2C context:the moderating role of personality traits［J］. Journal of R etailing andConsumer Services,2010,17（1）.

［17］Journal of Cleaner Products［J］. Journal of Cleaner Production,2016（20）.

［18］International Trade Centre （ITC）. Trade in Environmental Goods and Services:Opportunities and Challenges［R］. Geneva:ITC,2014.

［19］鲍新华等. 承载生命的航船——地球环境［M］.长春:吉林出版集团,2013.

［20］姜忠喆,李慕南主编. 与环保同行［M］.长春:北方妇女儿童出版社,2012.

［21］刘燕华. 风险管理:新世纪的挑战［M］.北京:气象出版社. 2005.

［22］杰里米·里夫金. 生物技术世纪:用基因重塑世界［M］.上海:上海科技教育出版社. 2000.

［23］韩孝成. 现代科技的人文反思:科学面临危机［M］.北京:中国社会出

版社. 2005.

[24] 詹颂生. 科技时代的反思：现代科学技术的负面作用及其对策研究 [M]. 广州：中山大学出版社. 2002.

[25] 国外理论动态编辑部. 当代资本主义生态理论与绿色发展战略[M]. 北京：中央编译出版社，2015.

[26] 马克思恩格斯全集(第1卷)[M]. 北京：人民出版社，1972.

[27] [美]大卫·戈伊科奇. 人道主义问题[M]. 杜丽艳译. 北京：东方出版社，1997.

[28] 成中英. 论中西哲学精神[M]. 上海：东方出版中心，1991.

[29] [英]培根. 新工具[M]. 许宝骙译. 北京：商务印书馆，1984.

[30] [美]霍尔姆斯·罗尔斯顿.《环境伦理学：大自然的价值以及人对大自然的义务》[M]. 杨通进译. 北京：中国社会科学出版社. 2000.

[31] 爱因斯坦文集(第3卷)[M]. 北京：商务印书馆. 1979.

[32] 周志俊，金锡鹏. 世界重大灾害事件记事[M]. 上海：复旦大学出版社. 2004.

[33] 朱建军，吴建平. 生态环境心理研究 [M]. 北京：中央编译出版社，2009.

[34] 论语[M]. 北京：北京燕山出版社，2009.

[35] 孟子[M]. 长沙：湖南大学出版社，2011.

[36] 荀子[M]. 北京：人民日报出版社，1998.

[37] 孟德斯鸠. 论法的精神 [M]. 北京：中国社会科学出版社，2007.

[38] 黑格尔. 历史哲学 [M]. 王造时译. 北京：三联书店，1963.

[39] 马克思恩格斯选集第三卷 [M]. 北京：人民出版社，1972.

[40] 马克思，恩格斯. 马克思恩格斯选集(第一卷) [M]. 北京：人民出版社，2012.

[41] 马克思，恩格斯. 马克思恩格斯选集(第一卷) [M]. 北京：人民出版社，1995.

[42] 马克思. 1844年经济学哲学手稿 [M]. 北京：人民出版社，2000.

[43] 普列汉诺夫. 普列汉诺夫哲学著作选集(第2卷)[M]. 北京：三联书

店,1962.

[44][美]戴维·迈尔斯.社会心理学[M].张智勇,侯玉波,乐国安译.北京:人民邮电出版社,2006.

[45]肖旭.社会心理学[M].成都:电子科技大学出版社,2013.

[46][美]理查德.社会学与生活[M].赵旭东等译.北京:世界图书出版社,2011.

[47][英]莎士比亚.莎士比亚四大悲剧[M].孙大雨译.上海:上海译文出版社,2006.

[48]李长贵.社会心理学[M].台湾:台湾书局,1973.

[49]奚从清,俞国良.角色理论研究[M].杭州:杭州大学出版社,1997.

[50][美]理查德.社会学与生活[M].赵旭东等译.北京:世界图书出版社,2011.

[51]普列汉诺夫:普列汉诺夫哲学著作选集(第一卷)[M].北京:三联书店,1962.

[52]古斯古斯塔夫·勒庞.乌合之众[M].严雪莉译.南京:凤凰出版社,2011.

[53]理查德·卡斯威尔.全球大趋势——意识拯救世界[M].周虹,张瑞译.北京:中华工商联合出版社,2012.

[54]陈颙,史培军.自然灾害[M].北京:北京师范大学出版社,2008.

[55]保罗·贝尔,托马斯·格林等.环境心理学[M].朱建军,吴建平等译.北京:中国人民大学出版社,2009.

[56]杨治良.简明心理学词典[M].上海:上海辞书出版社,2007.

[57]罗伯特·彭斯.缓解紧张——处理应激增进健康10法[M].雷丽萍译.北京:新华出版社,2005.

[58]David H. Barlow.心理障碍临床手册[M].黄峥,徐凯文等译.北京:中国轻工业出版社,2004.

[59]程麟,张玲.生态文明视野下的环境心理学应用研究[M].北京:中国水利水电出版社,2018.

[60]李杰卿.不可不知的世界5000年灾难记录[M].武汉:武汉出版社,

2010.

　　[61]保罗·贝尔,托马斯·格林等.环境心理学[M].朱建军,吴建平等译.北京:中国人民大学出版社,2009.

　　[62]托尼·朱尼珀.环境的奥秘——地球发生了什么[M].张静译.北京:中国工信出版社,电子工业出版社,2019.

　　[63]张明.洞察危机的惊魂——应激心理学[M].北京:科学出版社,2004.

　　[64]胡正凡,林玉莲.环境心理学——环境—行为研究及其设计应用[M].北京:中国建筑工业出版社,2018:163.

　　[65]苏彦捷.环境心理学[M].北京:高等教育出版社,2016.

　　[66]腾瀚,方明.环境心理和行为研究[M].北京:经济管理出版社,2017.

　　[67]周晓虹等.中国体验——全球化、社会转型与中国人社会心态的嬗变[M].北京:社会科学文献出版社,2017.

　　[68]Michael St. Clair.现代精神分析"圣经"——客体关系与自体心理学[M].贾晓明,苏晓波译.北京:中国轻工业出版社,2002.

　　[69]夏光,李丽平,高颖楠.国外生态环境保护经验与启示[M].北京:社会科学文献出版社,2017.

　　[70]李艳芳.公众参与环境影响评价制度研究[M].北京:中国人民大学出版社,2004.

　　[71][美]卡逊.寂静的春天[M].北京:北京理工大学出版社,2015.

　　[72]马彩华,游奎.环境管理的公众参与——途径与机制保障[M].北京:中国海洋出版社,2008.

　　[73]武剑锋.企业环境信息披露的动机及其经济后果研究[M].北京:经济管理出版社,2019.

　　[74]唐国平,李龙会.企业环保投资效率评价研究[M].大连:东北财经大学出版社,2017.

　　[75]毕茜,彭珏.中国企业环境责任信息披露制度研究[M].北京:科学出版社,2014.

　　[76]范阳东.自组织理论视野下的企业环境管理研究[M].北京:中央编

译出版社,2014.

[77]黄民生. 节能环保产业[M]. 上海:上海科学技术文献出版社,2014.

[78]托尼·朱尼珀. 环境的奥秘——地球发生了什么 [M]. 张静译. 北京:中国工信出版社,电子工业出版社,2019.

[79]联合国环境规划署(UNEP). 全球环境展望3[M]. 中国科学院地理科学与资源研究所译. 北京:中国环境科学出版社,2002.

[80]阿尔·戈尔. 濒临失衡的地球——生态与人类精神[M]. 陈嘉映译. 北京:中央编译出版社,2012.

[81][英]迈克·伯纳斯—李,邓肯·克拉克. 燃烧的问题[M]. 张卫华,张红美译. 太原:山西经济出版社,2016.

[82][加]詹姆斯·B. 麦金农. 永恒的世界[M]. 胡荣鑫,魏绍金译. 北京:新世界出版社,2015.

[83][英]汤因比,[日]池田大作. 展望二十一世纪[M]. 北京:国际文化出版公司,1985.

[84][美]霍尔姆斯·罗尔斯顿. 环境伦理学——大自然的价值以及人对大自然的义务[M]. 杨通进译. 北京:中国社会科学出版社,2000.

[85]陈德敏. 规则创新——环境资源法与小康社会建设[M]. 北京:科学出版社,2011.

[86]宋国君等. 环境政策分析[M]. 北京:化学工业出版社,2008.

[87]姜忠喆,李慕南主编. 与环保同行——环保组织大集合[M]. 长春:吉林出版集团,2012.

[88]门丽霞等主编. 绿色行动——世界各国的环保组织[M]. 北京:中国出版集团,2012.

[89]洪富艳. 生态文明与中国生态治理模式创新[M]. 长春:吉林出版集团,2016.

[90]宋国君. 环境政策分析[M]. 北京:化学工业出版社,2008.

[91]罗敏. 公众参与环境保护的动力问题研究[D]. 上海:华东师范大学,2017.

[92]王蕴波. 环境影响评价中的公众参与法律问题研究[D]. 长春:吉林

大学,2006.

[93]卓光俊.我国环境保护中的公众参与制度研究[D].重庆:重庆大学,2012.

[94]邢文杰.我国环保 NGO 介入环保的路径及方法研究[D].杭州:浙江工业大学,2017.

[95]李静.我国环境保护公众参与研究[D].西安:西北大学,2015.

[96]孙媛媛.公众参与环境立法研究[D].沈阳:沈阳师范大学,2011.

[97]刘婷.我国环境保护的公众参与研究[D].合肥:合肥工业大学,2018.

[98]吴建平.人类自我认知与行为对生态环境的影响研究 [D].北京:北京林业大学,2010.

[99]陈学明.不触动资本主义制度能摆脱生态危机吗——评福斯特对马克思生态世界观当代意义的揭示[J].国外社会科学,2010.

[100]晔枫,谷亚光.马克思的生态学思想及当代价值[J].马克思主义研究,2009(08).

[101]朱汉民.中庸之道的思想演变与思维特征[J].求索,2018.

[102]范颖姣,周晓波.浅谈儒家思想的现代价值[J].学理论,2018.

[103]王源.再论墨家的兼爱思想[J].职大学报,2007(1).

[104]史亚东.公众环境关心指数编制及其影响因素——以北京市为例[J].北京理工大学学报(社会科学版),2018(9).

[105]洪大用.环境关心的测量:NEP 量表在中国的应用评估 [J].北京理工大学学报(社会科学版),2018(9).

[106]刘素芬, 孙杰.中国居民环境关心的影响因素分析研究——基于CGSS2010 数据的实证分析[J].环境科学与管理,2015(11).

[107]问延安,许可祥.公众环境关心之实证考量[J].中南林业科技大学学报(社会科学版),2015(12).

[108]聂伟.公众环境关心的城乡差异与分解[J].中国地质大学学报(社会科学版),2014(1).

[109]叶莉,朱海伦.公众参与环境治理动机探究[J].管理观察,2014(4).

[110]刘敏岚.公众参与环保活动的动机及影响因素的分析 [J].前沿,

2013(2).

[111]中国环境文化促进会.公民环保行为调查报告[J].环境教育,2018.

[112]张玥.从精神动力学视角看环境危机[J].现代职业教育,2019(5).

[113]中国环境文化促进会.公民环保行为调查报告[J].环境教育,2018.

[114]江莹.企业环保行为的动力机制[J].南通大学学报(社会科学版),2006(11).

[115]郭红艳.我国环境保护公众参与现状、问题及对策[J].环境科学与管理,2018(5).

[116]刘洪涛.国外环境保护公众参与和社会监督法规现状、特征及其作用研究[J].环境科学与管理,2014(12).

[117]王珊珊,戴玉才.环境NGO保护国际公有资源的作用[J].环境与可持续发展,2006(6).

[118]中国环境文化促进会.公民环保行为调查报告[J].环境教育,2018.

[119]陶岚,刘波罗.基于新制度理论的企业环保投入驱动因素分析——来自中国上市公司的经验证据[J].中国地质大学学报(社会科学版),2013,13(6).

[120]李怡娜,叶飞.制度压力、绿色环保创新实践与企业绩效关系——基于新制度主义理论和生态现代化理论视角[J].科学学研究,2011,29(12).

[121]栾梦琦.企业社会责任信息披露之中外比较——以壳牌与中石油为案例分析[J].经营与管理,2019(11).

[122]唐勇军,夏丽.环保投入、环境信息披露质量与企业价值[J].科技管理研究,2019(10).

[123]刘青.环保投资对社会责任披露质量、企业价值影响研究——以制药行业为例[J].现代商贸工业,2019.

[124]唐国平,倪娟,何如桢.地区经济发展、企业环保投资与企业价值——以湖北省上市公司为例[J].湖北社会科学,2018(6).

[125]陈金雪.环境保护投资与经济增长的关系研究[J].经济研究,2019(8).

[126]薛有为.人类活动对温室效应的影响[J].渭南师范学院学报,2003

（10）.

[127] 阎孟伟. 环境危机及其根源[J]. 天津社会科学, 2000(6).

[128] 李嘉欣. 走向绿色未来——全球环境治理观念的产生与发展[J]. 南方论刊, 2007(3).

[129] 丁显有. 浅谈消费方式对环境的影响[J]. 现代经济信息, 2015.

[130] 宗计川, 吕源, 唐方方. 环境态度、支付意愿与产品环境溢价——实验室研究证据[J]. 南开管理评论, 2014(2).

[131] 盛光华, 解芳. 中国消费者绿色购买行为的心理特征研究[J]. 社会科学战线, 2019(03).

[132] 高键, 盛光华, 周蕾. 绿色产品购买意向的影响机制: 基于消费者创新性视角[J]. 广东财经大学学报, 2016, 31(02).

[133] 徐以祥. 论我国环境法律的体系化[J]. 现代法学, 2019, 41(03).

[134] 吕忠梅. 将环境法典纳入十三届全国人大立法计划[J]. 前进论坛, 2017(4).

[135] 柯坚. 中国环境与资源保护法体系的若干基本问题——系统论方法的分析与检视[J]. 重庆大学学报(社会科学版), 2012(1).

[136] 潘岳. 环境保护与公众参与[N]. 人民日报, 2004—7—15(九).

后记

在本书的最后编排校稿之际，新冠肺炎疫情在全球爆发，新冠病毒或多或少地影响到了每个人的生活，也包括引发了人们各种各样的心理反应，对人们的心理健康造成了一定的冲击，这更使得我们认识到从环境危机角度探究社会心理的必要性和重要性。

本书在写作过程之中得到了山西省社会科学院晔枫老师的大力支持和帮助，在此表示衷心感谢！

山西经济出版社李慧平副总编辑、第一编辑室主任申卓敏为本书的出版提出了很好的修改意见，也为本书的顺利出版付出了辛勤的劳动，在此一并表示由衷的感谢！

本书由重庆工商大学融智学院李娟副教授和四川外国语大学重庆南方翻译学院张玥老师共同完成，其中第三章、第四章、第五章由张玥老师执笔，其余内容由李娟执笔完成，对应完成的字数具体为：李娟完成13万字，张玥完成10万字。

由于时间仓促、水平有限，本书难免会有错误和不足之处，敬请读者批评指正。

作者

2020 年 4 月

图书在版编目（CIP）数据

环境危机下的社会心理 / 李娟，张玥著. -- 太原：
山西经济出版社，2020.6

（生态文明建设思想文库. 第二辑 / 杨茂林主编）
ISBN 978-7-5577-0664-7

Ⅰ. ①环... Ⅱ. ①李... ②张... Ⅲ. ①环境危机—关
系—社会心理—研究 Ⅳ.①X503 ②C912.6

中国版本图书馆 CIP 数据核字(2020)第 063171 号

环境危机下的社会心理

著　　者：李　娟　张　玥
责任编辑：申卓敏
封面设计：阎宏睿

出 版 者：山西出版传媒集团·山西经济出版社
社　　址：太原市建设南路 21 号
邮　　编：030012
电　　话：0351-4922133（市场部）
　　　　　0351-4922085（总编室）
E-mail：scb@sxjjcb.com（市场部）
　　　　zbs@sxjjcb.com（总编室）
网　　址：www.sxjjcb.com

经 销 者：山西出版传媒集团·山西经济出版社
承 印 者：山西出版传媒集团·山西人民印刷有限责任公司

开　　本：787mm×1092mm　　1/16
印　　张：15.5
字　　数：237 千字
版　　次：2020 年 6 月　第 1 版
印　　次：2020 年 6 月　第 1 次印刷
书　　号：ISBN 978-7-5577-0664-7
定　　价：48.00 元